室内设计原理

INTERIOR DESIGN PRINCIPLES

隋 洋／编著

吉林美术出版社／全国百佳图书出版单位

图书在版编目（CIP）数据

室内设计原理 / 隋洋编著.
—长春：吉林美术出版社，2014.9
ISBN 978-7-5386-8722-4

Ⅰ. ①室… Ⅱ. ①隋… Ⅲ. ①室内装饰设计
Ⅳ. ①TU238

中国版本图书馆CIP数据核字(2014)第168744号

室内设计原理
INTERIOR DESIGN PRINCIPLES

编　　著 / 隋　洋
出 版 人 / 赵国强
责任编辑 / 孙小迪
技术编辑 / 郭秋来
编著助理 / 丁洪艳
装帧设计 / 秦旭剑
封面设计 / 李　健 刘　源
版式设计 / 姜　泽
图片处理 / 吴　泽 田晶瑶 于孟灼 王俊文
张正识 杨斯媛 张桐维 宋　鸽

出版发行
吉林美术出版社
地址=长春市人民大街4646号
邮编=130021
电话=0431-86037886
传真=0431-86037990
网址=www.jlmspress.com

印　　刷 / 长春吉广传媒集团有限公司
版　　次 / 2014年9月第2版
印　　次 / 2014年9月第6次印刷
开　　本 / 889×1194mm　1/16
印　　张 / 25印张
书　　号 / ISBN 978-7-5386-8722-4
定　　价 / 108.00元

前言
PREFACE

本书脱稿于我的授课教案，初版于2006年，八九年过去了，室内设计领域的知识内容、结构以及相关制度、法律等发生了很多的变化，书稿在这期间也历经反复的调整和改进，应该重新对原书内容进行一次全面修订了，也算是对这些年来学习和工作的又一个阶段性的总结和记录。利用这个机会再次将这些内容拿出来，并力求以一种全新面貌呈现给大家，如果本书能够有幸成为大家学习和研究室内设计专业漫长路途中的一个依稀可见的小坐标，那么编写本书所花费的时间和精力就没有白费，同时，由于室内设计专业涵盖面极其广泛，内容极其庞杂，疏漏在所难免，也恳请大家多加指教，以便改正。

室内设计的专业特点决定了仅凭直觉去思考创作很容易以偏盖全，难以全面、理智、客观地把握设计操作的基本方向、解决设计的本质问题，如谋求使用者的健康、安全、福祉，对于旧建筑的适应性再利用、生态环保等多方面的内容，全面提高理论素养才能有助于加强设计中的认识、分析、理解能力，并进而提升工作质量，完美实现设计构想。同时，我们也应明白，设计理论并非是固定、僵化的规则，如果仅凭清规戒律就可以做出完美的设计，杰出的艺术家也不过是凡夫俗子，感性与理性是一对矛盾统一体，而如何将二者有机结合才是我们真正应该关心的问题。

本书力求全面、明晰地将室内设计及与其相关的基础知识罗列、汇集成册，限于篇幅及本书性质，许多内容只能点到辄止，更多的深入性问题请查阅本书所列的参考书目及其他更细致的专业书籍。同时，在这里还要感谢对本书具有参考价值和启发作用的各类书籍、文章的作者，由于时间紧迫，加上多年来对教案内容的断续补充和修改，已无法更详细地列出有些引用的出处，望见谅。

感谢吉林美术出版社提供机会使本书得以出版，感谢为本书出版付出辛苦工作的各位人士，感谢多年来鼓励、支持本书的各位读者。

2014年8月

目　录
contents

1

室内设计&室内设计师

Interior Design & Interior Architect

室内设计

一、室内设计的含义

室内设计是对建筑外壳所包覆的内部空间和实体进行的设计，用以改善人类的生活质量，提高工作效率，保护他们的健康、安全，以及满足价值观、认知、偏好、控制、认同等精神、心理要求的一门空间环境设计学科。

这里的室内不仅仅指被墙面、地面、顶面等构件所围合的建筑内部空间，还包括车船、飞机等其他封闭空间，其中，有无顶界面通常是区分室内外空间的约定俗成标志。“设计”一词源于拉丁语，基本意思是“画上记号”，指的是把一种计划、规划、设想及解决问题的方法，通过视觉的方式传达出来并指导人们最终完成这一构想的过程，真正的设计强调的是创造、创新，强调的是唯一性，而不是对已有作品的简单模仿和机械复制。

包豪斯大师莫霍利·纳吉说过：“设计并不是对制品表面的装饰，而是以某一目的为基础，将社会的、人类的、经济的、技术的、艺术的、心理的多种因素综合起来，使其能纳入工业生产的轨道，对制品的这种构思和计划技术即设计。”实际理解中，人们往往夸大室内设计的装饰作用，作为用来描述室内环境创作的术语，“室内设计”（Interior Design）与以往的“室内装饰或装潢”（Interior Ornament or Decoration）、“室内装修”（Interior Finishing）等概念联系紧密，互为交叉，却又有别于这些概念。相对于狭隘视角的装饰美化，“室内设计”的内容要宽泛、丰富、深入很多，主要强调从生态学角度对室内环境的各种因素作出综合处理，结合人体工程学、行为科学、环境心理学、视觉艺术心理等内容，以人在室内的生理、行为和心理特点为前提，强调人的主体性，强调人的参与和体验，其设计内容综合考虑功能流程，氛围、意境等视觉、心理环境和文化内涵的营造，还包括声、光、热等物理环境以及材料、设备、技术、造价等多种因素，是物质与精神、科学与艺术、理性与感性并重的一门学科，室内设计可提供新的使用价值、新的生活方式，并进一步影响我们的活动行为、生活态度和观念。日本学者小原二朗曾提出“室内装饰内衣论”——“如以衣服为例，似乎可以这样说，如果建筑是西装，那么室内装饰就是内衣。内衣一方面接触人的皮肤，一方面又处在西装与皮肤之间，为使内衣穿着舒适，它必须以比西装更加细致的精神来制作。”由于是对建筑内部环境进行的整体规划和综合治理，因而学术界也经常使用“室内环境设计”（Interior Environmen Design）一词对其加以命名。

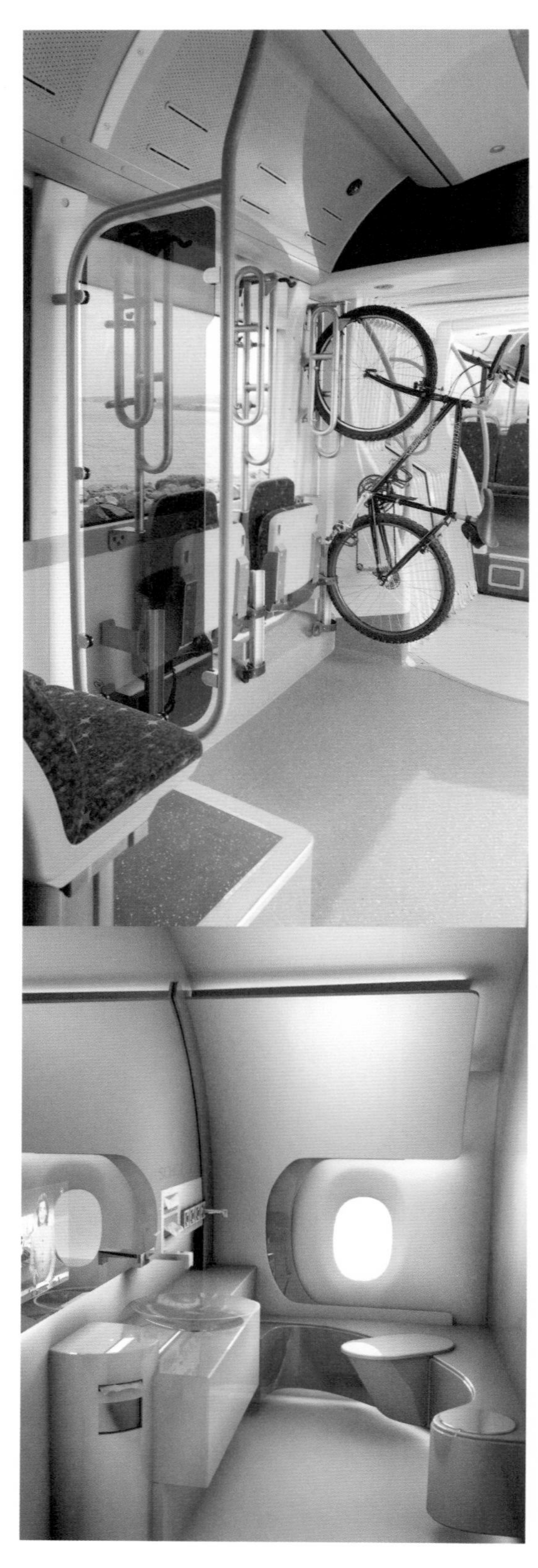

室内设计脱胎于建筑设计，因此不可避免地与建筑设计之间有着千丝万缕的关联而难以泾渭分明，两者相互渗透、界限模糊、且有许多共性，室内设计的知识技能、技术标准相当部分源自建筑领域。另外，与无中生有的建筑设计不同，室内设计属于有中生有、有中生无，室内设计所面对的空间常常已由建筑设计者作出界定，并由他人建造，他们需要应对空间本身存在的种种局限，必须根据一系列已知条件进行构想和实施，是在有限的空间资源制约中求生存，因此，室内设计也被形象地比喻为“笼子中的设计”，这需要设计者仔细研读现有建筑的内在特质，充分认知和理解现有建筑的制约与可能，“循形而作，因势而为”，借题发挥，从中汲取再设计所需要的灵感。

台湾学者汉宝德认为室内设计更像是玉器的雕刻制作，以玉石固有的自然轮廓为主体，由外向内进行设计，需要“因料施艺、化瑕为瑜、俏色巧用”，同样，室内设计受建筑的限制较大，所面对的空间条件往往也无法选择，可以这样说，如何化不利为有利，化腐朽为神奇，是设计者设计能力的重要体现。

目前，室内设计已成为完善建筑设计的一个不可分割的组成部分，既是对建筑现有秩序的延续、深化、发展，也可以是一种修改和重置、创新。

二、室内设计的产生与发展

追溯室内设计的历史，可以从原始萌芽状态的纯装饰时期开始，经历装饰与构造结合的古希腊、罗马时期，为建筑添加额外装饰的巴洛克、洛可可时期，一直到把装饰与功能相结合的现代室内设计和空间概念的产生，这是一部漫长的发展历史。

室内设计是从建筑设计领域中分离出来的一门学科，由建筑设计中的装饰部分演变而来，应当说自从有了建筑，自然也就有了室内装饰（对居住环境进行装饰，似乎是人类与生俱来的本能，甚至在未掌握建筑技能的史前时代，人类便在暂以容身的天然洞穴岩壁上利用绘画开始这种行为，尽管这种行为的最初

动机也许并不完全是为了装饰），但历史上相当长的时期内，这一行业并未形成相对独立的内容和得到应有的重视而一直处于模糊、朦胧状态，人们对室内设计也看得很简单，没有认识到它是一种空间、环境艺术的综合反映，在成为一个专门职业之前，这项工作往往由建筑师代劳，建筑师在做建筑设计的同时就已提供相当完整的内部装修方案，如古希腊、古罗马的石砌建筑，以及中国的传统木构建筑，装饰与建筑主体结构均呈一体化的紧密结合，有时甚至包括家具及室内装饰附件的设计（工匠、手工艺者、家具及装饰品零售商等人也会偶尔参与这

By permission of the Butterick Publishing Co.

MAUVE CHINTZ IN A DULL-GREEN ROOM

rmission of the Butterick Publishing Co.

FURNITURE PAINTED WITH CHINTZ DESIGNS

一工作），到 17 世纪和 18 世纪，室内装饰与建筑主体开始分离，开始为装饰而装饰的无谓添加时代，如当时著名的巴黎凡尔赛宫镜厅、卢浮宫阿波罗厅（建筑师为路易・勒・沃、朱尔・阿杜安・孟萨）的室内装饰工作是由画师、装饰师夏尔・勒・布伦主持，这也意味着人们从此不必完全依赖建筑主体，便可以按照新的要求频繁变更室内造型、风格和功能。

女性对于推动该行业的发展有着不可忽视的作用，由于女性解放运动的逐步开展，室内装潢成为女性力所能及的工作，担任家居环境装潢以及规划方面的顾问对于当时的女性来说，成为一项非常体面同时又能带来一定收益的工作。有学者指出：〝英国从 1870 年起，美国则迟后几十年，开始有大量女性成为室内装潢专业的服务工作者。〞与此同时，社会的需求也大大促进室内设计的发展，18 世纪的工业革命与都市化，产生了大量的中产阶级，他们急于透过其家居空间展现富裕、舒适和美学品位，也可以说是促成室内装饰发展的一个重要条件。

最终，在 20 世纪初，美国人埃尔西·德·沃尔芙女士成为影响并促进室内设计专业化进程的关键人物，她首先将室内装饰、美化、布置工作从原来的建筑师、家具及装饰品零售商手中独立出来，也把当时仅由家中女主人进行居家装饰的布置工作，转变为需要依赖专业者给予意见、提供服务并收取费用的一项高度专业化的工作，但当时所用的名词是室内装饰（interior decoration），他们因此被称为"室内装饰师"（interior decorator），他们的主要任务也仅限于按照各种传统风格，为客户选择、搭配各式家具、灯具、地毯、织品、窗帘、壁纸、装饰品等诸如此类涂脂抹粉似的相对简单的装饰服务。20 世纪以后，由于工业化大生产，钢筋混凝土、钢结构在建筑中大量使用，建筑的功能也变得复杂多样，新型建筑形式大量涌现，同时，产业结构的调整和频繁的功能变更，也产生了大量的改造项目，而这些改造项目迫切需要一种既有工艺知识，又有美学素养的复合型人才来承担业务，到了 20 世纪 30 年代，室内装饰师的事业进入全盛时期，室内装饰业成为正

式的独立专业类别。

20 世纪 50 年代，建筑的功能原则为人们日益重视，加之建筑规模不断扩大，技术复杂程度日益提高，仅仅依靠室内装饰已难以把握随之而来的一系列复杂问题，其次，由于对城市景观的不断重视，也使得建筑师更多地注意建筑与外部环境的关系，通常只把精力集中在外壳和框架上，而越来越难以顾及内部空间的细节设计，这项工作往往留给其他人来完成，"室内装饰"开始演变为全方位的"室内设计"。1957 年美国室内装饰师学会（AID，1931 年成立，美国室内设计师学会的前身）纽约分会基于"decoration"这一字眼已无法充分含括此专业的工作内容与性质，另外成立"国家室内设计师学会"（NSID），"Interior Designer"这个名词首度被用于专业组织的名称上，美国"国家室内设计师学会"的成立标志着这门学科的最终独立。

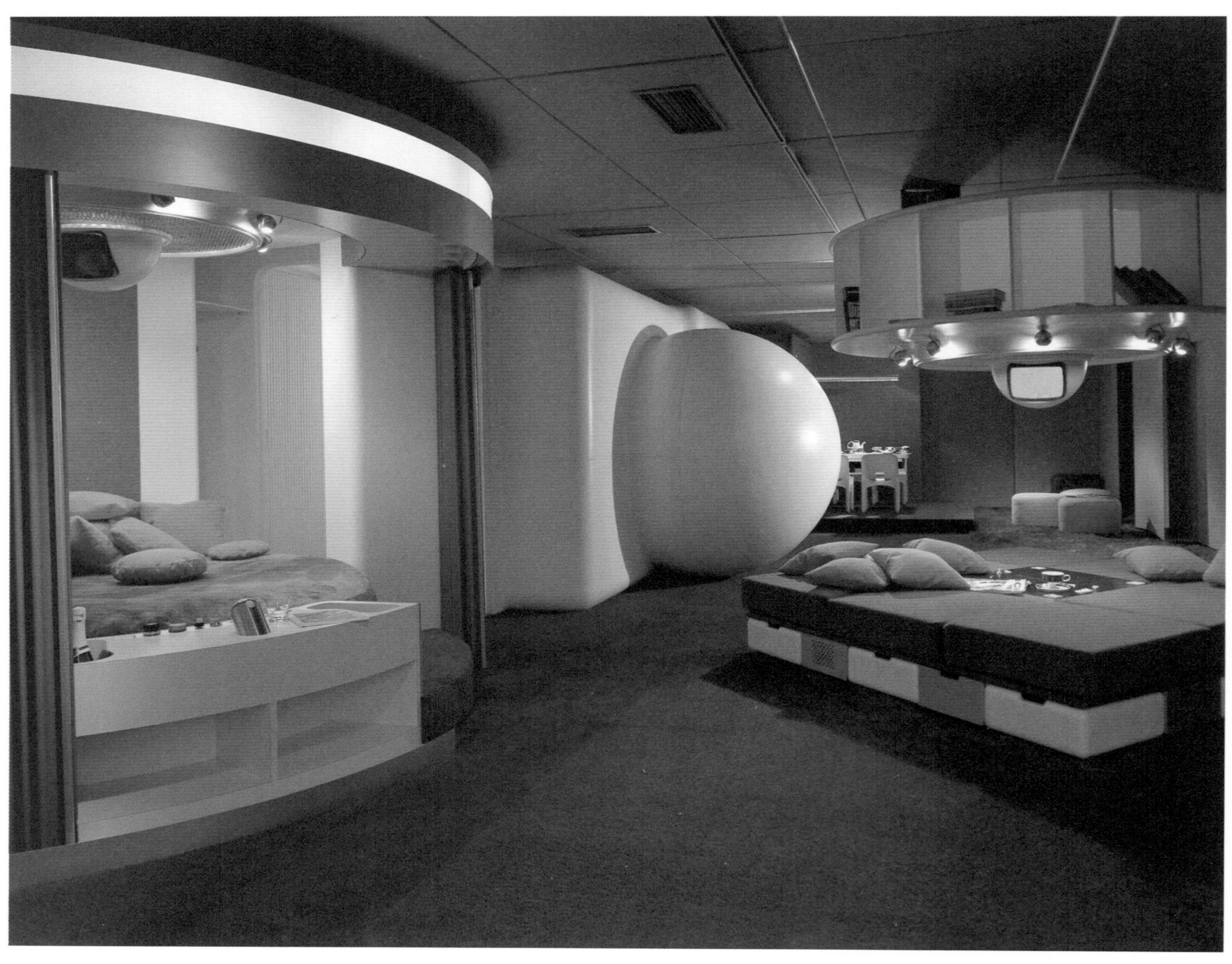

中国古代建筑中，用于分隔或装饰空间的非承重木构件的制作和安装工作称小木作，清代又称装修作，并分外檐装修和内檐装修。前者在室外，如走廊的栏杆、屋檐下的挂落和对外的门窗等，后者装在室内，如各种隔断、罩、天花、藻井、楼梯、龛橱等，同时，铜铁饰件、装修构件雕镌，及油漆彩画也与装修密切相关。

20 世纪初，区别于中国传统风格的西方建筑及室内设计作品的大量涌入，此时室内设计仍完全依托于建筑设计，由建筑匠师们担负着从室外到室内的整体设计工作。解放后，一些大型重要建筑开始由美术工作者和装饰设计专家配合建筑师进行"室内装饰"，以及家具、陈设艺术品的设计工作，但是从业人数极少，并未成为一种专业。20 世纪的七八十年代，由于改革开

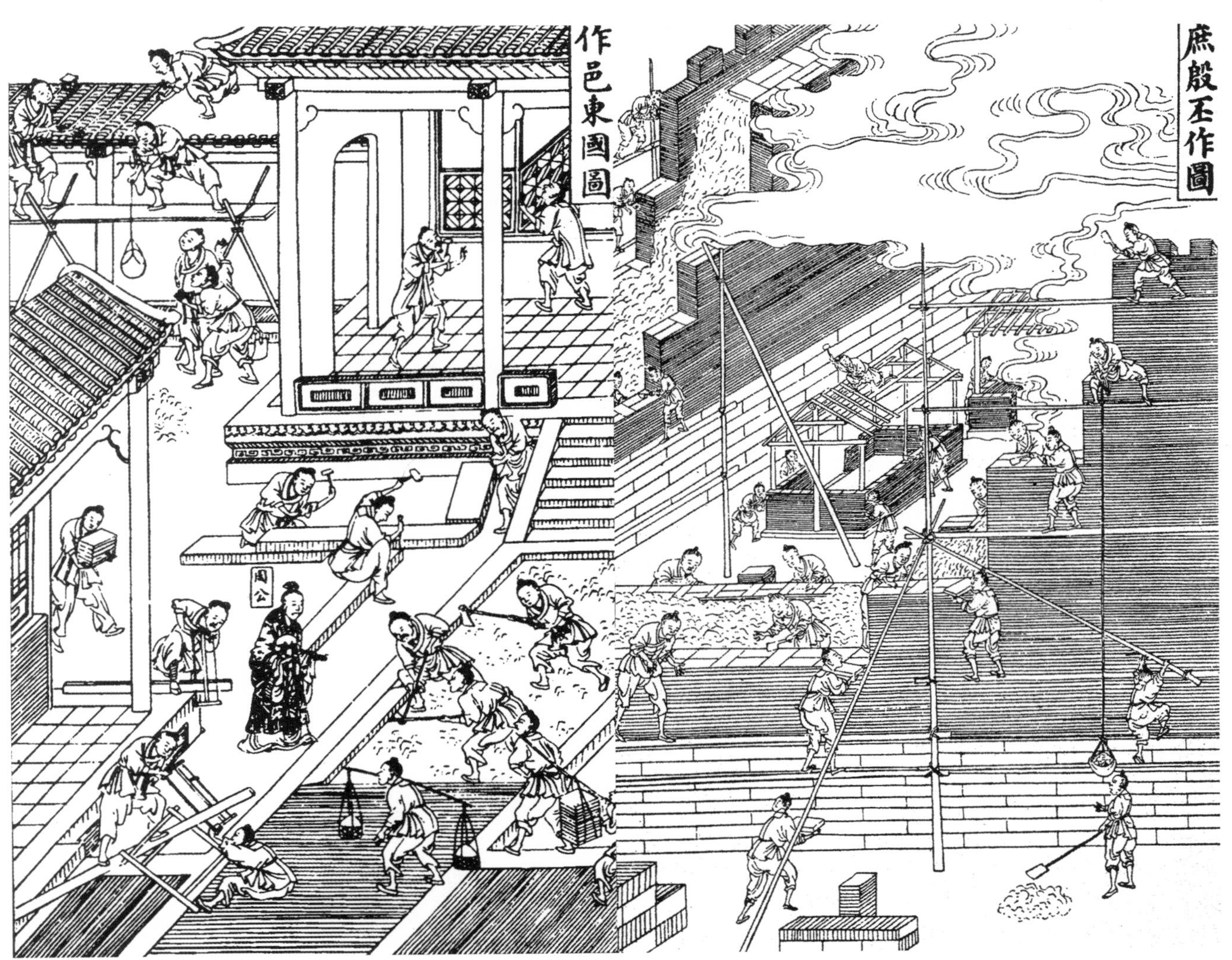

放、建筑业迅速发展等原因，促进了建筑装修业的兴起，中国的室内设计行业逐渐独立并蓬勃发展。

早期从事室内装饰的先驱们均非科班出身，这也为室内设计行业蒙上一层业余的色彩，1904 年，美国帕森斯设计学校的前身纽约应用及美术学校首开室内装饰课程，主要教授简单的室内陈设，家具与面料运用等的设计，此为这一专业正式进入学术殿堂之始。我国是在 1957 年，由中央工艺美术学院（今清华

大学美术学院）建立了第一个“室内装饰”系，三十多年后，全国其他各类院校中也开始设立此类专业。

1984年和1989年，我国又相继成立了“中国建筑装饰协会”和“中国室内建筑师学会”（现为“中国建筑学会室内设计分会”）等专业组织机构，这些组织机构通过对会员的教育、信息的交换，增加了设计师之间的交流，并通过制订职业标准，以及资格认定、注册等方式，推动了该行业的发展进步，提高了行业的整体水平，使得这一行业在我国更加的专业化和规范化。

今天，室内设计的专业范围仍在不断拓展，分工逐渐细化，一方面，学科内部产生裂变，成为有更多单个更深入学科并存的新状态，另一方面，每个学科的外延向外扩大，并和相关学科融合生成许多新的研究门类和边缘学科，学科的独立性也日益增强，室内设计师正通过取得执照或注册登记等方式提高自己的专业档次，确定自己的专业领域，确保从业者的专业水平。

三、室内设计的类别

依空间使用性质不同，室内设计可分为居住空间装饰设计（家

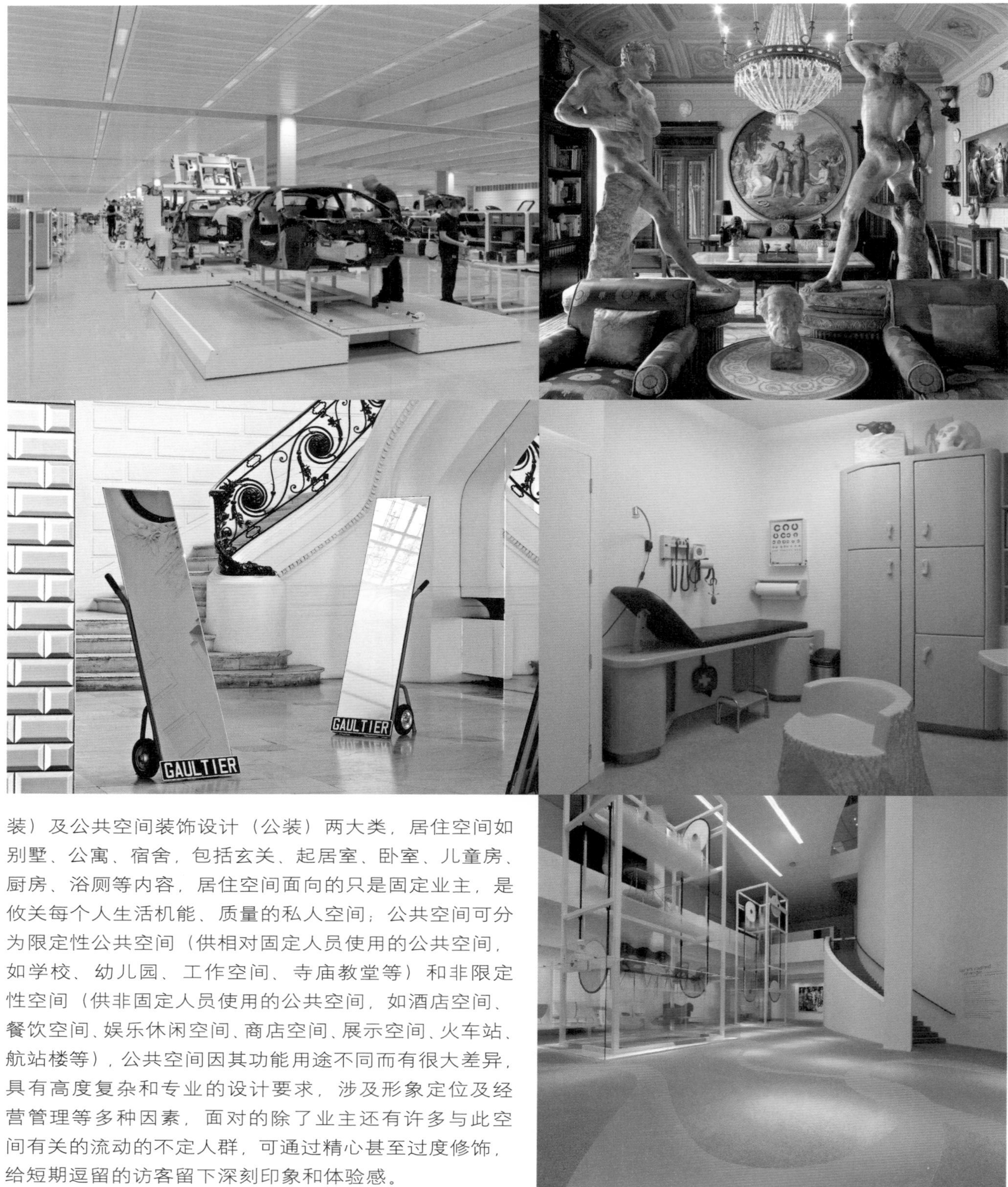

装）及公共空间装饰设计（公装）两大类，居住空间如别墅、公寓、宿舍，包括玄关、起居室、卧室、儿童房、厨房、浴厕等内容，居住空间面向的只是固定业主，是攸关每个人生活机能、质量的私人空间；公共空间可分为限定性公共空间（供相对固定人员使用的公共空间，如学校、幼儿园、工作空间、寺庙教堂等）和非限定性空间（供非固定人员使用的公共空间，如酒店空间、餐饮空间、娱乐休闲空间、商店空间、展示空间、火车站、航站楼等），公共空间因其功能用途不同而有很大差异，具有高度复杂和专业的设计要求，涉及形象定位及经营管理等多种因素，面对的除了业主还有许多与此空间有关的流动的不定人群，可通过精心甚至过度修饰，给短期逗留的访客留下深刻印象和体验感。

四、室内设计的内容

整体的建筑形态包括"实体形态"和"虚体形态"两部分，室内设计也可分为"实体的设计"和"空间的设计"两大类别，两者互为依存、相辅相成、此消彼长。其中，"实体"是直接作用于感官的"积极形态"，其外形可见、可触摸，如天花、墙面、地面、楼梯、梁柱、隔断、家具、软装配饰等；"虚体"则指由各实体所围合、分划而成的内部"空间"或"间隙"，虚体肉眼看不到，手也无法触摸，只能由实体形态互相作用和暗示，通过大脑的思考、联想而感知。此外，还包括温度、湿度、采光、照明、音响、空气质量等环境问题的控制和处理。

概括来讲，室内设计主要包含四个方面的内容：即室内空间规划设计，室内建筑、装饰构件设计，室内家具与陈设设计，室内物理环境设计。

（一）室内空间规划设计

日本建筑师谷口吉生说过："建筑从根本上说就是装载物品的容器，我希望大家欣赏的不是茶杯，而是茶。"

虽然只是实体的附属物，空间对于建筑物而言却意义重大，空间是建筑的功效之所在，是建筑的最终目的和结果，建筑设计大多只是给使用者提供一个基本、概括性的粗略空间，这些空间多数情况无法适应后天更细致的使用要求，因此，必须根据使用者的具体要求结合建筑空间的实际条件进行细化处理，主要是通过拆、隔等手段对原建筑进行深入性的完善、调整，以及对于存在的缺陷进行补救、甚至改造，重新阐释建筑空间的形状、虚实、比例、尺度，以及组合、衔接、过渡等关系。

今天的室内设计观念已由过去简单的装饰处理，转到三维、四维的空间环境设计重心上来。由于室内设计创作始终会受建筑条件的制约，这要求我们在设计时，体会建筑的个性，理解原建筑的设计意图，以及空间结构的潜能和局限，对使用功能、人流动向等因素深入分析了解，来决定是延展原有设计的逻辑关系，还是根据后天的具体要求，突破限制重新确定其功能布局和空间造型。

（二）室内建筑、装饰构件设计
根据功能与形式要求，结合原建筑的基本条件，对墙面、地面、顶棚、门窗、隔断，以及楼梯、梁柱、护栏等实体构件进行的装饰、装修处理。包括从空间的宏观角度来确定这些实体构件的形状、色彩、材料、质感、尺度、虚实，各构件的固定封装、技术构造，对不合理构件的改造，甚至是对损坏构件的修整，还包括它们与水、暖、电等设备管线的交接和协调等问题。

中华人民共和国国家标准《建筑装饰装修工程施工质量验收规范》（GB 50210—2001）规定："建筑装饰装修工程施工中，严禁违反设计文件擅自改动建筑主体、承重结构或主要使用功能；严禁未经设计确认和有关部门批准擅自拆改水、暖、电、燃气、通信等配套设施。建筑装饰装修工程设计必须保证建筑物的结构安全和主要使用功能。当涉及主体及承重结构改动或增加荷载时，必须由原结构设计单位或具备相应资质的设计单位核查有关原始资料，对结构的安全性进行检验、确认，方可实施。"

（三）室内家具与陈设设计
与法国艺术家马塞尔·杜尚、美国艺术家罗伯特·劳森伯格等人用现成品进行创作类似，室内设计工作中也会大量使用成型的成品、半成品，如家具、灯具、地毯、帘帷、电梯、门窗、拉手、饰品、绿化等，其实，室内设计最初就是由这种装饰工作演变而来，从这一角度来讲，与其说室内设计是一种创造过程，不如说是一种对现成品的挑选、搭配与整合的过程更为恰当，这些物品由于与人体直接接触，并且处于视觉中的显著地位，感受距离较近，它们的设计或是选择与摆放方式，对于空间的功能拓展、整体风格气氛的营造、烘托举足轻重。

此外，由于不会过多受制于结构、技术等因素，家具与陈设在室内空间的使用还具有极大灵活性。

（四）室内物理环境设计
人类通过多种感官去感知、体验外部世界，除了眼睛，还有耳朵、鼻子、皮肤、肌肉等引发的听觉、嗅觉、触觉等多个层面的感受，比如进入游泳馆，除了视觉印象，我们还会接受到冰冷的温度、回荡的声音、刺鼻的消毒剂味等多种感官信息。

著名建筑专家彭一刚在书中也提到："拙政园中的留听阁（取

意留得残荷听雨声）、听雨轩（取意雨打芭蕉）等，其意境所寄都与听觉有密切的联系。另外一些景观如留园中的闻木樨香、拙政园中的雪香云蔚等则是通过味觉来影响人的感官的。”室内设计并不是简单的“视网膜艺术”，还应从多重生理角度去适应人的各种感官要求，这涉及适当的光照、舒适的温度、湿度、良好的通风，以及清晰的声音、愉悦的气味等因素，这些因素会对人的感觉、知觉，以及健康、情绪、工作效率产生很大的影响，是衡量环境质量的一项重要内容，也是成就整体环境意境、氛围的重要内容。

五、室内设计的原则

室内设计应坚持“以人为本”的根本原则，其着眼点永远是空间使用者，这要求我们在设计中，应以使用者在空间环境中的行为、生理、心理、生活习惯等内容为出发点，关注老人、儿童、病弱者和残障人士的特殊需求；同时，我们也应该意识到，设计的服务对象不仅是自然的人，而且也是社会的人，有文化精神的人，不仅要满足人们物质上的要求，而且要认识到他们的社会属性，理解他们的思想、信仰、情感、价值观，以满足他们精神、文化上的诉求，不能把室内空间简单地看成是容器，还要满足"空间气氛"、"空间情趣"、"空间个性"等内容，营造真正满足人类生活的需要，使其领悟到自身存在的意义和价值的空间场所。

建筑必须"实用、坚固、美观"这一基础理论早在古希腊时即

被确立，发源于20世纪初的现代主义更将"功能"作为设计重点，将设计如何适应人作为最高原则，但直到今天为止，关于功能和形式的相互关系，仍然是一个模糊的概念，多种不同的论点各执一词，具体操作时多根据空间的不同性质和特点，各有侧重。

"形式追随功能"这一著名口号，最早由19世纪美国雕塑家霍雷肖·格里诺提出，随后，美国芝加哥学派的代表人路易斯·亨利·沙利文将其引入到建筑领域，即建筑设计最重要的是好的功能，然后再加上合适的形式，成为建筑界普遍认同的价值标准，虽然当今的各种设计流派层出不穷，设计中需要考虑和解决的问题很多，但功能在一般情况下还是居于设计中的主导地位，正如先秦思想家墨子所言"衣必常暖，而后求丽；居必常安，而后求乐"。

（一）功能和使用原则

功能在这里指设计的具体目的和使用要求，以及设计的产品所能实现设计目的的能力。任何设计行为都有既定的功能要求需要满足，设计行为有别于纯粹艺术创作，就是基于功能原则，是否达到这一要求，也是判断设计结果成败的一个先决条件。

室内设计工作并不是简单地搭建一个道具布景，更应满足人们居住、工作、营业、娱乐等生活所需，同时能够防患各种天然或人为之灾害，遮风避雨、驱虫避兽，保护生命财产安全。具体设计中应结合人体工程学、行为科学等内容，满足人类对舒适、方便、健康、安全、卫生等方面的需求。包括空间的面积、形状、布局和交通流线处理、家具数量、储藏空间的大小；照明、音响、采暖、空调、通风、自来水、排污等诸多方面问题，如何将火灾、盗窃等突发情况最小化，还有玻璃门、楼梯、坡道、浴室等高危区域的处理，以及老人、儿童、伤残人士对空间的特别要求等，属于室内设计中的实用层面内容。

（二）精神和审美原则

"凡是建筑都必然对人的思想产生影响，而不仅仅为人体提供服务。"

——（英）约翰·拉斯金

《史记·高祖本纪》中记录了萧何说的一段话："且夫天子以四海为家，非壮丽无以重威"，是说帝王的宫殿必须壮丽才能有威慑力量，才能达到治理天下，教化人伦的目的，果然，随

BATTERIE TODT

荆轲赴咸阳刺杀秦王的秦舞阳一见到秦国朝堂那副威严的样子就“色变振恐”。

室内设计从产生之初就与艺术有着不解之缘。设计中需要运用环境心理学、审美心理学原理，利用空间中的形态、尺度、色彩、材质、光影、虚实等表意性载体，来愉悦视觉，满足审美、装饰需求，创造恰当的风格、氛围和意境；契合人们的思想情感需要，使人的精神或灵魂获得憩息和抚慰，隔离人类对黑暗、死亡等神秘事物的恐惧，满足私密性、领域感、安全感，以及认知性、象征性、社会性等更深层次的精神、心理要求，即既要“悦目”，还要“赏心”，使其超越于简单的构造之上，以有限的物质条件创造出无限的精神价值，引发观者心灵的震撼和情感的共鸣回应，是用于提高空间的艺术质量，增强空间表现力和感染力的审美层面内容，所以，我们仍可称其为艺术。如很多宗教建筑多通过幽暗、狭促、深邃、封闭等手段，强化其神秘色彩，使人产生崇高、神秘、敬仰、畏惧等情感体验。

（三）物质技术原则与经济原则

"建筑是，而且必须是一个技术与艺术的综合体，而并非是技术加艺术。"

——（意）皮尔·路易吉·奈尔维

作为设计者，应根据投资状况，慎重选择材料、设备以及适合的结构和技术手段，这要求我们通过参加商品交易会、展览会，造访材料销售商的样品陈列室等方式，及时了解最新材料和流行动态，充分利用现代科技的最新成果，在可行的技术条件下进行设计创作。

同时，我们还应意识到，建筑活动会带来资源、能源与财富的高消耗，据统计，人类从自然界中获得的50%以上的物质原料被用来建造各种类型建筑及其附属设施，与建筑有关的能耗占全球能耗的50%（其中，建筑采暖、降温和采光能耗占全球能耗的45%，建筑施工能耗占5%）。因此，设计中不应只关注功能、质量、成本以及美学问题，不应以开发商、用户作为唯一考虑，还要关注从材料开采、加工运输、建造、使用维修、更新改造直到最后拆除的全寿命周期过程，关注各阶段对生态环境的影响，考虑资源、环境成本。

包括：

1. 建造的可持续性

提倡适度设计，不盲目、片面地追求奢华，尽量使用绿色材料、可降解和循环使用材料，减少废弃物（很多材料提炼和加工的过程都造成了数目相当可观的废弃物，以石板制造业为例，最终能够用于建筑物的材料据说只占采石场开采出原料的1%）。避免大量使用人工照明和空气调节设备，避免隔离人与自然的联系，提高建筑绝缘效果，强调使用

自然光、自然通风、绿色景观、生态建材、节能灯具、节水洁具。

美国建筑师伊纽·费伊·琼斯1980年设计的位于美国阿肯色州的一座高山上密林小径旁的桑克朗教堂，为避免笨重的推土机械损坏森林，整个建筑采用了只需要两人沿狭窄山路便可搬运的建筑材料。

2. 功能的可持续性

建筑的物质寿命要长于功能寿命，因此，在其物质寿命之内往往会经历多次使用功能的变更。比如住宅空间，人们对其使用要求会随着结婚、生育、衰老、死亡而发生周期性变化，因此，设计建造不能仅局限于一时需要，等到有新的功能、空间要求时推倒重来，应提倡“动态设计”、“潜伏设计”，使静态建筑空间对动态使用要求具有适应性、可变性，尽量满足不同时期的要求。

再者，对旧建筑的翻新、修理、改造等再利用方式，即适应性再利用（adaptive reuse），符合可持续发展的时代潮流，这要比推倒重建成本少，可省略拆除处理工序，新材料的消耗也可减少到最小，同时，改造再利用的方式可减少大量建筑垃圾及

对城市环境的污染，减轻施工过程中对城市交通、能源的压力，更何况有些建筑还承载着历史、文化信息，利于城市文脉的延续和文化特色的继承。

室内设计与建筑改造、建筑再利用的关系十分密切，近几十年，人们已逐渐意识到保护人造环境这一历史遗产的重要性，历史建筑的保护和重新利用已成为设计的一个专门领域。这种再利用设计并不是简单地将一项机能塞进老建筑，还牵涉到美学层面的考量，以及由于空间的功能扩展、重隔，带来的结构、材料等技术层面的问题和矛盾，这要求设计者学会与原建筑的对话、理解和尊重，以一种新的视角重新审视和评价室内设计的工作内容。

室内设计师

"吾善度材。视栋宇之制、高深圆方短长之宜，吾指使而群工役焉。舍我，众莫能就一宇。故食於官府，吾受禄三倍；作於私家，吾收其直大半焉"

——《梓人传》唐 柳宗元

设计师是从事设计工作的人，是通过教育与经验，拥有设计的知识与理解力，以及设计的技能与技巧，而能成功地完成设计任务，并获得相应报酬的人。

设计师的前身可能是雕塑家、画家或是陶艺家、泥瓦匠、木匠、石匠、编织家（即便如此，设计与策划仍为一种独立的工作），他们是社会发展到一定历史时期，由于"观念和制作之间的分离"造成的分工细化而出现的脱离实际生产操作的专职脑力劳动者，他们不制造产品，但他们可以思考、分析，可以画草图、制作模型。今天，根据从事的具体门类，这种宏观意义上的设计师可以划分为不同的专业设计师，如建筑设计师、室内设计师、工业设计师、平面设计师、服装设计师，以及形象设计师、发型设计师等。

室内设计师（Interior Designer），欧洲有些国家称其为室内建筑师（Interior Architect），与建筑师、医师、律师一样，

也是一种职业，是从事室内设计工作的专业人员，他们往往以个人或团队方式进行着工作，综合解决整体建筑空间的功能、形式、材料、技术构造，以及声、光、热、音响等众多层面的问题，工作中，他们需要认真听取客户的看法和要求，并以此为设计的基本出发点，他们面临的工作不仅仅是绘制图纸、挑选材料、家具、灯具、饰品，可能还要根据需要绘制图表、撰写协议、设计说明，协调各方、规划日程、管理经济、把握进度、监督项目实施等，为此，他们要面对建筑师、照明、音响、电气等方面的专家，以及木工、油漆工、管道工、电工、地毯铺设工，甚至园艺师等雇工，还要与各类制造商、经销商等人员进行协调、合作，这同时也要求设计师必须努力与他们建立良好的合作关系。可能很少有职业会像室内设计师那样需要掌握如此纷繁复杂的知识内容。他们的工作状态更像是乐团的指挥、电影的导演，虽然他们的作品短暂易逝，难于创造流传百年的经典，但却是跳动、充满生机、时尚与活力。

美国室内设计教育权威机构——室内设计教育研究基金会（FIDER）的专业标准认为：专业的室内设计师应该受过合格的教育，具有相应实践经验并通过相应（执业资格）考试，以提

高室内空间的功能与品质，改善（人类的）生活质量为目的，增进劳动生产率，维护公众健康、安全和福祉。室内设计师的服务范围与工作内容包括：分析客户的需求、目标以及在生活和安全方面的要求；把有关的调查研究结果与室内设计知识结合起来；制定合适的功能和美感兼备，并符合规范、标准的初步设计概念；通过适当的媒介发展并展现最终的设计建议；按照普遍适用的规范要求，针对非承重型的室内结构、天花、照明、装饰细节、材料、表面饰材、空间规划、家具陈设用品及其他相关的固定设施和设备准备施工图和有关规格尺寸；与从事机械、电气和结构设计等其他专业技术领域的有执照的从业者合作；作为客户的代理人，准备和管理有关合同文件和招标事宜；在施工期间及施工完成后对设计方案进行检视、并做出评定。

室内设计是一门跨越艺术与技术，融会多种内容的综合性学科，是一项多种学科交叉的综合性工作，随着时代的进步和行业的发展，室内设计师已完全不同于原来意义上的美术家或工匠，他们所从事的是一种极其复杂的创造性的脑力劳动，仅凭直觉、灵感来解决问题的可能性越来越小，为此，他们既要学习、掌握室内设计方面的修养与技能，又要熟悉室内设计专业涉及的众多人文科学、自然科学与社会科学知识，如建筑、艺术与美学、哲学、工程技术、人体工程学、环境心理学、环境物理、经济学等，以及与设计内容有关的规范和标准等众多内容，以获得逻辑化的设计意识和分

析能力、丰富的思维能力、高品位的审美与艺术修养、明晰的设计表达能力，保证设计的科学性与合理性。同时，我们还应该意识到，室内设计是一门变化大、进步快的学科，其概念与内涵是动态的、不断发展的，不能用静止的、僵化的思想去理解和对待，室内设计的实践性很强，应在实践中不断了解室内设计的创作动向、更新的材料、设备以及建造技术，通过实践去不断地验证设计结果，积累更多经验，以获得持续的充实与提高。要想做好一名优秀、合格的室内设计师，学习与实践，一定是一生的事情。

另外，作为设计师还应恪守职业道德，遵守国家或地区的建筑法规，树立社会伦理道德观念和具有高度社会责任感，明确自己的社会职责，关注人们的生存状态和真实需要，在严酷的商业压力下保持清醒的头脑，树立正确的价值观和责任感，从道德角度对设计结果做出正确的判断，履行应尽的道德义务，"设计的目的是满足大多数人的需要，而不是为小部分人服务，尤其是那些被遗忘的大多数，更应该得到设计师的关注。"德国伦理学家汉斯·约纳斯说过："人类不仅要对自己负责，对自己周围的人负责，还要对子孙后代负责，不仅要对人负责，还要对自然界负责，对其他生物负责，对地球负责。"设计中，我们是否考虑了残疾人、老年人和儿童？挑选的材料、家具、设备及安装方式是否会危及到使用者？火灾或其他意外灾害时如何保障他们的生命安全和健康？我们是否因为过度的自我表现和利益驱动而破坏了生态平衡，并进而影响到人类的身体健康和生活习惯……

室内设计的程序与表达

Procedures and Expression

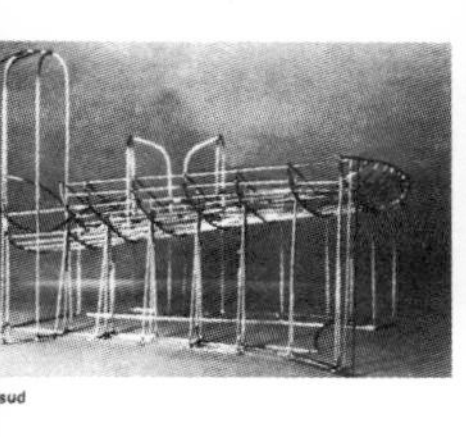

sud

Maquette vue du côté sud et es

Facade est — L'autel extérieur sous l'auvent

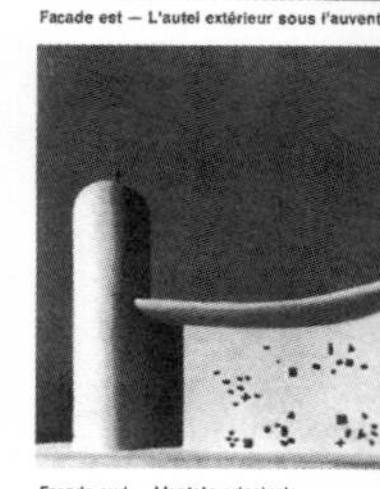

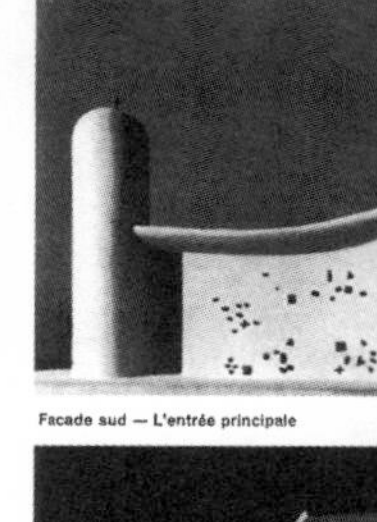

Facade sud — L'entrée principale

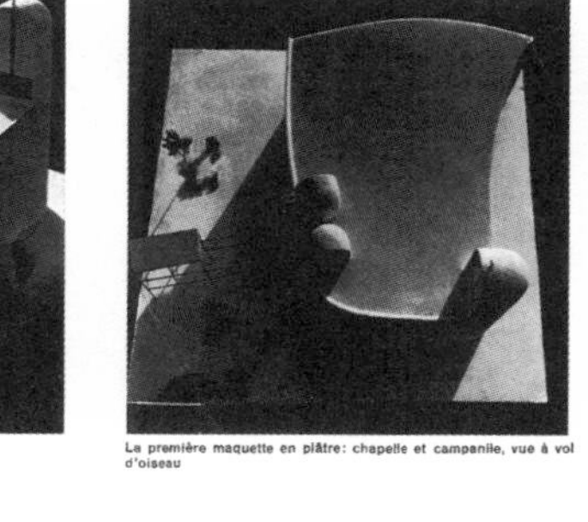

Facade nord-ouest

La première maquette en plâtre: chapelle et campanile, vue à vol d'oiseau

nble est habillé de papier

室内设计由于复杂性、涉及内容多样性等行业特点而导致设计过程的繁琐和冗长，唯有借助科学、有效的工作方法才可以使这些问题变得条理并易于控制。设计工作中，按时间先后依次安排的设计步骤即是设计程序，设计程序是设计者在长期设计实践中发展出来的一种经验、规律性总结，以合理秩序为框架按部就班地开展工作是成功设计的前提条件，条理的、规范有序的设计程序和正确的工作方法也是有限时间内设计质量和效率的基本保障。

设计是由分析开始，在建造前，设计者要将建设任务在使用和施工过程中所存在和可能发生的问题，事先做好通盘设想，拟定好解决这些问题的办法、方案，并通过图纸和文件等媒介将其具体化，作为推敲、预测的主要手段，以及备料、指导组织施工、各工种在制作、建造工作中互相配合和工程款预决算的共同依据，使整个工程得以在预定的投资限额范围内，按照预定方案顺利进行，并充分满足使用者和社会所期望的各种要求。

这一过程同时要求设计者与业主、其他专业工程师、管理部门、材料商、施工单位必须始终充分协作，以确保工作顺利、有效地进行。

室内设计的程序

虽然设计程序会因不同的设计者、设计单位、设计项目和时间要求而有所不同，但大体上还是可以分为四个阶段，即：方案调查阶段、方案设计阶段、方案实施阶段和使用评估阶段，不同阶段有不同的侧重点，并应针对性地解决每个阶段的对应问题。

多数的室内设计工作始于建筑设计和施工之后，设计工作常为建筑中的既有元素所约束，如果有条件能在建筑设计的初始阶段即开始室内设计的介入，则会大大减少日后工作中的限制和矛盾。

一、方案调查阶段

（一）采访客户

一般、基本的设计原理难以应付所有的具体要求，想象中的普通典型对特殊个体肯定也会存在一定程度的局限和不适应，要想最终取得令人满意的设计结果，对客户要求的全面理解非常重要。通过详细调查客户的基本状况和使用要求，可明确项目的规模、性质、用途、机构运作方式、使用特点、风格要求、投资标准、建造周期等内容，这要求设计者与客户通过询问、讨论等方式进行交流，并提出可行性建议，听取客户（包括终端用户）对这些建议的看法，甚至可能还要听取众多与此空间有关的不定人群的意见、态度，掌握各方面的事实数据和标准，尤其对于功能性较强的复杂项目。

客户所能提供的信息有时很具体，有时也很模糊抽象，有些客户常认为设计者能猜出他们的要求和期望而不给出足够的信息（或许他们根本就没有成型的设想或意见），怕因此限制设计者的创造性，设计者应通过多种方式（比如对相似案例、图片的展示与评价）尽可能多地了解他们的要求和想法，而有些客户的预想往往在经济、技术等方面不切实际，作为设计者不可为了获得这一项目而轻率地、不负责任地予以承诺，更不能为了自我表现而牺牲客户利益。

（二）现场的勘察与测量

尽管多数设计项目会有建筑等方面的配套图纸来提供已有元素的信息，现场的勘察、参观与测量还是会有助于我们更加直观、全面地了解和把握建筑客体的各种自然状况和制约条件， 如它们的尺度感、供热、空调、通风系统及水电等设施状况，窗外的视野、相邻建筑物、树木等周围景观，以及噪声、当地气候、日照采光、风向等问题，很多这方面的内容单纯依靠图纸往往无法充分地表达出来，同时结合拍照、录像等手段则能够对空间进行额外更加

客观、详实地记录。

（三）收集资料

“设计的行为是一个基于个人先前经验而寻求各种不同可能性的过程。”

——（美）希尔伯特·亚历山大·西蒙

一方面，收集、熟悉与项目有关的设计规范、标准和政策法令，查阅、分析同类型工程的介绍和评论以及对同类型工程实例进行参观和考察，尤其功能性较强、性质较为特殊或我们过去不是很熟悉的空间；另一方面，了解所需材料、家具、设备设施的外观、性能、规格、价格等内容。这使我们在有限的时间内能够尽量多地掌握设计的有关信息，以期获得灵感和启发。

二、方案设计阶段

主要是利用线条、符号等各种图示语言（有时也包括模型）表达对于功能、形式、经济等问题的研究、分析和解决方案及结果。不但设计的思维过程是建立在图形思维基础之上，设计概念的交流传递也主要依赖于不同的表达方式。

（一） 概念设计阶段

1. 方案初步构思

这一阶段是一个较为复杂的创造性过程，设计者很大程度依赖直觉，利用思维能力、想象力和记忆力，根据先前获得的资料数据，结合专业知识、经验，从中寻找灵感的片段，并创造性地搭配组合成新的关系，综合解决设计要素间的各种矛盾。这一阶段，各种念头自由涌现，不受约束，基本使用功能、材料、构造技术、形式感以及历史、文学艺术、哲学，甚至易学风水等各种知识内容在这里被综合分析和考虑，并基于实用性、美观性、创新性、经济性等原则加以平衡。徒手草图由于可以直观、迅速、概括地表达构思要点，可大致确定室内功能分区、交通模式、空间形象、分隔方式、结构工艺，以及家具、设备的布置摆放等内容，是这一阶段中供设计者记录和判断方案好坏的重要手段。

这些最初的设计概念经进一步评估、比较、否定、修改、发展，以适合和优先的原则进行比较、筛选，最后，只留下一种（或几种）最佳可行方案。

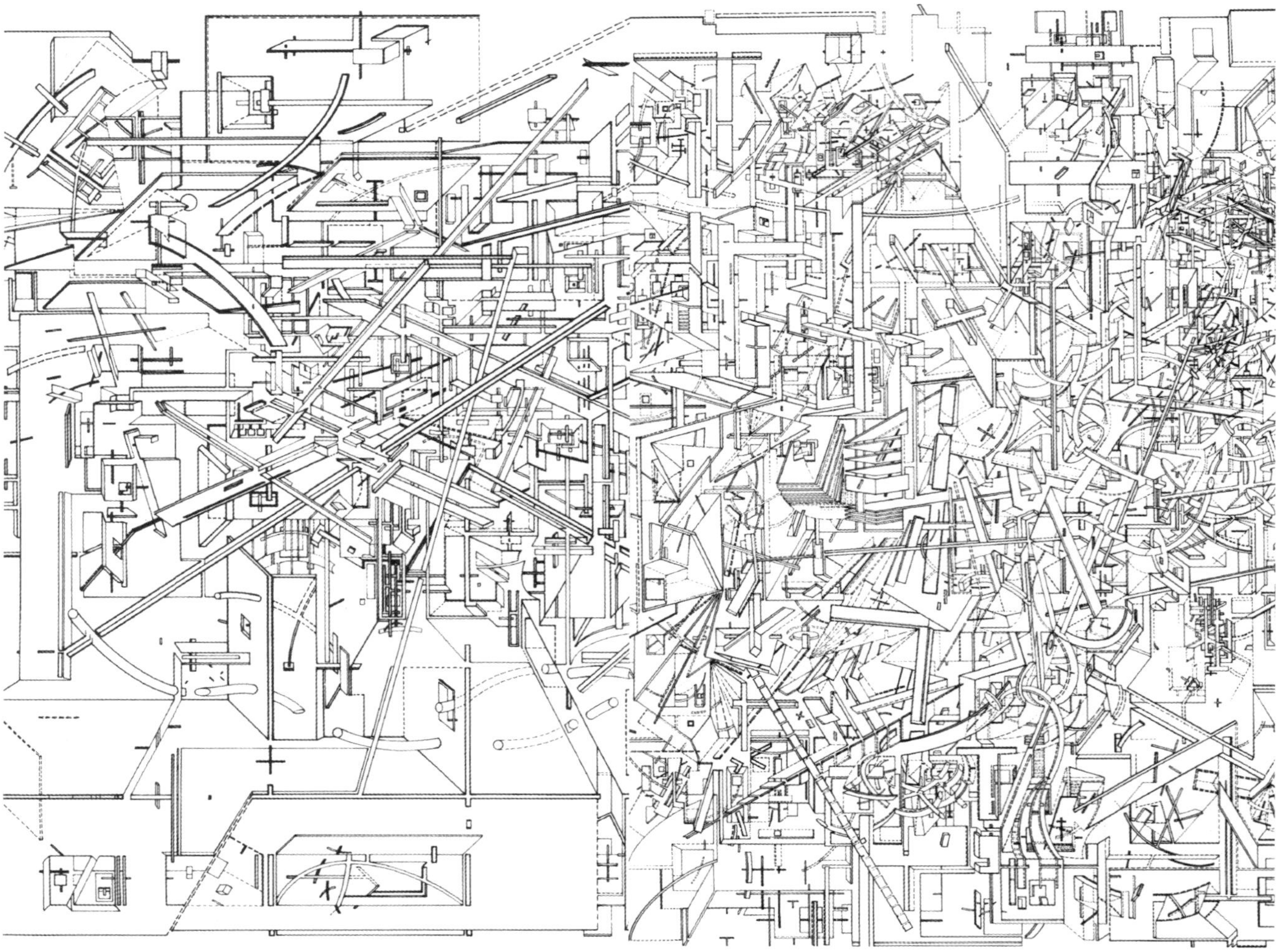

2. 方案的拓展与修正

对于粗略拟定的设计方案，为求进一步深化发展以及与他人沟通，需进行恰当记录与表达。表达手段主要包括利用数字或手绘技术绘制的二维平面图、立面图、天花图，以及虚拟三维空间透视图或轴测图，如能利用数字动画（可表现因时间而变化的动态画面）、模型等手段来表达，效果会更佳，但同时花费也相对较大。

作为补充，还要提供材料、家具清单、样板（实物、照片，及使用实例），以及概算书和设计说明等文件，使客户获得性能、造型、色彩、质地、使用搭配效果、价格投入等方面的参考内容。

期间，设计师与客户通过多次对话与讨论，不断对方案进行修正、发展和完善，直至最终定稿。

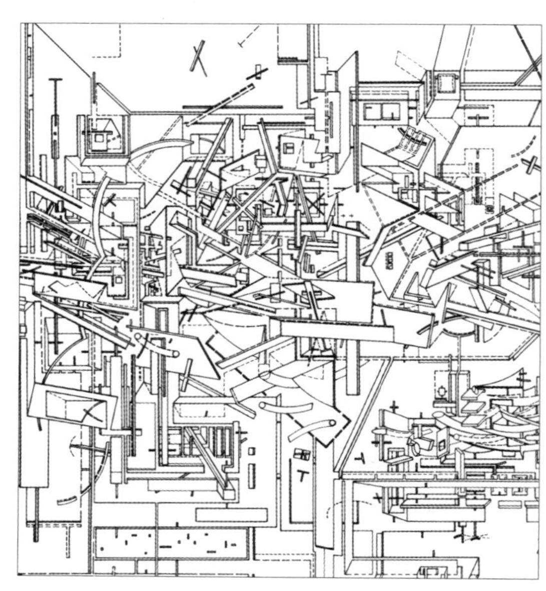

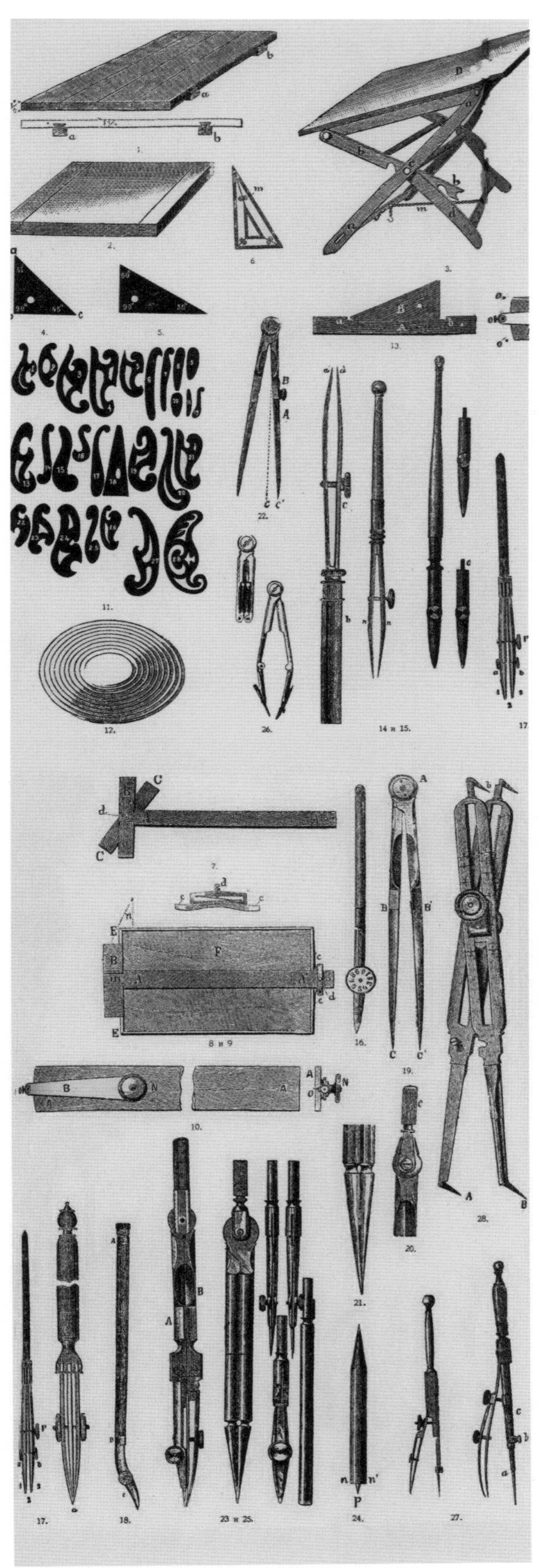

（二）施工图绘制阶段

方案确定后，即可进入施工图阶段，以便向承包者、施工人员就技术、构造等细节问题作进一步解释，供工程中涉及的其他专业人员交流参考。

施工图是连接设计工作和施工工作的桥梁，是工人施工制作的依据，施工图通过正投影法绘制，包括平面图、顶棚平面图、各向立面图、剖视图，以及放大比例的细部节点、大样图，可准确显现空间界面尺度和比例关系，以及相关材料与做法，图纸不能完全表达的局部构造、技术细节还要用文字补充说明。施工图的绘制必须严格遵循国家标准的制图规范，中国室内装饰装修行业的第一个国家行业标准——《房屋建筑室内装饰装修制图标准》（JGJ/T 244—2011）在 2012 年 3 月起正式实施，这是中国室内装饰装修行业唯一的国家行业制图标准，使我国建筑室内装饰装修设计的制图工作有章可循，标志着我国建筑室内装饰装修行业正逐步走向法制化、标准化。

以往的施工图多借助制图工具手绘进行，目前由于计算机绘图的巨大优越性，如可替代人力省时高效地完成设计工作中繁重的计算工作和绘图工作，以及方便储存、复制与修改，因此手绘制图几乎已被其完全替代。

美国建筑师和城市学家威廉姆·米切尔说过：〝建筑师绘制能被建造出来的东西，但同时也建筑能画出来的东西。〞美国解构主义建筑大师弗兰克·盖里的建筑充满不规则、复杂多变的曲线，设计过程中由于使用了可用于航空、航天器开发的 CATIA 软件来捕捉这些曲面形态，弥补了传统方式难以量化的缺点，盖里的很多作品包括西班牙毕尔巴鄂的古根海姆博物馆和美国西雅图音乐中心的结构技术参数和图纸绘制都是在这种软件的辅助下完成的，而在德国杜塞尔多夫的海关办公楼和柏林的 DG 银行总部办公楼中，计算机数字控制机床还被用于现场的实际建造过程，这是传统的手工设计时代不可想象的，是与计算机相伴相生的数字技术让设计师们逃出几何图形的禁锢，让这些奇思妙想得以实现。

与之配套还有水、暖、电、空调、消防等设备管线图（这些工作往往由相关专业人员配合完成），同时提供给用户的还应有预算明细表。

三、方案实施阶段

施工前，设计单位有责任向施工单位解释图纸，进行图纸的技术交底。

施工中，挑选、购买材料以及家具、配饰、灯具等相应设施设备，还要作为用户代表，经常性地赴现场给施工单位以必要指导，及时解决现场与设计发生的矛盾，并根据现场情况及时修改、补充图纸，审查设计和技术的相关细节，监督方案实施状况，保证施工质量。

施工后期应协助家具、灯具、配饰及设备的摆放、安装、调试；施工任务结束后，还要会同建设单位和质检部门进行工程验收。

四、使用评估阶段

评估是在工程项目交付使用后，由客户配合通过口头或问卷等方式对工程进行跟踪检验与评价，其目的在于了解是否达到预期的设计意图，以及客户对该工程的满意程度。

设计者的工程经验同艺术能力一样重要，很多设计方面的问题与缺陷都是在使用后才得以发现，这一过程不仅有利于用户利益和工程质量，同时也利于设计者自身为以后的工作增加、积累经验及改进工作方法。

室内设计的表达

表达是将设计过程中的计划、构想转换为具体视觉形象的一种“物化”技术，是供设计者记录、分析、预测建造结果以及与他人交流、传递信息的重要媒介和载体，并且表达与设计思维二者密不可分，会影响到设计者的思考方式，推动设计思维的发展，对设计进程具潜在影响。

通过图形（草图、投影图和透视图，也包括模型、动画）等视觉手段来比拟实际的建成效果，要比此外的其他方式更加直观、形象，这种在图纸（或模型、动画）上的改动修补远胜过实际建成后发现问题再推倒重建。因此，对于设计者而言，熟练掌握和运用各种表达手段至关重要。

一、图形表达

图形表达是一种最方便、灵活、快捷、有效而且经济的手段，这一手段的使用几乎会贯穿整个设计过程。图形与设计师的关系，如同音符与音乐家、文字与文学家的关系，大概从古埃及时，设计者就已开始通过画出建筑物的平面和立面来对设计意图进行记录和预测，便于日后的推敲、沟通、修改与实施。

（一）草图

开始构思阶段，朦胧浮现于设计者头脑中的创意想法往往暧昧不定、瞬间即逝，需要一种手段快速地加以捕捉和定着，以记录这些暂不决定的所有选择，草图是实现这种目的的最有效手段，作为一种视觉思维形式，草图是连接感知思考和行动的直觉过程，可将抽象的设计思维即时地转换成可视形象，草图由于其模糊性和不确定性，还可启发设计思维，引发新的构思源泉。

草图包括功能分析图，根据计划和其他调查资料制作的信息图表，如对空间抽象化表述的矩阵图、气泡图（可探索各空间要素之间的功能、流线关系，使复杂的关系条理化），还包括平面分布图、空间各界面样式图、局部构造节点、大样图，光线、通风分析图，以及建立空间形象三维感觉的透视图等。草图属设计师比较个人化的设计语言，一般多作为自我推敲、评估使用，对于他人往往并无太大意义。

草图通常以徒手形式绘制，所用工具、表现手法也无严格要求，可快速、随意、概括、抽象地表达设计概念，突出重点

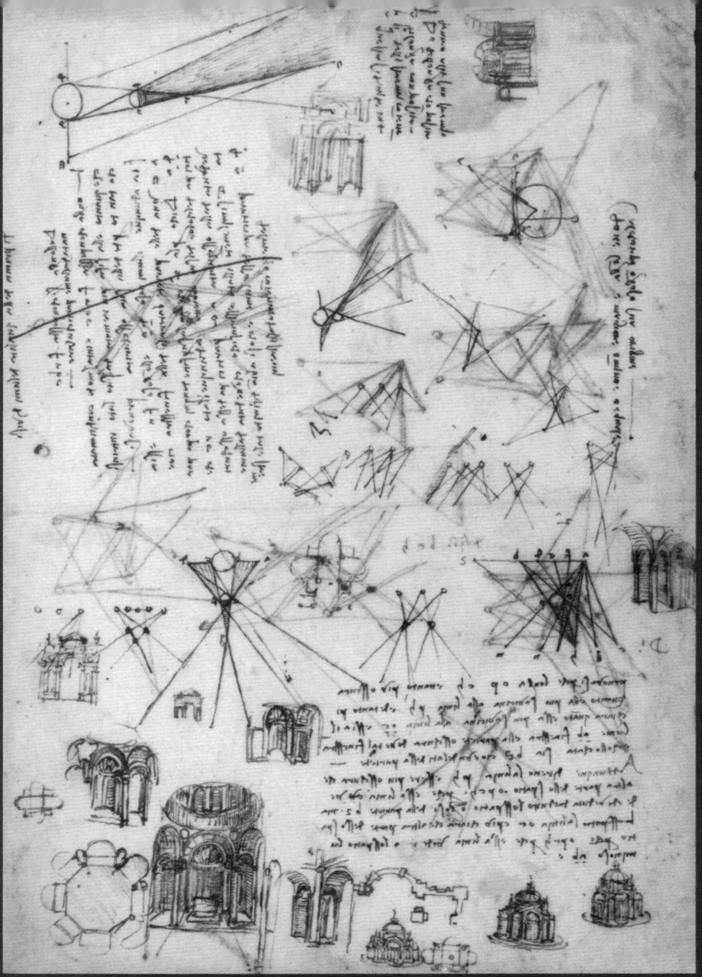

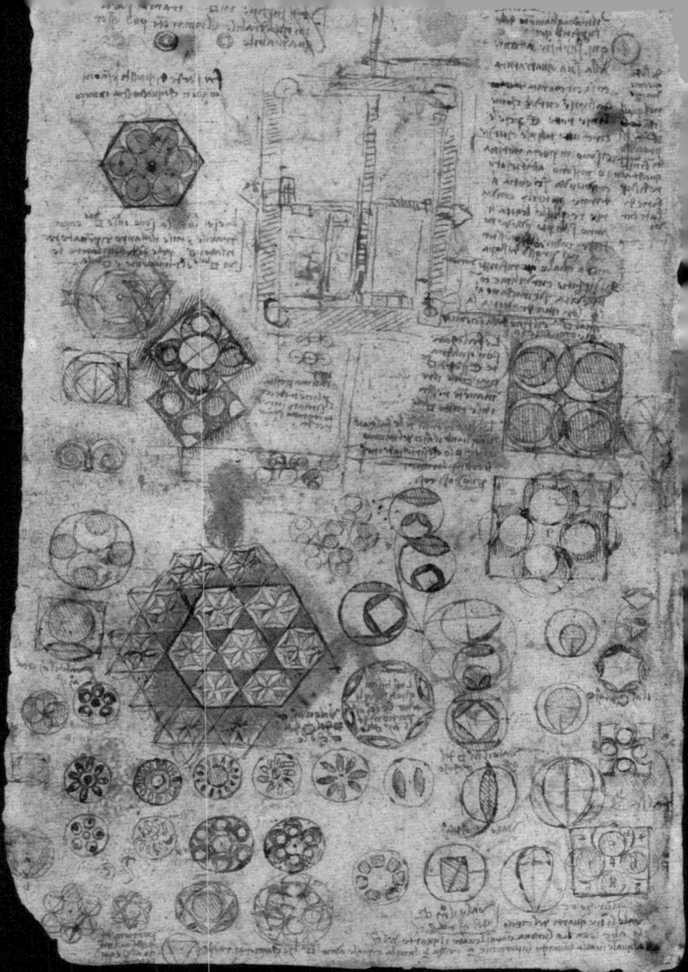

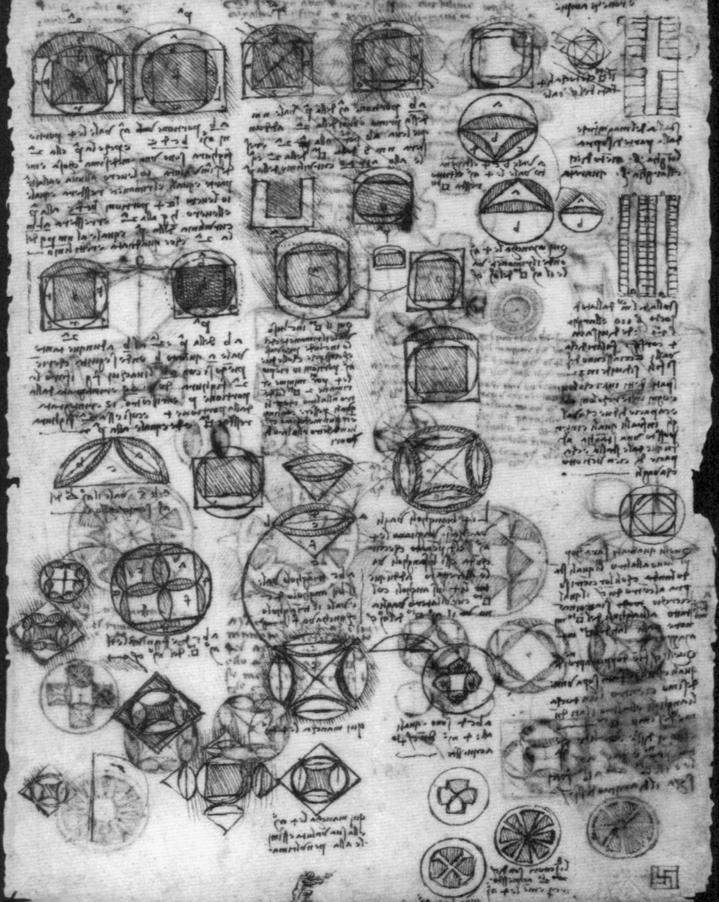

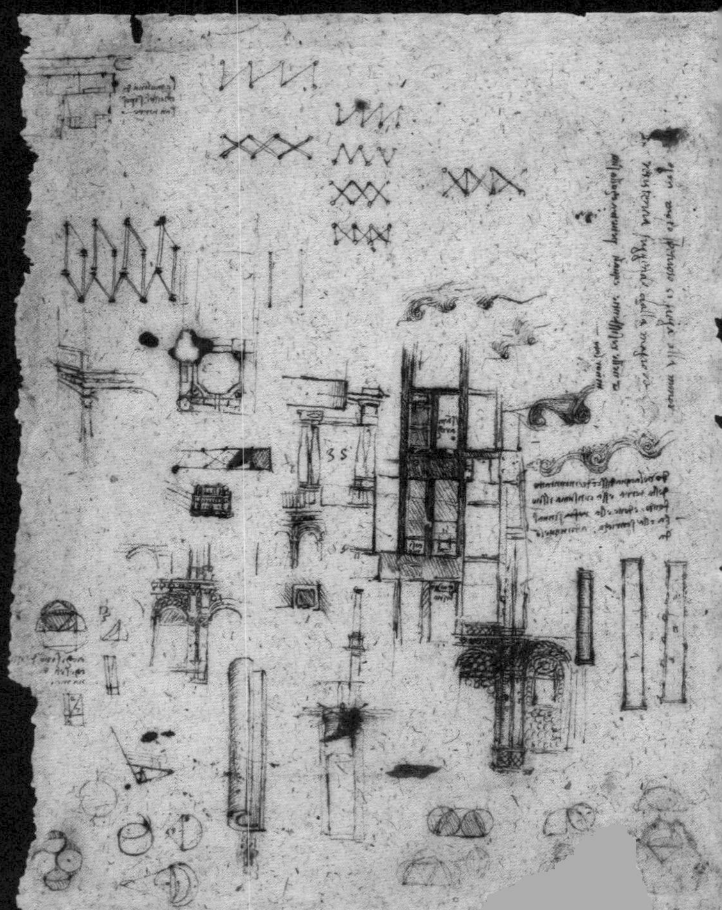

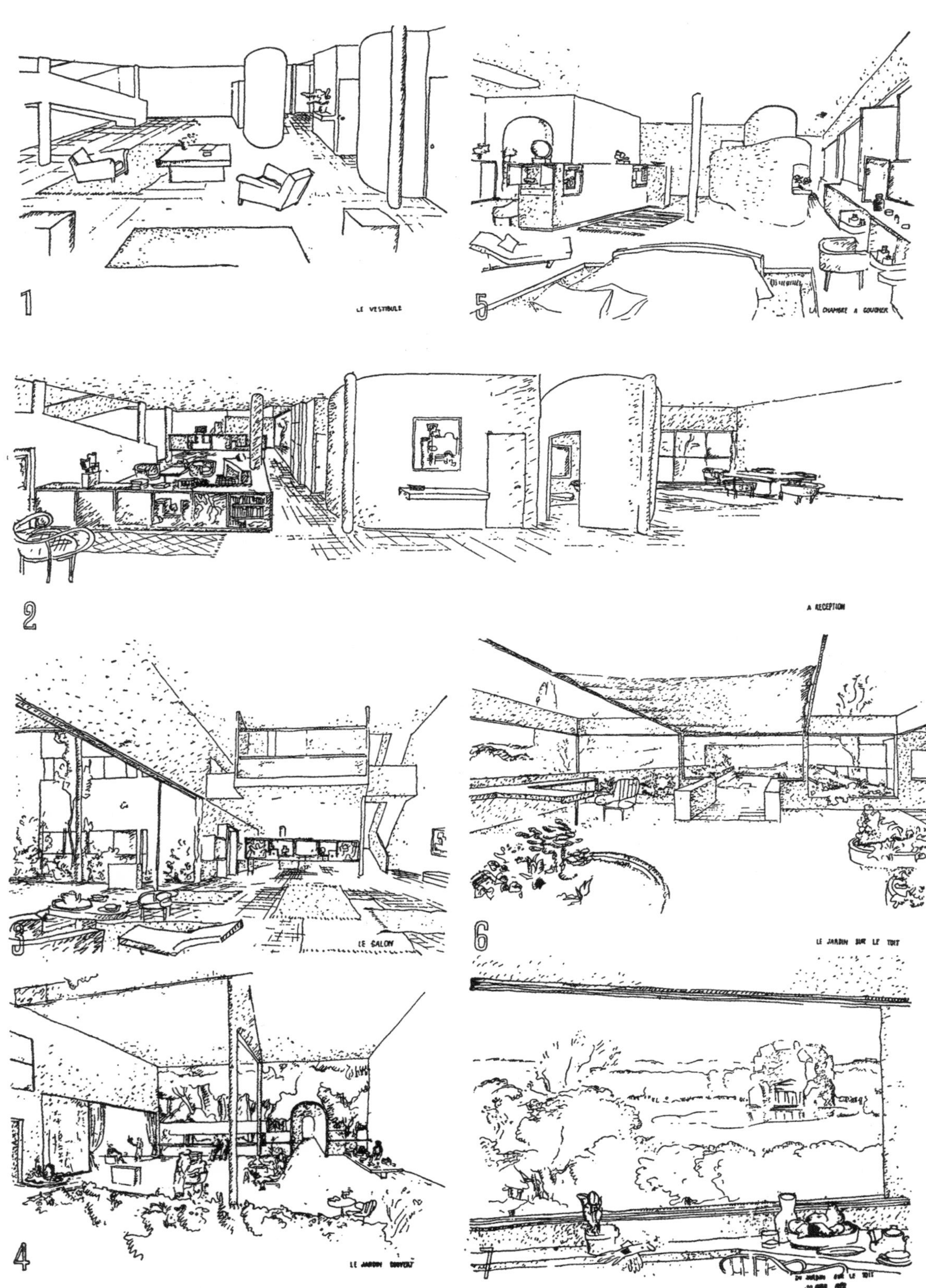
1
LE VESTIBULE
5
LA CHAMBRE A COUCHER
2
A RECEPTION
3
LE SALON
6
LE JARDIN SUR LE TOIT
4
LE JARDIN COUVERT
7
DU JARDIN SUR LE TOIT

而无须过多地涉及细节，虽然看上去不那么正式，但花费的时间也相对较少，能够较快地跟随思维的变化，眼、手、纸及大脑通过这一技术紧密联系，对设计者而言，没有其他方式能够比使用草图来呈现问题的多样性作出更为有效的反应。相比之下，电脑对于草图绘制并不合适，虽然目前有许多好的绘图软件可供选择利用，操作电脑还是会妨碍大脑迅速、多层次的思考而减缓了记录想法的过程，并且在问题解决的早期显得太过精确。

草图可以使用单线或以线面结合的方式绘制，也可稍加明暗、色彩，随个人喜好而定，还可以结合一定的文字注解、符号来补充说明，在有限的时间内应多勾多画，提出尽可能多的想法，以便于积累、对比和筛选，为日后方案的继续发展和修改提供更多的余地。

（二）正投影图

《房屋建筑室内装饰装修制图标准》（JGJ/T 244—2011）规定："房屋建筑室内装饰装修的视图，应采用位于建筑内部的视点按正投影法并用第一角画法绘制。"正投影图是一种利用物体和画面之间以直角投射的几何技术而得出的图形形象，（此外，

投影法还包括中心投影法、斜投影法）虽然因为没有深度感、透视感而与我们看到的情景有些差异，但作图简便，且可以准确地表达三维物体或空间的实际形状、尺寸比例关系，因此在方案设计图、扩初设计图、施工设计图的绘制中被广泛应用。

早在公元前 4 世纪，埃及人已经会用正投影法绘制建筑物的平面图和立面图，并能用比例尺绘制建筑总图和剖面图。中国人也很早就懂得建筑图的绘制，河北平山县出土的战国时期的《中山王陵兆域图》，用金银丝嵌在铜版上，图上标有尺寸，比例约为五百分之一，隋代宇文恺作明堂图，则用百分之一的比例。唐代文学家柳宗元在《梓人传》中描述当时的能工巧匠能够“画宫於堵，盈尺而曲尽其制，计其毫厘而构大厦，无进退焉。”

正投影图可看作是对计划空间各局部的片段分解，如同切开空间、掀开屋顶，可从多个角度描述以三维状态存在空间的二维形象片段，包括平面图、顶棚平面图、立面图、剖视图和局部详图、节点图等同时我们也必须清楚，这些图形只能显示空间局部的二维特征，若离开整体的空间概念孤立地进行平面、立面、顶棚的设计，方案将缺乏整体连贯性。意大利建筑理论家布鲁诺·赛维说过：“任何人开始学习建筑的时候都必须明白：即使一个平面在图纸上可能具有抽象美，即使四个立面看起来也相当均衡，并且整个体积也比例合宜，而建筑本身结果却可能是个糟糕的建筑。内部空间，即不能以任何形式完全表现出来的空间，只能通过直接经验去掌握和感觉到的空间，才是建筑的主角。掌握空间，知道如何看到它乃是理解建筑物的关键。”

实际的建筑尺度、规模往往因为远大于所绘图纸而无法以原尺寸完整地容纳于所绘图纸当中，应按适当比例将其缩小，所选比例须与图纸大小相吻合，并足以充分表现必须的信息和细节，如 1:100，表示图中一个单位代表目的空间的 100 个单位，换句话说，图纸为所绘空间的 1%，同时结合各种代表墙体、门窗、楼梯、家具、设备及材料的通用线条和符号、图例，以及必要的文字标注（有些东西很难用绘图来表示，如，油漆技术标准及大理石、木材的品种），精确、概括地表达空间的形状、尺寸、工艺做法、材料等内容，由于利用量取长度去换算实际长度的方法会存在一定误差，所以施工图上还必须标出实际的尺寸数字。

1. 平面图

平面图是其他设计图的基础，采用的是自上向下的俯瞰效果，如同建筑在视平线以下适合高度（多为 1.2~1.5 米高度，并假定切

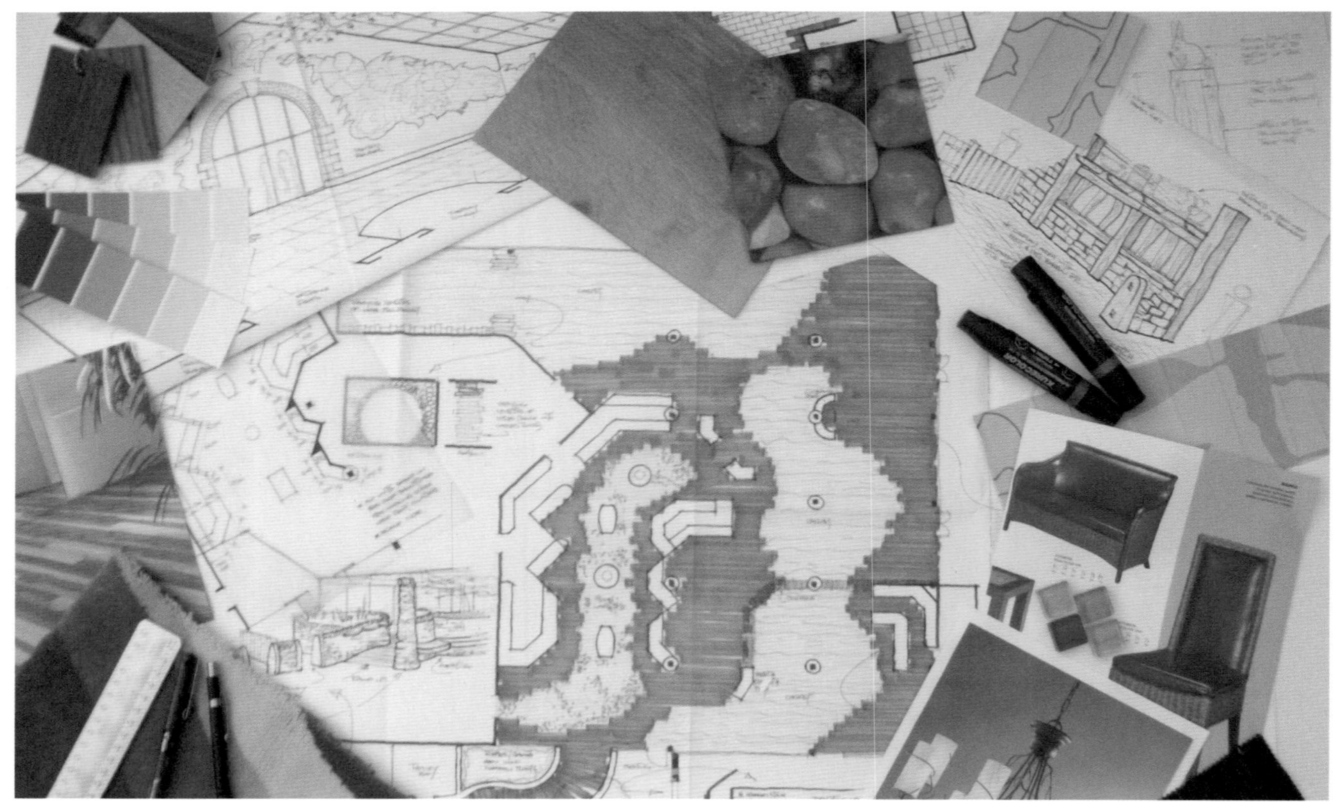

开该层所有门窗）被水平割切并移除了天花或楼上部分所得之水平投影图，平面图可准确显示出空间的水平方向的二维轮廓、形状、尺寸，墙体、柱、隔断和门窗分布状况，空间的功能分配、家具、配饰、设备摆放方式，以及地面的材质、铺装方式等内容。

2．顶棚平面图

顶棚平面图应按镜像投影法绘制，可看作是顶棚在水平视面的反射投影状况，除了表达顶棚的造型、材质、水平尺寸、高度，以及附着于顶棚上的各种灯具和设备，还能够显示空间中到顶的墙、柱、隔断、家具等内容。

3．立面图

用以表达建筑空间中墙面、隔断等垂直方向构件的造型、材质、尺寸等内容的投影图，通常不包括附近的家具和设备（固定于墙面的家具和设备除外）。

4．剖面图与断面图

剖面图表达建筑空间在适当的位置被假想面剖切后，移去靠近观者部分的剩余部分正投影图，平面图实际上就是一种水平方

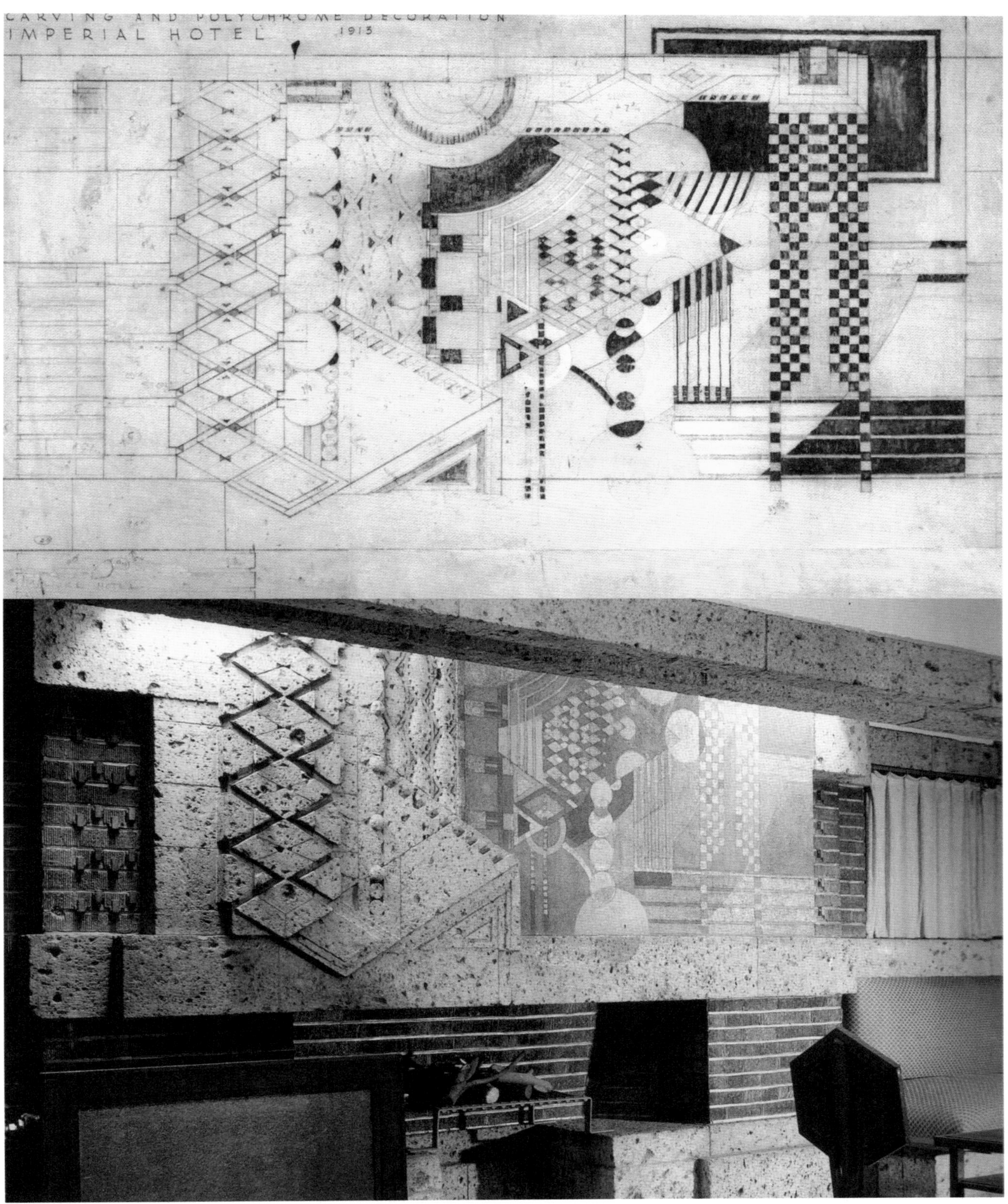
CARVING AND POLYCHROME DECORATION
IMPERIAL HOTEL 1913

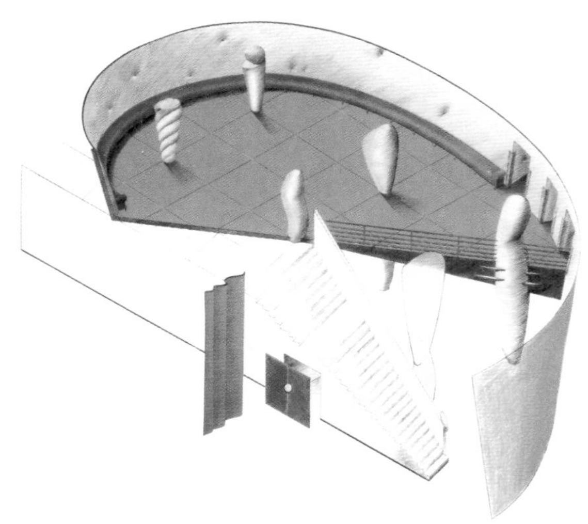

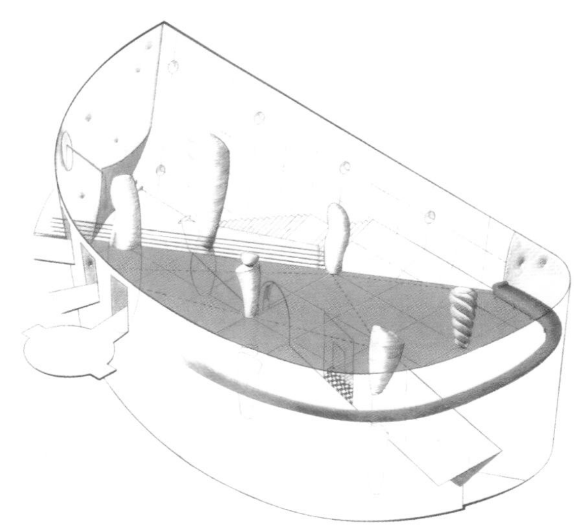

向的剖面图；断面图则是对于被剖切断面的单独描绘，可暴露出内部空间关系与剖切部分结构做法。剖切面应选择在最能充分反映空间结构特点的地方，并利用索引符号在被索引处标出相应的剖切位置，同时标出剖视方向。

剖面图剖到的实体（断面）部分依所用材料应画出材料图例，未指明材料类别时，一律用方向一致的等距 45° 细斜线表示。

5. 详图（大样图）与节点图

受尺寸所限，平、立面图及顶棚平面图、剖面图、断面图不可能把所有问题都表达清楚，详图与节点图是这些视图中任一局部的放大与补充，用以表达图中无法充分表达的形状、尺寸、材料等细部形态以及施工构造等局部细节内容，详图与节点图往往采用较大的比例绘制，有时甚至是足尺的 1：1，使之看起来更为清晰，并应通过索引符号与描绘部位对应。

（三）轴测图

轴测图可采用正投影法和斜投影法绘制，在一个投影面上能同时反映出物体三个坐标面的形状，虽然由于没有灭点而感觉视觉失真，但基本接近于我们看到的视觉形象，能够给人以三维的深度错觉。室内轴测图多采用俯瞰的视角，适于对空间的体量、组合关系进行简单易懂的说明。

（四）透视图

虽然平面、立面图对于实际工程而言更具有现实意义，但这些图纸往往会使未受专业训练的人感到困惑和难以理解。透视图

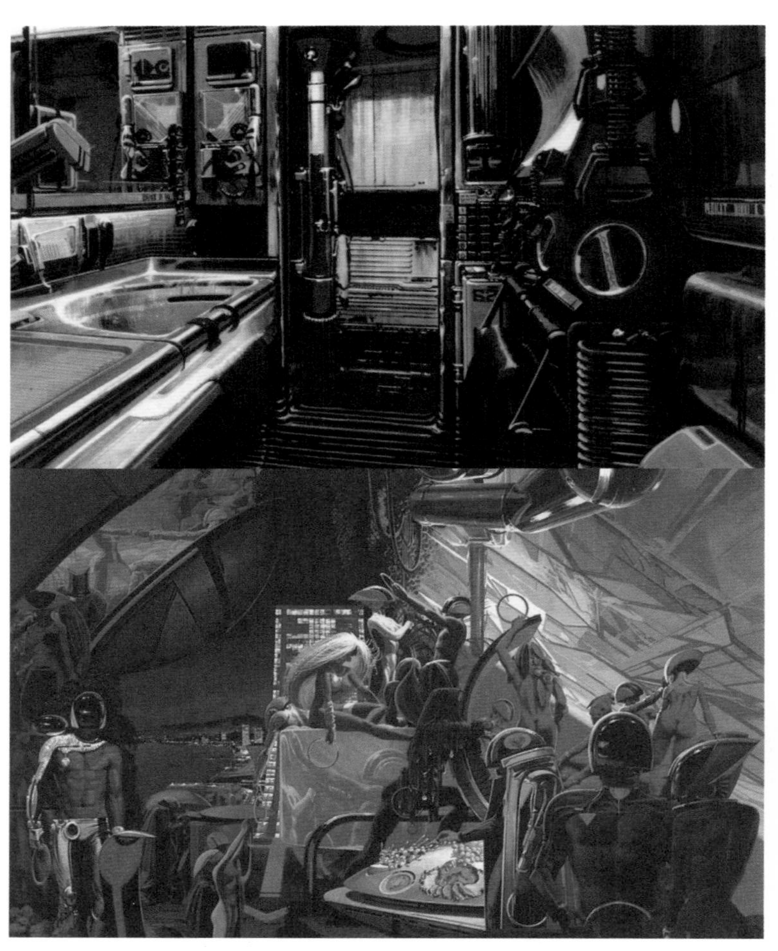

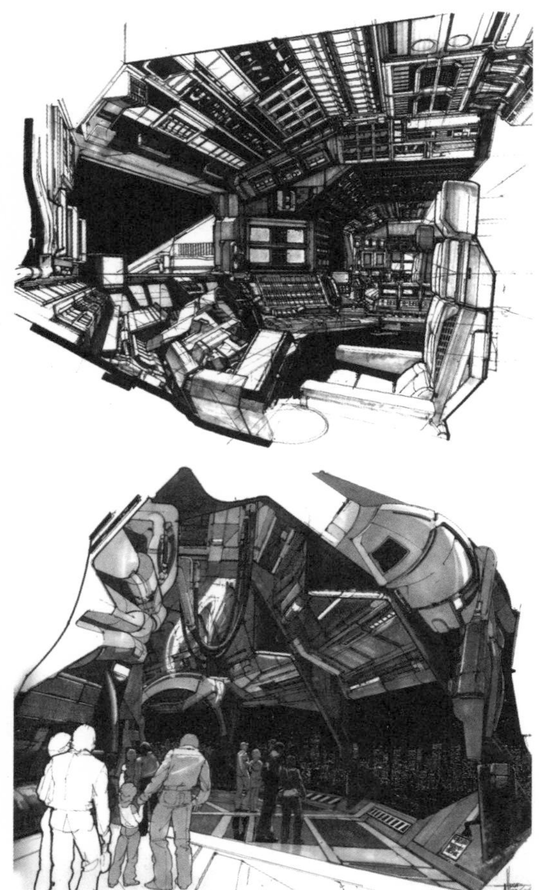

缩短了二度平面图形与三度实体间的差距，能够按照观者看到的样子将建筑投到纸面上，使空间形态不必通过想象而一目了然，可以展现尚不存在的建成效果（这一点是照相术无法做到的），是设计者与他人沟通或推敲、预测方案的常用方法。

透视法最早可追溯到由古希腊人发明的短缩法，15 世纪意大利文艺复兴艺术家发现了 "焦点透视法"，它使人类的绘画实现了在二维平面上表达前后空间纵深的重大突破。透视法在中国也有着悠久的历史，早在南北朝时代，宗炳的《画山水序》中已经阐明透视画法："今张绢素以远映，则昆阆之形，可围千方寸之内；竖画三寸，当千切之高；横墨数尺，体百里之迴。" 公元 6 世纪前后，中国唐代的无名画家已经在敦煌莫高窟的壁画中使用透视法来作画，但中国绘画艺术似乎对多点（散点）透视法更感兴趣。

用于表现建筑空间的透视图多通过手绘或计算机绘制完成，手绘透视图常用水彩、水粉、马克笔和彩色铅笔等材料来绘制，需掌

握一定绘图原理与经验、技巧。目前，由于计算机硬件与软件的不断完善，操作更为简便快捷，以及对于物体材料、质感、光线的模拟已达到近乎乱真效果而似乎更容易为人接受。

透视图虽然更容易让人理解，同时也有一定局限性。其实现的前提，是需要视角、空间绝对的固定或静止状态，因此，透视图只是一种视觉捕捉的瞬间影像，无法实现对所绘空间的完整表述，而数字三维动画则可以通过一系列连续画面来模拟随时间延续而产生的视点转换效果，配合后期的剪辑，以及音乐音效，使观者获得更加真实的综合体验与感受，同时也更具有迷惑性。

二、模型表达

与二维图纸相比，以实体材料制成的模型可以用立体方式对方案进行描述，因此具有更强的直观性、完整性，可捕捉绘图中永远不能捕捉的东西，如进行音质声学、采光和阴影等方面的研究和试验，即使是数字技术高度发达的今天，模型仍是一种重要的设计表达途径。20 世纪 80 年代，著名华裔建筑师贝聿铭设计的卢浮宫玻璃金字塔方案曾遭遇巨大阻力，因此他不惜在卢浮宫前建造了一个 1：1 的足

尺的模型，最终，用模型征服了法国人。

室内模型为方便观看，通常不做顶棚，有的楼层板、外墙可以移开，有些大尺度模型还会允许走入，方便从多种角度进行观测和分析研究，但同时制作费时，且价格昂贵。

中国最早使用建筑模型的记载是隋代兴建仁寿舍利塔和筹建明堂，唐、宋时期，建筑模型又称“木样”，一直到清朝还保持着以图样和模型相结合进行设计推敲这一传统，像中国清代宫廷建筑匠师家族——“样式雷”，祖孙七代都在清廷样式房任掌案职务，主持皇家建筑设计，雷氏家族不但善于绘制图样，烫样①制作也独树一帜。其台基、瓦顶、柱枋、门窗以及床榻桌椅、屏风纱橱等均按比例制成，各种构件还可以随意拆卸、灵活组装，以便洞视内部或推敲、修改方案，是研究我国清代建筑和设计程序的重要资料。

①烫样：是用草纸板、秫秸、油蜡和木料等材料加工制作的按比例缩小的建筑模型，因制作工艺中有一道熨烫工序，故称烫样。

3

空间

Space

“凿户牖以为室，当其无，有室之用。故有之以为利，无之以为用。”

——《道德经》春秋 老子

意思是说建筑对于人类而言，更具有价值的并非围合空间的实有外壳，外壳只是“利”，是手段，内部空间才是“用”，即“功用主体”。虽然人们利用各种物质材料和技术手段构筑了房屋、街道、广场、城市，直接需要的却是由它们限定并供人们使用的各种“无”的空间，由这些空间来容纳、组织、影响和感染人，空间才是建筑的主角，这是建筑艺术区别于其他艺术形式的重要特征之一，也正因为如此，限定要素之间的“无”，要比限定要素本体的“有”更具实际意义。

空间是主、客观共同作用的结果，主要是由墙面、隔断、梁柱、地面、棚面等有形实体占据、扩展、围合，并由大脑思考、推理、联想而成，实体和空间是一个相互依存的有机整体，两者有无相生，实体形态易被感知，实体以外负的空间则依靠实体形态相互作用、暗示而成，由于是一种不得触知的心理上的存在，这种感知时而清晰，时而模糊。虽然有的建筑物仅有内部空间（如石窟、隧道），有的仅有外部体量（如堤坝、纪念碑），多数的整体建筑形态还是包括实体和由实体围合、辐射而成的虚体两部分，人们不仅可以感受到实体形态的厚实凝重、起伏跌宕，也会感受到虚体空间的流转往复、回环无穷。

空间
SPACE

空间意识的建立是人类认识的一大进步，建筑艺术处理的重点应该从对实体的经营转移到空间体量、空间组合以及整体环境的创造方面，并考虑到人们在运动过程中观察、体验建筑的时间因素，由此产生了〝空间—时间〞的建筑构图理论。在此之前，由于实体的直观性，人们理解建筑更习惯于把外壳、外轮廓及装饰细节等内容作为构思和评价的主要对象，多数情况只是注重其雕塑般的实体外表，并没有更多地顾及其内部空间的适宜和完善。

虽然土木工程完成后形成的建筑空间可改变的余地有限，我们还是可利用拆、隔等手段对其进行更细致地划分和改造，尤其是运用新型材料、结构技术的开放、大尺度现代空间。根据后天的具体功能和形式要求，室内设计者无非两种选择：因势利导，延续建筑设计的原有思路，尊重原建筑空间的逻辑关系；或是突破限制，另辟蹊径，对其加以改变。对建筑原有空间进行深入性的调整、完善和再创造，将始终是室内设计工作的重要内容。

空间的限定

人类限定、围隔空间主要出于实用性和艺术性两种要求：

实用性即是遮风雨、避寒暑、驱虫避兽、保持私密性、建立安全感，以及创造使生活更加便利的环境等要求，根据空间的使用特点进行相应的围隔和组合叠加，使其具有适宜的面积、容量、规模、形状，且分区明确、各得其所、联系方便。

艺术性要求空间能够满足一定精神和审美要求，把物质空间进一步引向感觉空间，产生不同的体验感、趣味感、惊奇感，而不仅仅只是将其简单视为"居住机器"。建筑的虚处与实处同样重要，不仅应注意包含空间的实有之物，也应重视空间本身，中国著名美学家宗白华在《中国书法里的美学思想》中极力推崇"计白当黑"理论，他说："字的结构，又称布白，因字的点画连贯穿插而成，点画的空白处也是字的组成部分，虚实相生，才完成一个艺术品。空白处应当计算在一个字的造型之内，空白要分布适当，和笔画具同等的艺术价值。所以大书法家邓石如曾说书法要'计白当黑'，无笔墨处也是妙境呀……"虽然空间不是人们有意识的注意对象，很多时候却比实体形态更加生动和富于感染力，设计创作中，应结合各种空间处理艺术手法，利用空间的尺度、形状、开合、光线等因素，对我们的心理、情绪施加反馈影响，使我们产生舒展、开朗、亲切，甚至是压抑、恐怖、冷漠等不同的心理感受。

空间与实体是共生关系，空间首先需要物理性限定才可存在和显形，有形的围合物使无形的自然空间有形化、可视化，且易于理解，离开围合物，空间只是概念中的空间，不可被感知。其次，空间是可见实体要素限定下形成的不可见虚体与感觉它

的人之间产生的“场”，是源于生命的主观感觉。日本建筑师芦原义信说过：“空间基本上是由一个物体同感觉它的人之间产生的相互关系所形成……这种相互关系主要根据视觉、听觉、嗅觉、触觉来确定的。”视觉（也包括听觉、嗅觉、触觉）衍生的想象力在这里起关键作用。

任何客观存在的空间都是人类利用物质材料和技术手段从自然环境中分离出来的，由不同界面参与限定、围合，并通过大脑推理、联想和“完形化”倾向而形成的三度虚体。意大利心理学家盖塔诺·卡尼莎1955年发表了著名的卡尼莎三角，中心那个比图形的其余部分更亮一些的白色三角形，完全来源于我们观察三个带缺口的黑色圆形和V字形线条时而产生的封闭想象，格式塔心理学认为这是由于趋合心理填补了眼睛没有看到的空缺，产生整体知觉，使形态完形，这有点像我们打电话，即使有噪声或其他干扰，多数情况下我们仍可以通过间断的、不完整的语言去填补中断的信息而大致领会对方传达的意思。限定要素本身的不同特点，如材料、形状、尺度、比例、虚实以及组合方式，所形成的空间限定感也不尽相同，并会进而决定空间的性格，影响空间的气氛、格调。

一、限定方式

（一）从限定要素存在的方向上看，主要有水平和垂直方向的限定，水平要素的限定度相对较弱，利于维持空间连续感，垂直要素则能较清晰地划定空间界限并会提供积极的围合感。

1.水平限定
水平限定多以地面、天花作为的限定界面，几乎没有实际意义的竖向围合、分隔界面，因此仅能抽象地提示、划分出一块有别于周围环境的相对独立区域，无法实现空间的明确界定，是一种象征性的限定手段。

用以限定空间的水平实体，常通过变换其形态、材质、色彩、肌理，以及抬高、下降改变标高等手段进行暗示性划分，差别越明显，限定度越强，领域感越明显。《西游记》中的孙悟空仅仅用金箍棒在地上画了一个圈便形成一道屏障，白骨精便无法接近师徒三人。虽然这种方式的空间限定度相对较弱，但空间连续性好，除了划定界限，这种手法还可强调空间的中心、焦点，以及产生空间的引导作用，如紫禁城大殿中的皇帝宝座多会置于高台之上而表现出神圣与庄严感。

体量高大的空间还可设立夹层（如挑台、跑马廊、天桥等）来提高空间的利用率，并能使空间产生交错、穿插、渗透感，同时也容易丰富空间的层次感。

2.垂直限定
垂直限定的空间分隔体与地面大致垂直，分隔体在形状、数量、虚实、尺度以及与地面所成角度等方面存在差异，围合感强弱亦会发生变化，有的可中断空间连续

性，约束行为、视线、声音、温度，有的却会使空间隔而不断，相互渗透和流通。

（二）从限定空间的实体形态、与使用者的对应关系上看，可分为中心限定（虚包实）和分隔限定（实包虚），中心限定形成的是模糊不清的消极空间，而分隔限定形成的则是明确肯定的积极空间。

1.中心限定

单一实体会成为支配要素而向周围辐射扩张，如果从外部感受，其周围可形成一个界限不明的环形空间，或称作"空间场"（场，就是事物向周围辐射或扩展的范围），越靠近限定实体，这种空间感越强。暗夜的营火可形成一个光穴，使外面的黑暗像墙壁一样包围着，那些围着营火的人便有如同一间屋子中的安全感。中心限定并不能具体肯定地划分空间界限和领域，由于这种空间感只是一种心理感觉，所以它的范围、强弱多由限定要素的造型、位置、肌理、色彩、体量等客观因素和人的主观心理因素等多方面综合决定。

2.分隔限定

主要通过面在垂直或水平方向对空间进行分隔和包围。可提供相对明确、强烈的围合感，限定度积极、活跃。分隔限定是空间限定的最基本形式，构成的空间界限较明确。空间分隔的目的，无非是出于使用功能的考虑，如医院中的污染区、半污染区和清洁区须要加以分隔处理，以

及基于精神功能，借以丰富空间层次，就像那些古代帝王或传说中的神仙居住的宫殿楼阁，与普通人的世界总是要隔着重重围墙与封闭的宫门，或是莫测虚实的烟霞和辽阔的水面。"隔则深，畅则浅"，"庭院深深深几许？杨柳堆烟、帘幕无重数"，有隔才会有层次变化，空间才会在视觉上得到拓展而感觉景致无穷、意味深长，否则，"所有之景悉入目中，更有何趣"。

根据限定程度，分隔限定可细化为绝对分隔、相对分隔和虚拟分隔，另外，还有可实现对空间的灵活区划的弹性分隔。

（1）绝对分隔
空间分隔的界面多为到顶的实体界面，限定程度较高，空间界限明确，独立感、封闭感较强，与外界流动性差，是一种直接的断然分隔，空间静态、私密、内向，声音、视线、温度等不易受外界干扰。

（2）相对分隔

空间分隔面往往是通透、片断、不完整，空间并不完全封闭，空间界限不十分明确，限定度也较低，抗干扰性要差于前者，但空间隔而不断，层次丰富，流动性好。

（3）虚拟分隔

是限定度最低的一种分隔形式，或称意象分隔、象征性分隔。是一种主观的空间体验，侧重心理效应和象征意味，主要通过色彩、材质、高差，以及光线、音响甚至气味等非实体因素来对空间进行暗示性划分，通过“视觉完形化”现象而勉强区分空间领域，其空间界限模糊、含蓄，模棱两可、似是而非，是开放感最强的一种空间。虚拟分隔能够最大限度地维持空间的开敞、流动感，这样形成的空间也称“虚拟空间”或“心理空间”。美国建筑师罗伯特・查尔斯・文丘里1972年在美国费城设计建造的富兰克林纪念馆，使用线状的不锈钢架子（文丘里称其为“幽灵架构”）与白色大理石、红砖铺地显示出的平面轮廓相结合，勾勒、限定出了简化建筑形象。

（4）弹性分隔

分隔界面根据要求能够随时移动和启闭的空间分隔形式，弹性分隔可以很容易地改变空间的尺度、形状，具有较大的机动性和灵活性。如活动隔断、帘幕，以及活动地面、活动顶棚等都可用作弹性分隔手段。

二、限定元素

空间主要是由线、面、体等实体元素以不同方式占据、扩展、包围而成的三度虚体。这些要素在形态、虚实、尺度、数量、组织方式等方面的差异，可变换出各种富于变化的空间形式，并进而会影响到空间的气势和表情特征。一般来说空间的限定多通过面来实现，线和体块也多通过排列成面的方式来收束、界定空间，但限定程度往往相对较弱；单线、单块体则只能以中心限定方式出现，并不太容易实现对空间的分隔。

（一）线

单线容易作为空间的中心、焦点而形成中心限定；两根以上的线由于视觉张力以及排列、编织可形成若干虚面，并能够产生限定、分划和围合作用，形成空间体积。另外，线的数量、粗细、疏密等变化会对限定程度的强弱造成很大影响。

（二）面

面是空间划分的常用元素，面的特征，如尺寸、形状、虚实，以及面与面的组合关系，将最终决定这些面限定的空间所具有的视觉特征及围合质量。

1.直面

直面限定的空间，表情严肃、简洁、单纯，与矩形建筑空间配合利于提高空间利用率。单一直面可分隔空间，能起到中心限定作用，空间感会随距离的增减而发生变化；"L"形直面限定的空间会产生内外之分，角内具有围护感、滞留感，空间领

Toyo Ito with Arup

域感从内角沿对角线向外逐渐减弱；平行直面的开放端有很强的流动感、方向感，空间导向性很强，由于开放端容易引人注意，适合在此设置景物，使空间言之有物，避免空洞；"U"形直面的底部具有拥抱、接纳、驻流的动势，开放端同样具有强烈方向感和流动性；"口"形直面是限定度最强的一种形式，可完整地围合空间，界限明确。

2. 曲面

曲面柔和、活泼、富于动感，限定的空间会产生内外之别，但与矩形空间配合使用多会产生难以利用的角状空间而容易造成面积的浪费。单片曲面内侧具有欢迎、接纳、包容感，外侧具有导向性、扩张感，开放端会成为中心 、焦点；相向曲面限

定的空间具向心性，闭合感，容易产生聚集、团圆感；相背曲面由于外凸而产生心理压迫感，驻留性差，可引导人流迅速通过；平行曲面会造成各段空间的时隐时现，空间趣味性强，并具有强烈导向性和流动感。

空间的组合

单一空间往往难以满足复杂多样的使用要求，因此多数建筑空间是由若干单一空间搭配、复合而成。实际运用中，应根据建筑既有条件，整体空间的使用特点，使用者的行为，行为之间的相互关系、重要性、发生频率、次序，同时结合空间组合的艺术法

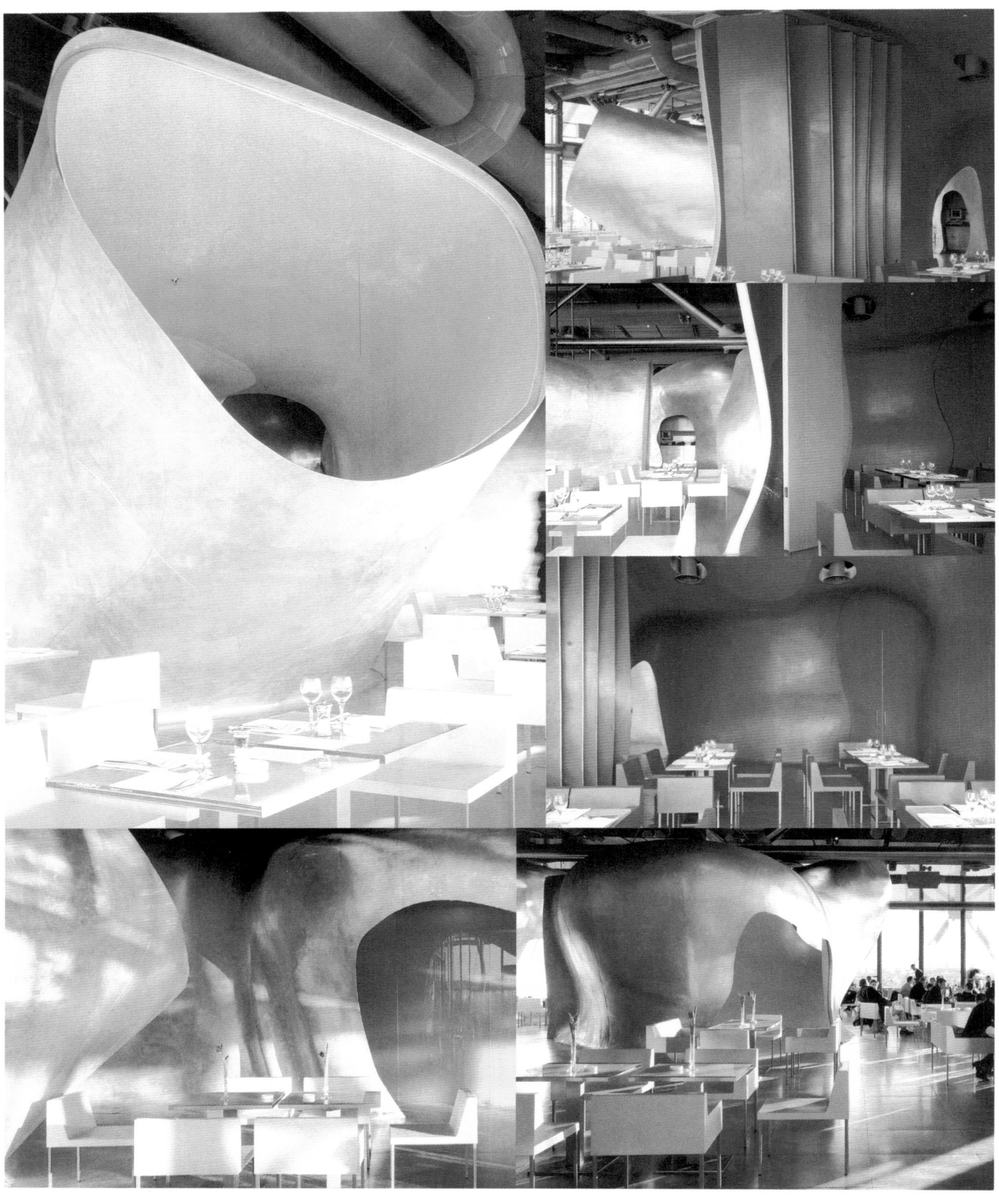

则，考虑〝主一次〞、〝闹一静〞、〝内一外〞、〝私密一开放〞等分配关系，决定哪些空间宜相互毗邻，哪些宜隔离，哪些主要，哪些次要，设计中应具体分析、区别对待，以建立合理的空间组合关系和方便的交通联系，形成适宜的群化形式。如医院、学校，各单元空间的独立性较强，因此一般适于以一条公共走廊来连接各空间；像博物馆、车站等空间则往往以连续、穿套形式来组织空间更为合适。而实际上，多数建筑空间由于功能的多样性和复杂性都必须综合地采用多种类型的组合形式。

一、空间的组合形式

单元空间可通过多种群化方式形成复合空间，根据具体情况，各构成空间既可同质（形状、尺寸等因素相同）也可异质，既可保持连续性也可彼此独立。

（一）单一空间的组合

1.包容式

即在原有大空间中，再围隔、限定出一个（或多个）小空间，大小空间呈叠合关系，通过这种手段，既可满足特定功能需要，也可丰富空间层次及创造宜人尺度感。

2.穿插式

两空间在水平或垂直方向交错、叠合，其叠合部分往往会形成一个独立或共有的空间地带而与原空间发生共享、主次、过渡等不同关系。

3.邻接式

参与组合的空间不发生重叠关系，是较为常见的空间组合形式。包括通过面与面相接触的直接邻接空间和通过过渡空间来连接、联系两者的间接邻接空间，这种过渡空间像音乐中的休止符或文字中的标点符号，可使空间段落分明，还可缓解异质空间衔接时的生硬、突然感。

（二）多空间的组合

多空间组合形式除了前面提到的包容式组合，还有线式组合、中心式组合、组团式组合等基本类型。

1.线式组合

沿线形方向组织各单位空间而构成的空间系统。线型可以是直线、曲线、折线、环形、枝形，可以是水平或是垂直方向的高低堆叠，具有较强的灵活可变性，参与构

空间
SPACE

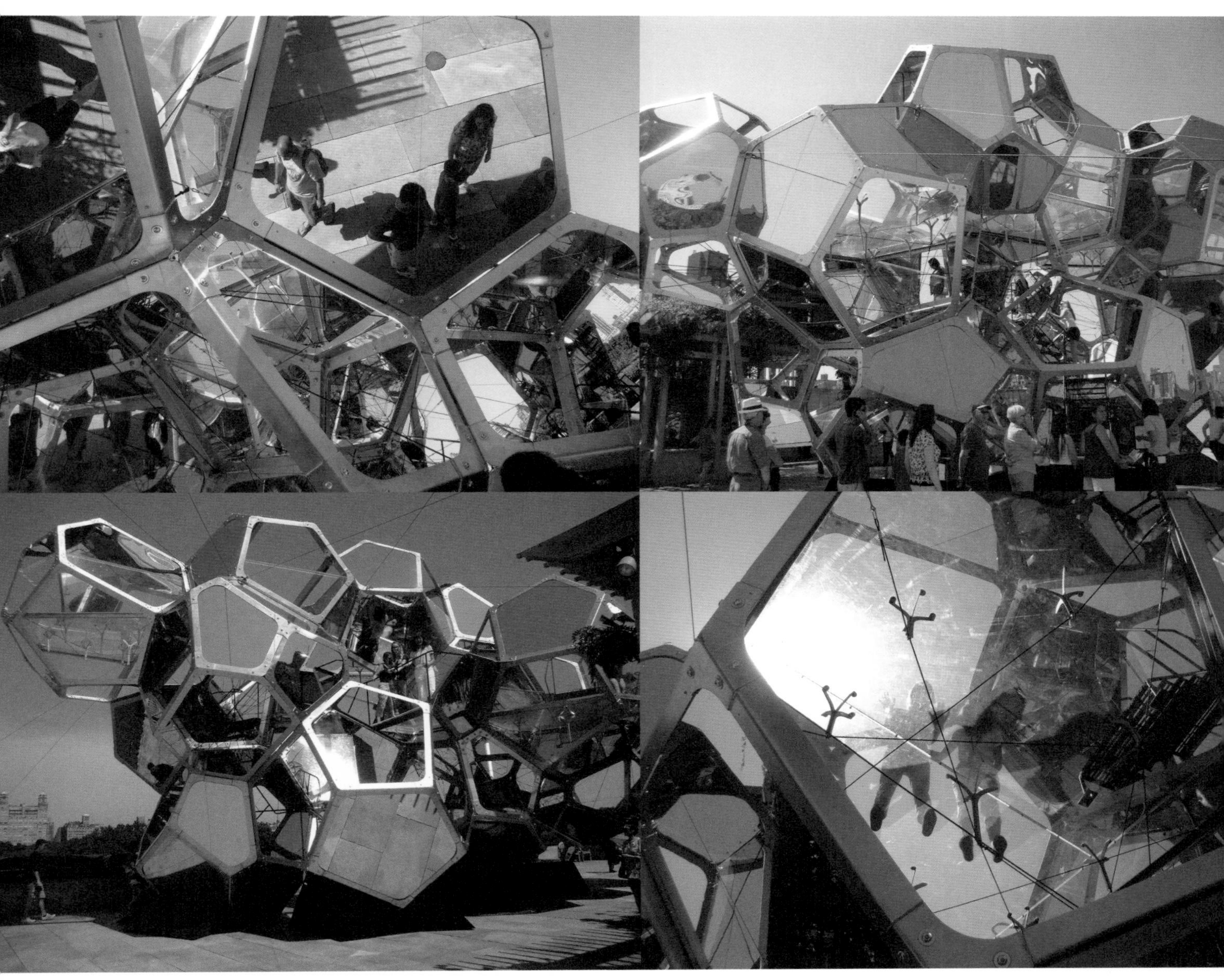

成的空间也许直接接触，互为贯通、串联，也许由另外单独的交通空间连接成走道式空间。

2.中心式组合

由若干空间围绕一个主导空间构成，各空间呈放射状直接或间接与主导空间连通，整体关系紧凑、规整、主次分明，是一种静态、稳定的空间组合方式，主导空间起支配作用，可作为功能、视觉中心，以及人流集散的交通枢纽。像车站、展览馆、图书馆等空间多适宜采用这种处理形式。

3.组团式组合

各组成空间多向度紧密排列而成，无中心，无主次，其组合方式可有序也可无序，灵活多变，并不拘于特定的形状，能够较好地适应各种场地状况和功能要求，易于变通，尤其适于现代建筑的框架结构体系而在实际运用中更具普遍性。

二、空间的动线

“动线”是建筑空间中人流重复移动、行进的路线、轨迹。动线是空间构成的骨架，是连接空间单元的纽带，是影响整体空间形态的主要因素，也是空间使用功能优劣的重要衡量标准。

动线可直线，也可以曲线或折线，具有分支或形成环状、盘旋状等，美国建筑师弗兰克・劳埃德・赖特设计的古根海姆美术馆，采用的就是围绕中空倒锥形空间的独特盘旋动线。空间动线可单向或是多向，单向动线的方向肯定、明确，甚至可能带有一定的强制性因素，而多数尺度巨大、布局复杂的空间则会有多条动线，其多向、交叉且方向含混不清的特点往往会让空间的使用比较复杂，最短的动线空间恐怕要算单人牢房，短到甚至几乎不能称其为动线，因为睡觉、吃饭和排泄都在一间屋子进行。

空间的动线往往由墙体夹峙，或利用人的行为心理特点加以引导、暗示而成。动线应以特有的语言与人对话，巧妙、含蓄、不露痕迹地“操控”人流前进速度与节奏（如狭窄封闭的通道促使人们前行，而宽敞开阔的通道可鼓励人们放慢脚步甚至停留），左右人的前进方向，使之能够不经意地按既定的路线、途径运动、行进，顺序、完整地介入空间序列，避免迷路、逆行、阻塞、交叉等现象发生，并引导人流到达预定目标，这种以人的行为心理为准则，指导人们行动方向的建筑处理方法也称“空间导向性”。如空间中的墙面、地面、天花采用象征强烈方向性的形态、连续图案，指导人们的行动方向；引人注目的对景，空间片段、透明的分隔，能够暗示另外空间的存在，引发寻幽探胜的期待、好奇心理来诱导人流；利用空间的方向性构图特征（如长方形空间，长边会显示导向性）可以实现空间的导向；空间的轴线，楼梯、坡道也会引导人流前进的方向。

空间对动线要求主要有两个方面：

（一）功能要求

动线设计应通畅、简短，方向明晰、易识别，不要过于迂回曲

9
階段
Stairs
シャワー
Shower
洗面所
Washroom
ロッカー
Locker
化粧室
Rest Room
エレベーター
Elevator

折，应尽量避免重复、逆返以及交叉干扰等现象发生，还要有足够宽度、与人流交通量成比例。人们在空间中的每种活动都有一系列的过程，这种过程都有一定的规律性，或称“行为模式”（包括秩序模式、流动模式、分布模式、状态模式），如厨房中的炊事行为，可分为“择”、“洗”、“切”、“配”、“烹”、“备”等几个固定操作流程，这一过程不能倒转或打乱，否则会影响工作效率，流线设定也应与这些模式相吻合。

英国的一批前卫开发商、建筑专家、住宅使用设计专家、室内空间专家、心理学家曾发起了一个试验：他们制作了一个叫“Tardis”的试验住宅，并选取了一个四口之家在里面居住了半年，参与试验的四口之家每人都带着一款电子跟踪环，他们的所有活动都被电子数据记录下来进行分析，根据实验者居住反馈回来的数据评估居住者如何使用住宅内的每一个生活空间。这些活动规律可为空间的流线及单元空间的组合顺序提供可靠参考，使之最大限度地与使用者的行为模式相符合。

（二）精神要求
动线设计也并非一味地追求直接、便捷，“畅则浅”，一览无余、深远狭长的空间容易浅显、乏味而令人生厌。如同情节曲折的故事耐人寻味，动线也应适时插入弯曲、起伏、分支和停顿，通过隔离、遮蔽制造迂回效果，通过高差产生俯仰变化，以展开

更为丰富的视觉景观。

明末清初文学家、戏曲家李渔在《闲情偶寄》中提出“径莫便于捷，而又莫妙于迂”，既应尽量缩短交通距离以提高效率，又要通过曲折迂回、旁枝末节，以及横向穿插、渗透等手段，使空间藏露结合、充实饱满，增加其视觉趣味感。

动线一词总是与视线联系在一起，离开视线的规划，动线将缺少完整意义，这就要求设计者应能够预见观者主要的视线移动规律、认识到观者的视野变化范围，同时结合建筑的给定条件，充分发挥空间艺术对观者心理及精神上的反馈影响，追求“收放”、“抑扬”等变化，把空间的排列及时间的先后顺序有机统一，如同中国传统园林艺术中讲求的“静观”和“动观”概念，使人在静止、运动情况下均可获得理想的空间印象。

率直的动线，严肃、条理、明确、简洁，容易形成空间的轴线并可直接将空间导向主题；而曲折、不规则的动线则轻松、活泼、含蓄和富于自然情趣，可避免“开门见山”、“一览无余”。我国传统建筑中宫殿、寺庙建筑的动线以规则、对称式居多，而园林建筑则以迂回曲折居多，这都利于建筑空间性质的表达。

空间形象的塑造

“我们塑造了建筑，而建筑反过来也影响了我们。”

——（英）温斯顿·丘吉尔

一个人沿着上行的坡道攀登会有积极向上的感觉，而往地下室走的一瞬间却会让人感到消沉压抑。从几何学的意义来说，空间只是一块空的区域，或是建筑的容量，但是设计者们却能够利用它们来影响使用者的精神感受和情绪，改变使用者对自我与周围边界的认知，并可借此支持、鼓励或阻碍他们的某种行为。

一、空间的围与透

围和透的选择取决于空间的功能性质和结构形式，以及周围环境的状况、当地气候条件，还应兼顾使用者心理要求和空间艺术特点等诸多因素。一个空间，若皆诸四壁，只围不透，虽然使人感到安全和私密，同时也容易封闭及沉闷；而四面临空，只透不围的空间，却可能由于过度的开敞、通透而使人恐惧无依。极端性的开放或封闭，还可引起病态恐怖症：处于电梯、浴室、储物间等狭窄环境时所产生的莫名焦虑和恐惧性症状叫〞闭所恐怖症〞，核潜艇及太空舱，对于

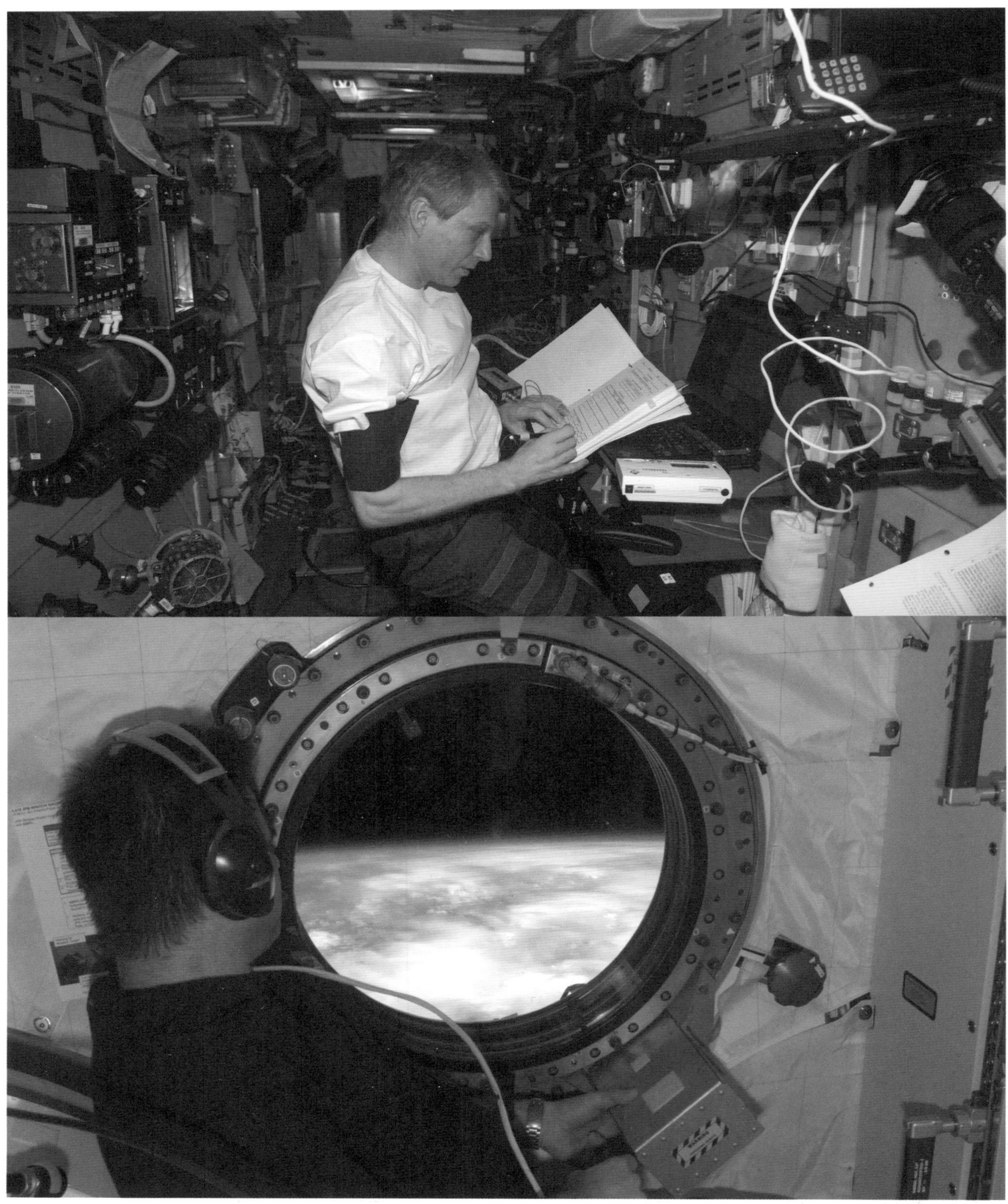

解决食物和空气供应问题的设计难度，远远不及缓解生命体对于这种无法逃脱、完全封闭的人造环境而产生的神经压力复杂；反过来，置身于大的与人体不相匹配的空旷地区而产生的恐怖症状叫作“广场恐怖症”。德国建筑师路德维希·密斯·凡·德·罗在1945年至1951年设计建造了著名的范斯沃斯住宅，架空的长方形玻璃盒子虽然有着水晶般的透明和纯净，然而却难以成为家庭主妇理想中的舒适住宅。

围是空间限定的最典型形式，围的状态不同，空间形态炯异，围合元素的数量、面积、形状、材质、虚实等变化，会造成对使用者身体、视线的阻挡或自由通过，由此而产生不同围合感，并会对空间中的光线、温度、声音及尺度产生影响。空间围透的关键在于实体对视线的遮掩程度，实体遮挡视线，空间倾向于围合，若视线可越过、透过围合的实体，空间特征则倾向开敞，厚重的建筑躯体也会由于贯穿而增加趣味感。其中，开洞是解决透，实现空间联系的主要手段，空间可冲破局限向周围渗透、扩散和延展，如同中国古典园林中常用的“透景”、“借景”等手法，借外补内，有助于增加空间层次感、深邃感、旷达感，从而获得小中见大、虚实相生的空间效果，并会一定程度改变空间尺度感。开洞方式的不同，空间封闭感亦会不同，如视平线高度的洞口其开敞感要强于接近地面或天花的洞口。

根据围透关系的强弱，空间可分为封闭空间和开敞空间：封闭空间由限定度较高的围护体包围，强调隔离状态，与外部环境的流动性、渗透性较少，领域感、私密性强，空间呈内向、静止状态，视觉、听觉、小气候等均有很强独立性；开敞空间由于围合面多为虚面，与毗邻空间延续感强，通过“透景”、“借景”可提供更多的室外景观，空间界限含混模糊，限定度和私密性小，空间性格开朗、活跃，流动性好，强调与周围环境的交流、渗透，并能够从视觉上增大空间尺度，如中国传统建筑中的“亭”、“廊”等多属开敞空间，开敞空间又可进一步分外开敞空间与内开敞空间（与内庭产生渗透与融合）两种。

二、空间的形状与比例

空间形状是由参与分隔、限定的实体要素而被推知。空

间形状除考虑适应特定功能外（如影剧院基于视、听等方面的考虑，平面形状多为扇形，剖面形状为阶梯状），还要结合一定艺术意图来加以选择，以满足使用者的审美及精神要求。空间形状、三维尺度的比例关系会很大程度地决定空间性格及使用者的心理感受，如直线空间简洁、有力；曲线空间自由、动感；对称的空间形状隆重、庄严；高耸空间壮阔、激昂；低矮空间亲切、稳定等。

空间形状应从平面形状和剖面形状两方面来分析：

（一）平面形状

1.平面呈圆形、正多边形等规整的几何空间，严谨、平稳、庄重，空间以自我为中心，呈现静态、驻留感，但同时空间也容易呆滞、刻板，属"中性"空间。

2.平面呈长方、椭圆等不等量比例的形状，空间沿长边具有方向感和动势。

3. 三角形平面空间具有强烈的方向性和收缩、扩张的突变感，空间动态、不稳定。著名华人建筑师贝聿铭在设计中偏爱三角形，无论作为立体结构还是表面装饰，三角形频繁出现在他的作品中而成为具有典型意义的符号，如他设计的美国国家美术馆东馆的平面就是以三角形为基本构成元素，包括其屋顶的天窗也由三角形格子构成。

4. 不规则形平面空间会使人产生自由、动态、活泼的感受。

（二）剖面形状

1. 圆形、正多边形空间，严谨、静态，具有强烈的封闭、收敛感。

2. 沿纵轴方向延伸的空间，深邃、含蓄，空间由于无限深远而产生悬念，空间导向性强，若能同时加入弯曲等特征更会加强这一性质。

3. 向横轴方向伸展的低而宽的水平空间，会产生开阔、博大、平稳、舒展的感受，低矮天花同时还会产生庇护感，亲切感、宁静感，但处理不当，也容易压抑和沉闷。

4. 垂直方高窄的空间，竖向方向性强，具有上升动势，可产生神圣、崇高、雄伟、激昂、壮观等情绪，同时空间不易稳定。空间高度还会与其平面尺度产生对应性的变化，高度增加会使平面趋于缩小。

5. 穹顶或攒尖、拱顶空间，具有内敛、向心以及升腾感；拱顶空间沿纵轴还具有导向感。

6. 高低错落天花、地面，会使空间具有层次感，还可起到划分空间的作用。

7. 斜向天花、地面、墙面具有很强的动态特征和不稳定性。斜向天花会给人以亲切感；斜向地面则具有很强的流动感。

三、空间的体量与尺度

尺度通常被人们不加区别地与尺寸混为一谈，而实际上，虽然尺度也涉及到真实的大小和尺寸，但更多的是表达一种尺寸关系及其给人的视觉和心理感受，是人们对于真实尺寸的一种感性、主观的认识。

空间的尺度是一个整体概念，往往由三部分组成：根据空间容纳使用者的数量、行为确定的"必要"空间尺度，如站、坐、跪、卧、行等静态、动态姿势所占有的空间都会有所不同；根据使用者的心理、知觉（视觉、听觉、嗅觉等）要求确定的空间尺度，如过近的距离容易导致心理的不安，以及因宗教、政治和艺术等原因处理的夸张尺度；根据空间容纳的家具及设备的尺寸、数量确定的空间尺度，我国春秋战国时期的手工业技术文献——《考工记》中曾提出"室中度以几，堂上度以筵"，即以筵、几作为依据来确定建筑空间的基本尺度。另外，空间的尺度还部分地受材料、技术等因素的制约和影响。

大尺度空间开阔、宏伟、博大，使人产生崇高、敬仰之情；小体量空间则亲切、私密、安静，巧妙地运用可获得意想不到的效果。空间过大经济性不好，难以形成宜人的气氛，同时也容

易空洞，但有些建筑空间的体量会远远超过其使用要求，这很大程度是取决于其精神方面的要求，而不仅仅只是简单的功能结果。运用尺度因素对人的精神和心理施加影响，可获得意想不到的效果和感染力，马克思在论说西方宗教建筑时曾说过："巨大的形象震撼人心，使人吃惊……这些庞然大物，以宛若天然生成的体量，物质地影响着人的精神，精神在物质的重量下感到压抑，而压抑之感正是崇拜的起始点。"这种异乎寻常的尺寸给人留下了深刻印象，使我们的身体相形见绌并产生自甘屈从的敬畏心理，这种"神的尺度，而非人的尺度"成为了一种强有力的建筑语言，有力地渲染了宗教气氛。

空间尺度可从两个角度来分析：

（一）绝对尺度
就是空间的实际高矮和大小，这主要取决于空间使用功能、所用材料和技术水平。

（二）视觉尺度
是使用者对于空间的比例关系所产生的主观心理感受，主要指空间中物体与物体的相对关系，而并非其自身的绝对数字关系。视觉尺度在空间中似乎更容易为人所感知，并能够帮助我们迅速、相对准确地对物体大小进行判断，当我们观察周围的物体或空间，往往会运用一些已知的参照物（如楼梯、家具、门窗、人体等）来作为衡量和判断的标尺，这些尺寸往往是人们凭经验获得的并十分熟悉，设计中有意识地、合理地加以运用会影响甚至歪曲我们对室内空间实际尺度的判断，赖特评价圣彼得大教堂时说过："以一座巨大的建筑而言，圣彼得大教堂实在让人失望，直到眼睛小心地找到

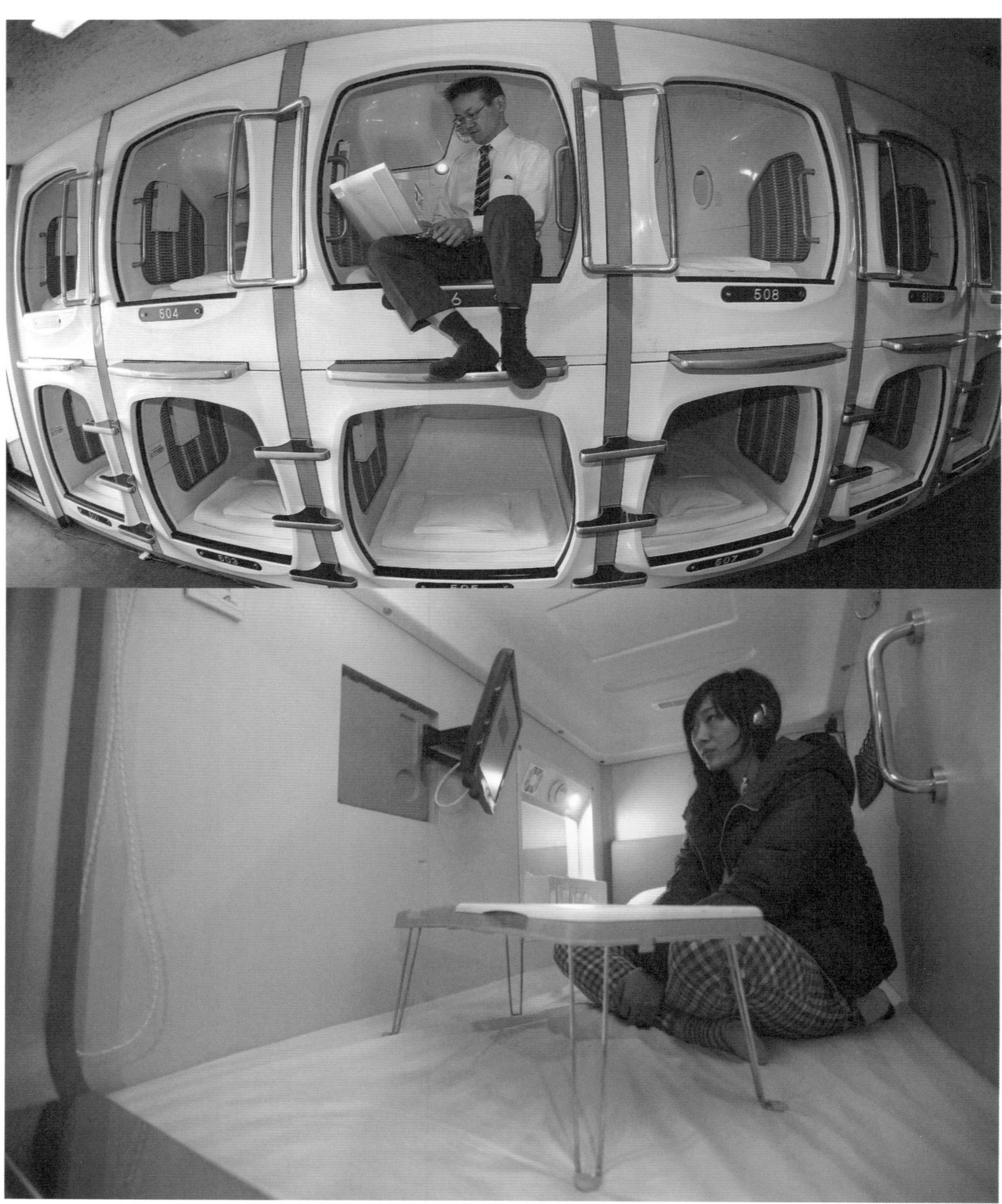
504
508

某个人形和建筑物比较时，才发现这教堂真大。米开朗基罗把建筑细部也放大，整个建筑物应有的崇高、宏伟感便消失了……"

有许多手段可用来改变空间视觉尺度：利用界面的水平、垂直划分改变空间视觉尺度；利用界面的色彩、图案、肌理（使其提前或是后退）改变空间视觉尺度；利用光的亮度、光色改变空间视觉尺度；利用家具、配饰及构件的大小、虚实改变空间视觉尺度；空间开敞程度也会影响尺度判定，开敞空间与相等面积的封闭空间相比，感觉会大些；利用错觉，如壁画、镜片可从视觉上扩大空间。有些空间的尺度感应与建筑真实大小一致，如住宅中亲切、宁静的尺度，有些却应获得夸张尺度感，如纪念性建筑、宗教建筑。

四、空间的动与静

动态空间多呈开敞状态，内部组织、分隔灵活多变，动线多向、不规则，另外，利用机械化、电气化、自动化的设施、动态自然景观，如电梯、活动雕塑、瀑布、光影等，以及利用重复的形体、具有动态韵律的线条、图案（如斜线、曲线），也可表达空间的动感，静态空间平和稳重，常采用对称构图和垂直、水平的界面处理，空间趋于封闭，限定度强，且构成单一。

五、空间的序列

序列在这里是指按时间维度编排单元空间的先后关系，建筑与电影、音乐一样，是要通过时间来解读的，此外，意大利建筑理论家布鲁诺·赛维在《建筑空间论》中曾论述："建筑的特性——使它与所有其他艺术区别开来的特征——就在于它所使用的是一种将人包围在内的三度空间'语汇'……建筑像一座巨大的空心雕刻品，人可以进入其中并在行进中来感受它的效果。"空间体验绝非仅限于静止的视野，对于三维的空间组合体系，人们在单一视点往往无法把握空间整体（除非是非常狭小的空间），只有通过运动和行进，使建筑空间客体与观者主体的相对关系不断产生变化，伴随着位置的移动、视角转换及时间的推移而"步移景异，时移景变"，观者得以从不同角度和侧面感知和体验空间的各种局部要素，不断受到空间中造型、色彩、材料、虚实、尺度、比例等全方位的信息刺激，随时间的延续逐步地积累感受和联想，这些不在同一时间形成的一连串变化的视觉印象由于连续对比作用而叠加、复合，经头脑加工整理，最终形成对空间总体的、较为全面的印象，若不能够完整经历空间，就不能够窥其全貌。正如赛维所言"观看角度的这种在时间上延续的移位就给传统的三度空间增添了新的一度空间，就这样，时间就被命名为'第四度空间'。"简言之，空间体验是时间和运动的共同作用结果。

完整的空间概念不应被认为是一系列静止的景象，而是一种穿越、移动的经历，同时，各个时段也不应被孤立地理解，而是作为空间关系和视觉顺序的组成部分来整体考量。德国哲学家弗里德里希·威廉·约瑟夫·冯·谢林和文学家约翰·沃尔夫冈·冯·歌德都曾把建筑比喻成"凝固的音乐"。德国音乐家姆尼兹·豪·普德曼回应道"音乐是流动的建筑"，如同音乐有抑扬顿挫、高低起伏，空间组织也同样有浓淡虚实、疏密大小、隔连藏露，尽管建筑自身不会发出任何声音，但我们的心灵却会从中听出其雄伟壮丽、华美舒缓的乐章，序列路线会以它特有的方式对使用者施加影响，正如面对一个陌生的城市，选择不同的行进路线会影响到我们对这个城市的印象一样，对于同样的空间组织与室内布局，观赏次序的不同，使用者的体验与感受肯定也会有所不同，因此，为展现空间总的体势或突出空

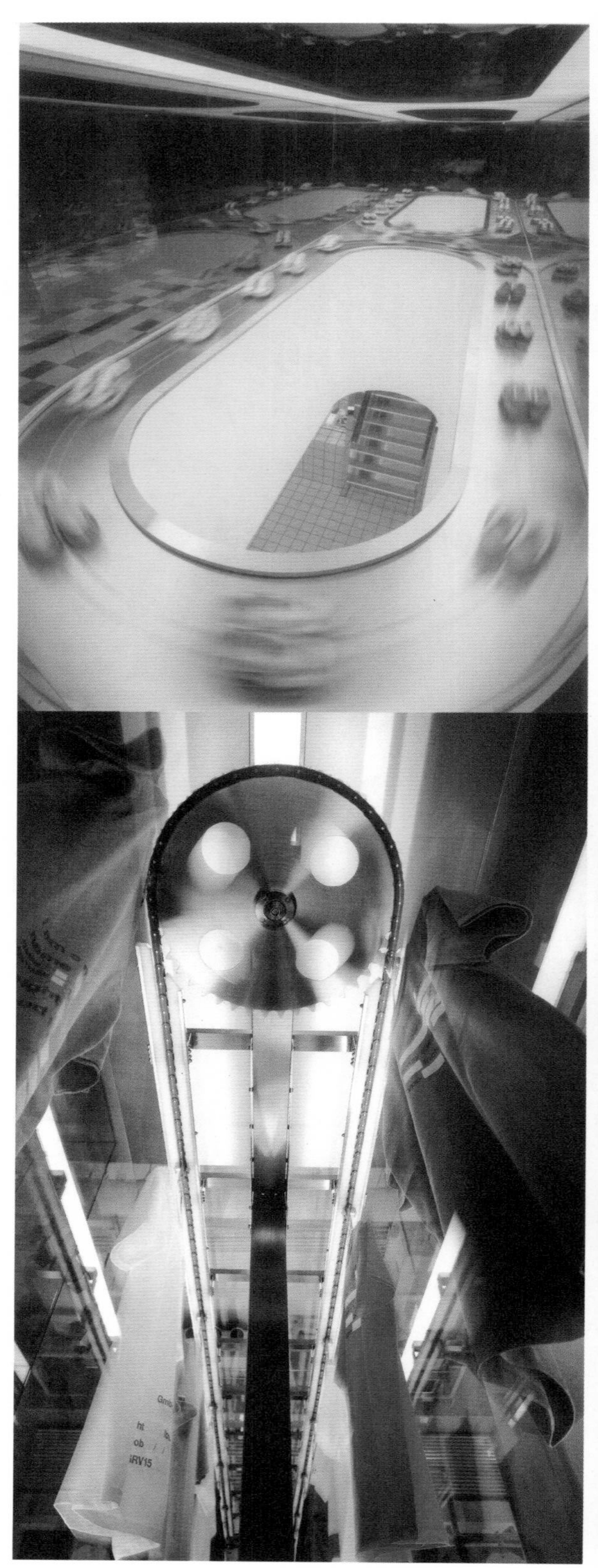

间的主题，要综合运用重复、对比、过渡、衔接、引导等多种空间处理手法，把个别、独立的空间单元组织成统一、有序的复合空间集群，使空间的排列与时间的先后两种因素有机地统一。空间序列的组织，除满足行为活动的需要外，也是设计者用来从精神和心理上感染、打动别人的重要艺术手段。

日本建筑师安藤忠雄系列教堂作品中的日本神户六甲山教堂（又名“风之教堂”），在通往主体建筑的前端，插入了一个具有戏剧性纵深感的40m长的线性半封闭磨砂玻璃长廊——“风之长廊”，曲折的运动路线，以及地势引起的落差变化，拉长了时空距离，模糊了尺度感，同时，作为整体空间序列的铺垫，也给人们创造出沉淀心绪、过渡情感、反思自我的时间与空间，最终通过封闭程度的变化，感受到教堂的豁然开朗。

六、空间的重复与再现

反复使用一种、几种空间形式，可形成整体的韵律、节奏感，效果简洁、整齐统一。但过分的消极重复，也容易单调、平淡而失去生动性。

七、空间的对比与变化

已有的空间印象会影响即将到来的下一个空间感受。我们都有

过从狭小、闭塞空间进入宏大、开敞空间中，精神为之一振的释然感。空间序列中，两个毗邻的空间，若某一方面存在明显差别，可借这种差异的对比作用来夸张、反衬各自的特点，以求引起心理及情绪的突变。对比的使用，可使空间免于单调、平淡，还可有目的地创造主次和重点。如空间体量对比，空间的开合、虚实对比，空间形状、方向对比；空间标高对比等。

当然，关于空间的语言还远远不止于此，色彩、材料、质感，光线、声音、温湿度、气味等感官感受，以及个人经历、文化背景及兴趣爱好等因素都会交织结合在一起传达给我们不同的信息和属性特质，综合地影响我们对空间的整体感受。

室内环境的界面

Dimension Design of
Interior Environment

〝空间是建筑的灵魂〞，虽然说空间几乎是所有建筑必须要达到的最终目的和结果，但空间是无限、无形而且弥漫扩散的，其形态须借助于实体要素的捕捉、围合才能得以存在和显形，实体要素是可以被我们看到和触到的有形围物，是形成和感知空间的媒介，并能赋予空间不同的使用功能以及形状、色彩、质感、体量等形式特征，从这一角度来讲，这些实体要素则可以被认为是建筑灵魂依托的肉体或躯壳，是成就一个空间的物质基础和重要手段，两者是不可分割的整体，有无相依，虚实相生。

参与围合、分隔空间的实体要素，包括墙体、隔断、梁柱、地面、顶棚等结构和装饰构件统称界面。界面设计的内容包括根据空间的使用功能和形式、风格特点，来确定其形态、尺度、虚实、色彩、材质，解决技术构造，以及与建筑结构、水、暖、电、排风、消防等设备管线的协调及配合关系等问题，界面设计往往以既有的结构等条件为依托和限制，也可根据实际情况，脱开这些条件另行考虑。

界面设计的基本原则

界面设计既包含功能、技术要求，也有美观、造型等精神要求，涉及结构、施工、材料、艺术、设备、经济等众多因素，综合性极强。

一、满足使用功能

除了根据空间的不同使用要求，来分隔、组织空间，确立空间形状、尺度、容积，形成不同的限定度和私密性，还要根据具体情况满足保温、隔热、防潮、声学和反光、透光等物理要求，弥补建筑原有界面功能的不足。

二、保护主体结构

空间在使用过程中会有不可避免的污损，所以，界面的选材、结构构造、技术工艺，应根据建筑物的使用性质、环境条件、装修部位及与使用者的接触状况，具体考虑坚固、耐磨及隔潮、防污、防火等细节问题。中国传统建筑的木构表面施以油漆彩绘，就是一种因保护木材而产生的装饰做法。

三、装饰及美观原则

从空间的层面看，限定物的表面即为所限定空间的表面，与其分隔、限定空间的属性当然会有很大关系，对实体界面的深入性设计处理，可丰富和完善原有的建筑主体构架，并可歪曲形状、夸张比例，进一步影响空间的表情和性格，赋予空间各种不同的形象特征，造就整体的环境气氛和风格，使建筑最终以丰富、完美的面貌呈现。

界面的设计重心既可以表现空间结构体系与构件的技术美，也可以表现材料的色彩、图案、质地、纹理以及由于表面凹凸、

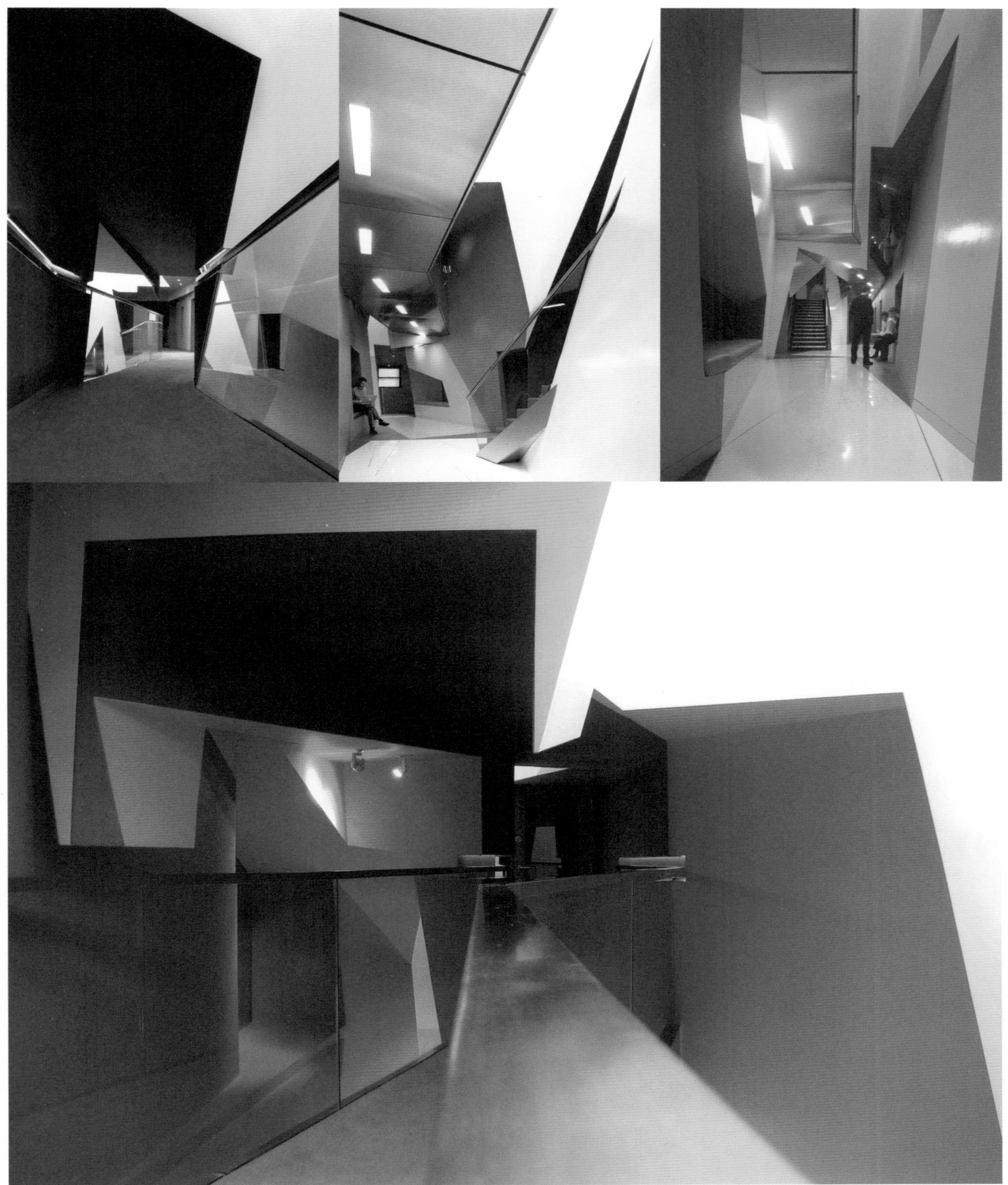

镂空而形成的光影变化，或根本就是作为一个沉默的中性背景，为前面的物体提供衬托与铺垫。

四、安全、环保原则

作为设计者应竭尽所能地为空间使用者及大众的利益着想，如尽量减少易碎、易燃材料的使用，使用无污染或少污染的材料，避免过多的高差变化、硬质尖锐的突出物、危及结构的工艺做法等等，设计过程中应依相关法规、规范以及专业知识予以充分考量。

还要求我们应从建设施工，到后期的运行使用、维护保养以至改造拆除等诸多环节考虑“全寿命周期”的设计原则。设计者应意识到对环境担负的责任，为社会和经济的健康发展贡献一份力量，而不应该成为环境破坏者的帮凶。

五、经济性、可行性原则

设计时应根据空间的实际情况确定相应的设计标准，避免“过

度设计”、“浮夸设计”造成的不必要浪费，避免形式主义和盲目追求所谓的豪华，还应综合考虑当时的技术条件、场地条件、气候条件等因素，力求构造合理、施工方便。这对于工程质量、工期、造价都具有重要意义。

■ 墙体、柱

德国哲学家马丁·海德格尔说过：“墙，是空间的边界。这边界是一个开始，而非结束。”墙、柱是建筑的侧界面，并且始终是分隔、围合、塑造空间的最直观、积极、活跃因素。

墙体除了遮风御寒、驱虫避兽、抵御自然界中的潜在危险，以及控制空间的大小及形状、承担结构荷载等功能外，还可阻隔声音与视线，为室内空间提供安全感和私密性；墙体通过开洞则可使空间产生连续，使空间能够通行、采光和换气，墙面的反射光线以及吸声隔音等性能还利于我们视觉、听觉作用的发挥；另外，墙、柱还会支持壁柜、搁架等家具及照明设备，可将这些家具、灯具与墙体相结合，使墙体成为其中的一员。

由于墙、柱多以垂直形式出现，因此是室内空间中人们视觉、触觉所及的面积最大部位，其形态、色彩、质感、图案和虚实、比例、尺度、体量等因素对人的视觉感官影响很大，在确定空间的风格、气氛时会扮演重要角色。

多数墙体会以直线的形式出现，这会使空间呈现简洁利落、硬朗感；若采用曲线，空间则具有柔和、动感、活泼的性格，但却不会像直线墙体那样容易充分利用空间，同时施工也相对复杂。

色彩上，墙体多会选择白色或中性灰调，可为它前面的家具、配饰提供静默背景，并容易与邻近的天花和地面相谐调；墙体也可使用鲜艳的纯色以及夺目的纹理图案来吸引注意力，从而突出自己成为空间中的活跃因素。浅色墙面会有效反射光线，增加室内亮度，这对于需要光线的空间非常重要；深色墙面虽然不利于房间的照明，却会表现出一种亲切感、安静感。

建筑中的柱是一种具有结构支撑作用的竖向构件，可用来限定、划分空间，同时，柱也有装饰美化作用，在某些时期甚至成为建筑设计的基本语言和符号，通过柱头和柱础以及柱的整体比例和形态，可赋予其不同形象和风格特征，从古典时期的木柱、石柱，到现代钢筋混凝土柱和钢柱，柱的存在贯穿整个建筑历史。

从布局方式看，室内空间的柱可能有单根或多根，它们有着对称或均衡的空间位置，规则严谨或自由随意的排列规律，依附于墙面或孤立独处的存在状态，并因此具有凝聚感、稳重感或动感、紧张感，可通过增设假柱或利用其他空间元素的配合来

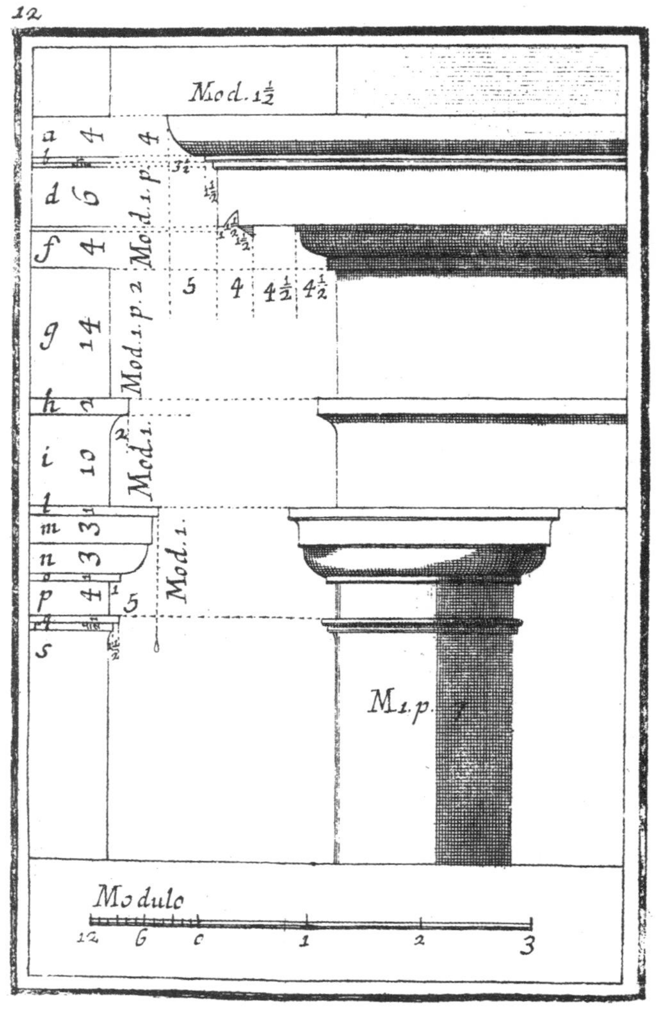

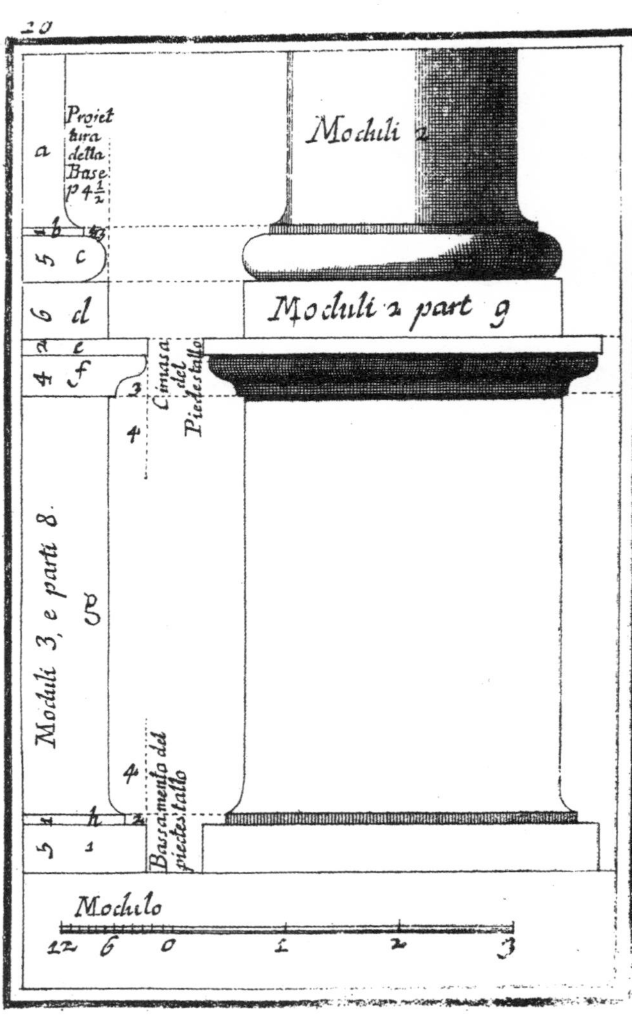

34

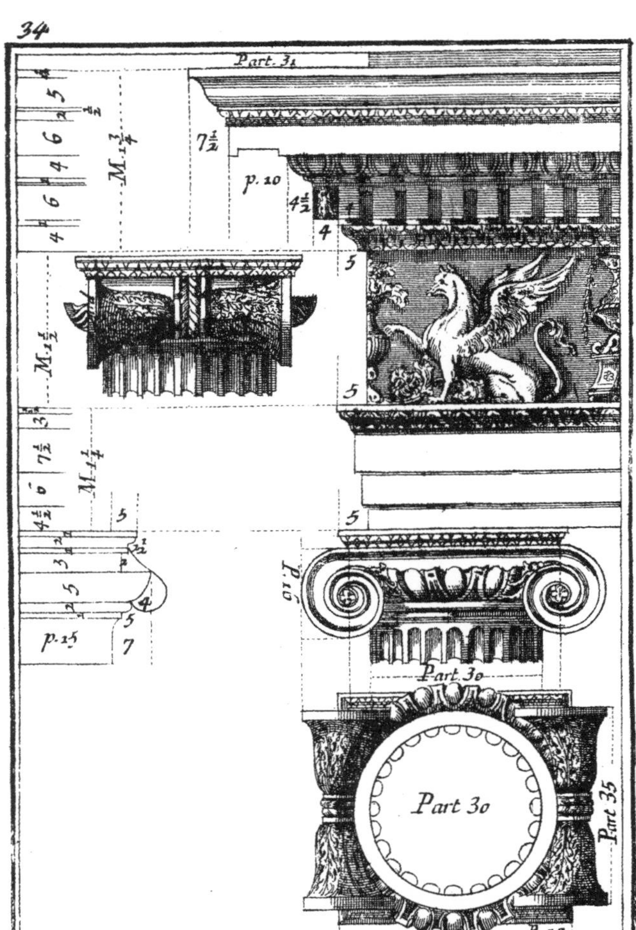

Part. 31
p. 10
Part 30
Part 30
Part 35
P. 40

32

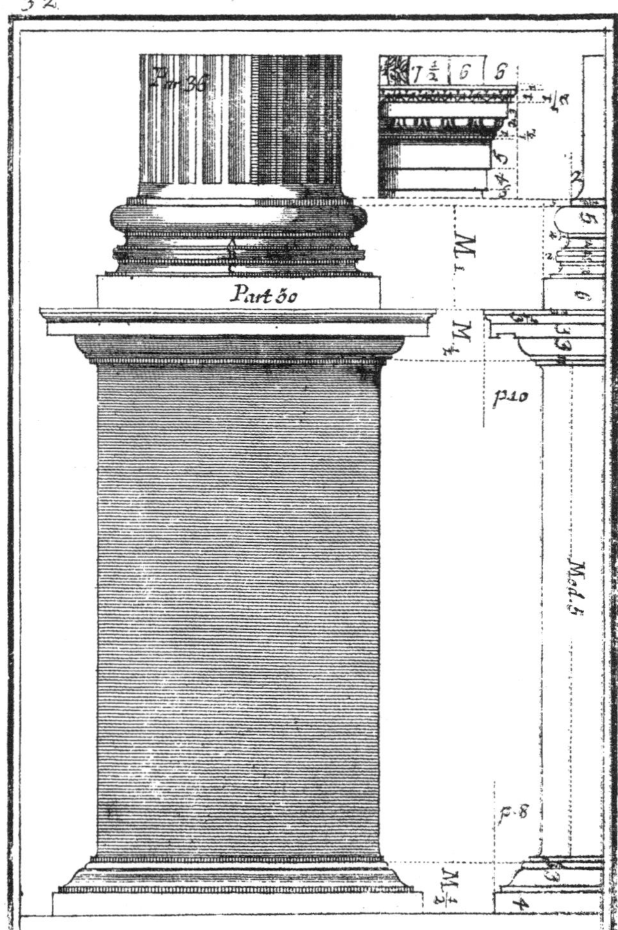

Part 36
Part 30
p.10
Mod.5
p.8

22

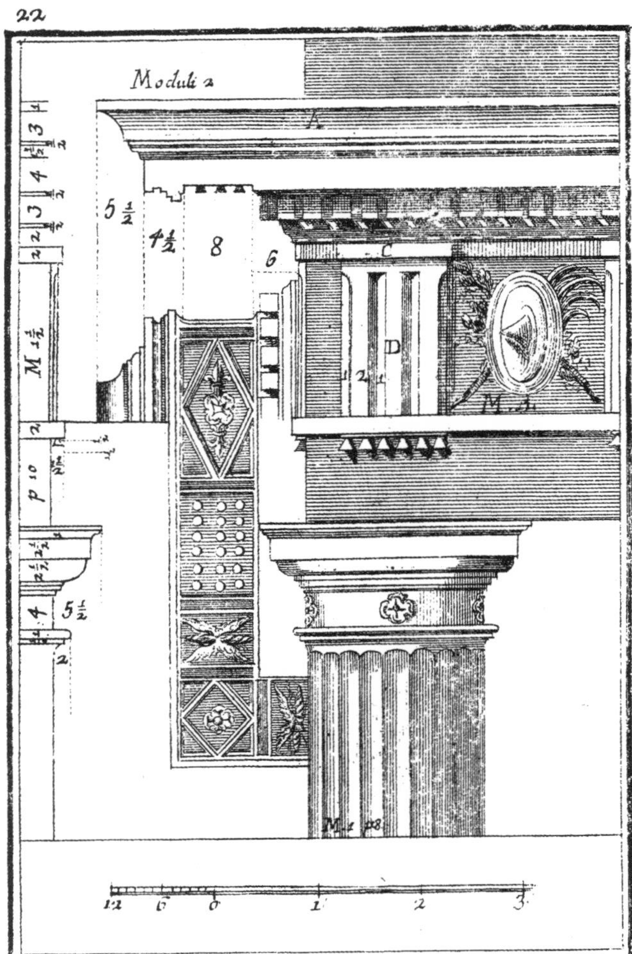

Moduli 2
A
C
D
12 6 0 1 2 3

20

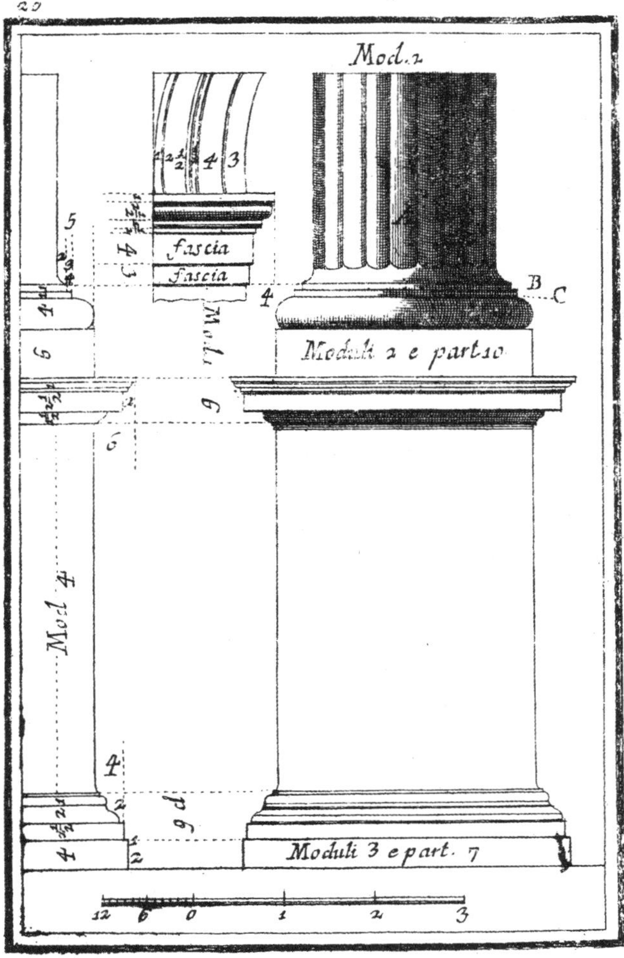

Mod. 2
fascia
fascia
B
C
Moduli 2 e part 10
Mod. 4
Moduli 3 e part. 7
12 6 0 1 2 3

50

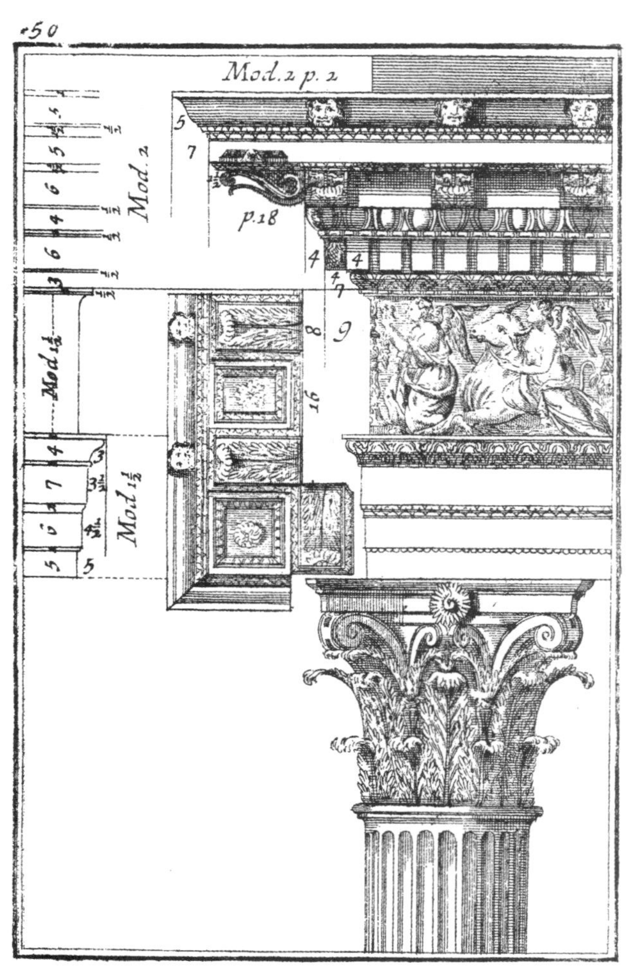
Mod.2 p.2
Mod.2
p.18
Mod.1½
Mod.1½

46

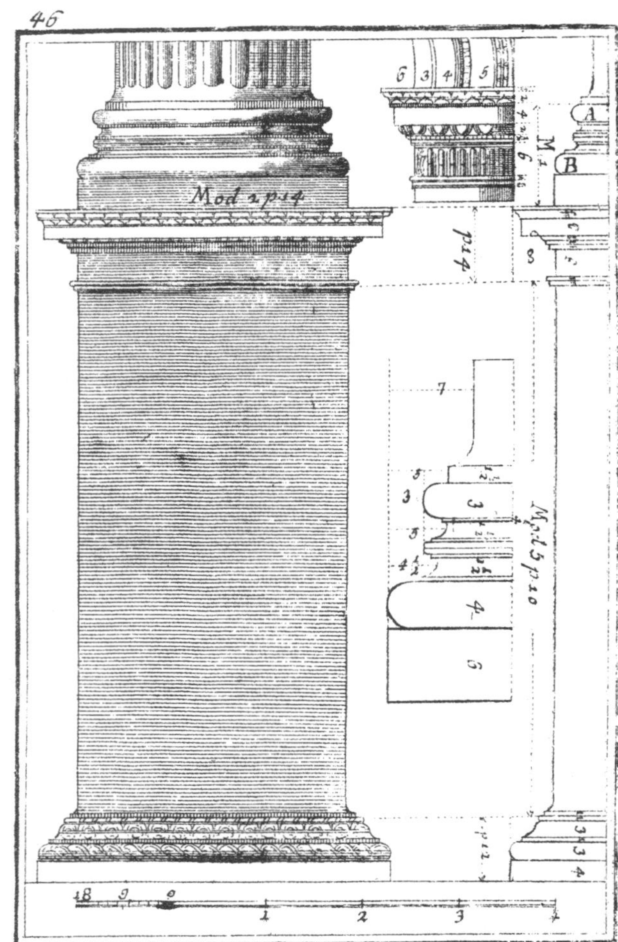
Mod.2 p.14
p.14
p.12

56

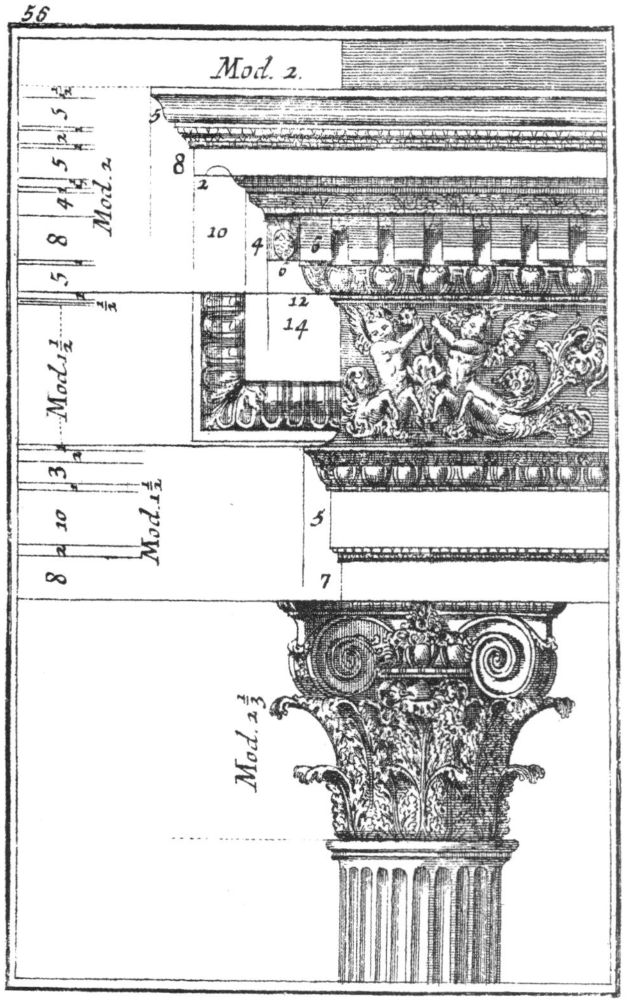
Mod. 2.
Mod. 2
Mod.1½
Mod.1½
Mod. 2⅓

52

Part.50
p.14
Part.100
p.12

使其变得有序或进一步求得平衡，通过强调、削弱等装饰手段能够使其突出、脱离或融入、消失于周围环境。

一、隔墙与隔断

隔墙与隔断是用于围合、分隔空间的非承重构件，由于不起结构和支撑作用，因此在形状及围合方式上具有更多可能性，可灵活地对原建筑空间进行组织调整，是一种既具功能又具装饰作用的构件。

（一）隔墙

隔墙是由地面到顶棚的一种建筑构件，通常用于较永久的空间分隔，一经设置，将不会轻易改动。隔墙限定度高，能满足隔声、遮挡视线等要求，有些隔墙还能满足防火、隔潮等特殊功能。按构造方式，隔墙可分三种：

1. 立筋式隔墙

立筋式隔墙也称立柱式、骨架式隔墙，主要是由龙骨（木龙骨或金属龙骨）及各种板材（纸面石膏板②、硅钙板、埃特板、水泥板等）构建而成，隔墙空腔可敷设各种管线、填充隔音材料。立筋式隔墙厚度小、自重轻，由于几乎全是干法装配，因而施工快捷，拆装容易，是目前室内装饰工程中采用较多的隔墙形式。

2. 砌块式隔墙

多用黏土砖、加气混凝土块、空心砖、玻璃砖等材料使用水泥砂浆砌筑而成。需进行湿作业，同时墙体自重和厚度也相对较

②纸面石膏板：是以建筑石膏为主要原料，掺入适量的纤维与添加剂制成芯材，与特制护面纸黏结制成的薄片状材料，具有保温隔热、吸声隔音、防火、易加工、收缩小等优点。纸面石膏板于1890年在美国首创，是目前室内隔墙和吊顶中用量最大的基材，经过处理的防水石膏板还可用于卫生间等潮湿环境。

大，但耐久性较好，保温效能高，尤其可以满足防火、防潮等特殊要求。

3．板材式隔墙

以一定高度的轻质预制条板（如碳化石灰板、加气混凝土条板、空心石膏板等）黏结拼装成的隔墙，具有防火、防潮能力，施工方便、快捷。

（二） 隔断

隔断是呈片段、空透状态的室内分隔构件，说是隔断，其实是隔而不断，隔中有连，断中有续，有的隔断甚至可以自由伸缩、移动和拆装组合，隔断对于隔音、遮挡视线方面能力有限，对空间的限定程度也较小，但能够在被分隔空间之间建立视觉、听觉等方面的交流和联系。

隔断的种类很多。从功能上讲，有办公隔断、卫生间隔断等；从材料上讲，有玻璃隔断、金属隔断、织物隔断等；从固定方式上讲，有固定式和移动式隔断等。

移动式隔断多借助天花和地面的轨道滑轮，灵活地开启或闭合，可根据需要随意变更空间的分隔方式，有的隔扇还能一侧或双侧地收拢于两边的专门小室或夹壁中。有拼装式、推移式、折叠式、帷幕式等多种类型。

二、装饰线条

装饰线条由于其截面轮廓的凹凸曲直而形成丰富的光影变化，多用于修饰构造的边缘和材料接缝处，具有收头、封口、过渡、衔接、划分、加强层次和立体感等装饰以及使安装面免受磕碰等保护作用。装饰线条根据室内装饰要求和风格的不同而形状、尺度、简繁不一，如平口线、阴角线、阳角线、组合线等，表面可以是简洁的直线以及叶形、卵箭形、飞檐托饰、齿状装饰等重复图案。多用木材、石材、石膏、GRC（玻璃纤维增强复合材料）水泥、金属等材料制作。

除了用于划分墙面、柱身，装饰线条还多应用于门窗洞口的边角以及天花、家具等处，如明式家具上常用的“线衔”就有皮带线、碗口线、鳝肚线、鲫鱼背线、芝麻梗、竹爿浑、瓜棱线、剑棱线、文武线、捏角线、洼线、凹线、阳线、方线等种类。

用于墙面（柱身）的装饰线条包括：

（一） 檐口线（天花线）
位于墙面（或柱身）与天花交界处，檐口线除了为墙面（或柱身）与顶棚提供装饰、过渡作用，还利于掩饰施工中的误差、裂缝等缺憾。

（二） 挂镜线
墙面（或柱身）上部接近顶棚的连续线脚，主要用作悬挂镜子、字画、装饰品等物，使用时只要用一种专用的挂钩将物品挂到挂镜线上即可，可免去临时打孔、钉钉等问题，同时也具有类似檐口线的装饰、过渡作用。

（三） 腰线
墙面（或柱身）大约在椅子靠背高度的地方安装的保护性嵌线，防止墙壁（或柱身）被椅背磨损和破坏的线条，所以，英文称其为“Chair rail”，还可为墙面（或柱身）上下不同材质、色彩提供收口、过渡。

腰线下部的外加面层称护墙板，亦称墙裙、台度，主要起防污、防撞等保护墙体作用，同时也使墙面显得更有层次和变化，围护的氛围感也更强，其高度多与窗台平齐，也有到顶（或与门、挂镜线等高）的做法，这时则应称其为护壁更为恰当。

（四） 踢脚线
设于室内地面与墙面（或柱身）及地台、基座交接处。一方面保护近地部分的墙体（或柱身），使其免受外力冲撞或清洁地面时被污损；另一方面也起分隔、增加层次，以及用来掩饰、遮盖材质接缝等美观作用。

三、墙面（柱身）的装饰做法

内墙（或柱）虽然不会受风霜、雨雪的侵袭和承受剧烈的温度变化，但使用时的污损，较高的温、湿度都容易对其形成破坏。故构造做法及选材上除了出于功能与审美考虑，还应兼顾强度、耐久性、容易保养（尤其是经常会被接触的位置）以及防火安全等问题。

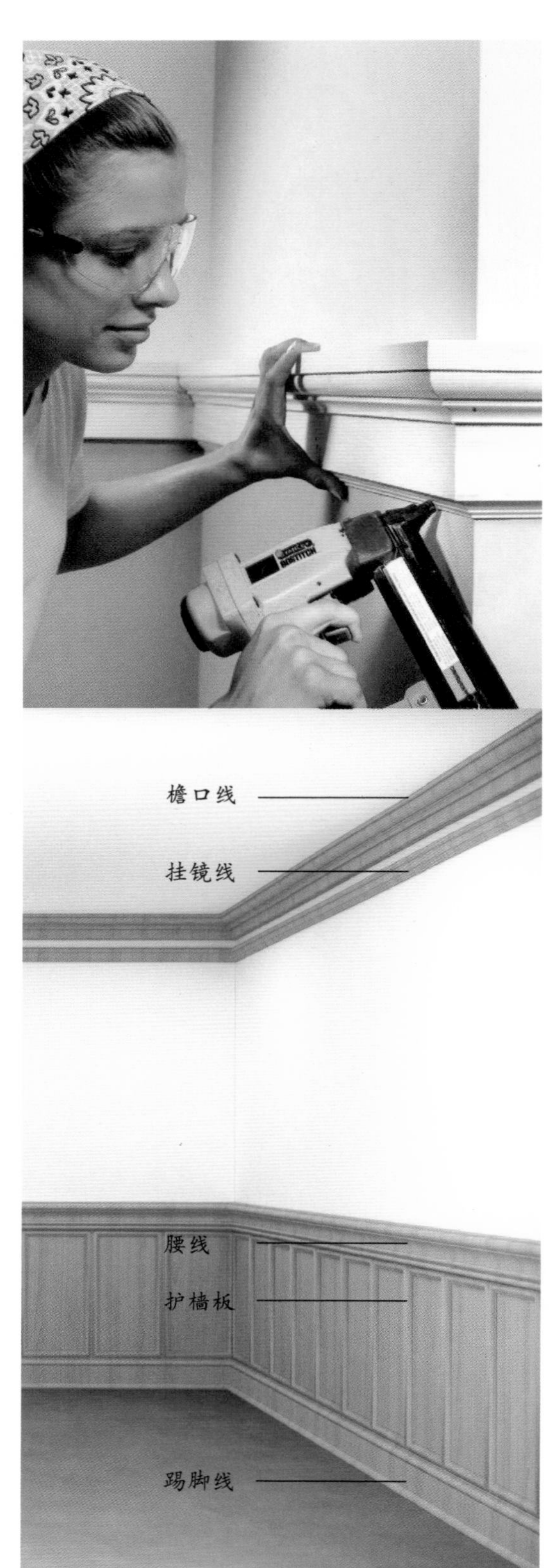

墙面按装饰做法可分两大类，即清水做法和混水做法。清水墙即裸露墙体结构本身作为最终的竣工墙面，仅做勾缝和涂刷防水罩光漆加以保护即可，如清水砖墙、石墙、清水混凝土墙等，这些墙面往往具有动人的凝重色彩和肌理，便宜而又无须保养，同时耐久性好，给人以永恒、坚实感，如以英国艾丽森和彼得·史密森夫妇、法国勒·柯布西耶为代表的粗野主义风格就是通过模板赋予混凝土表面以特殊肌理而将沉重、毛糙、粗鲁作为建筑美学的新标准；而多数情况则是在墙面结构基底上再作其他附加性的覆盖面层，按所用材料和施工方法的不同，可分为抹灰、批灰、涂刷、裱糊、镶贴等工艺。

（一） 抹灰、批灰

抹灰类饰面是指在墙面（柱身）的混凝土、砌筑体表面涂抹各种砂浆，起到保护墙体并使其表面平整、光洁美观的作用；批灰则是在抹灰砂浆墙面、石膏板隔墙表面进一步利用熟石膏、腻子粉等材料来填补缝隙、砂眼、钉眼，抹平沟槽，阴阳角调直等功用的施工工艺，多作为涂料和卷材类饰面的抄平基层，通过适当工艺也可形成各种线脚和浮雕装饰图案。造价低廉、施工简便、无接缝，缺点是耐久性差，容易开裂和脏污。

（二） 涂刷

在处理平整的墙面（柱身）基层涂刷涂料（主要是乳胶漆）形成完整牢固的膜层。涂料几乎可以配制成任何一种需要的颜色，虽然耐久性较差，有效使用年限相对较短，但造价较低、自重轻、工期短、工效高、便于维修更新，是目前使用比较广泛的墙面（柱身）装饰手法。

（三） 裱糊

将壁纸、墙布、皮革等软质装饰材料用胶粘贴到墙面（柱身）基层上的装修做法。在我国，利用纸张、绫罗、锦缎等材料裱糊墙面和棚面已有悠久历史，据文字记载，唐、宋时的宫廷建筑中，用绢布之类裱贴墙面已非罕见，民间则采用手工印花墙纸。裱糊工艺简便，可有效掩饰墙面的瑕疵、缺陷，材料的色彩、图案、质感丰富，整体性好，曲面、弯曲处可获得连续的饰面效果。

（四） 镶贴

将木板、石板、陶瓷片、金属、玻璃等材料通过一定构造（绑、挂、粘、钉）固定于墙体（柱身）表面的饰面方式，材料选择余地较大，能够充分满足不同的使用要求。

门、窗

门、窗是在建筑维护、分隔体上开的洞口，是使建筑物产生使用机能的重要部分。门、窗洞口会使建筑空间采光、换气，使室内的人能够洞察光影、季节等信息，饱揽自然景物的变化，体悟天地四时之交替，还可将相邻空间连接在一起，使其产生不同程度的交流、融合和渗透，著名作家钱钟书曾说过："门是为人们物质生活准备的，而窗则是为了人们的心灵而设。门是心扉，打开门就是迎接新世界，窗是明眸，透过窗可以瞭望望世界。正是门窗，让有限的空间，得以无限延伸……"门、窗扇作为阻隔物则具有"封闭"和"遮断"等与"透过"相反的功能，可实现隔离（温度、声音、视线、气味）、防范（风雨、尘沙、蚊蝇）及抵御各种气候变化和灾害等作用，如防火门、防爆门、防射线门等。

另外，作为立面的一部分，门、窗的造型，以及位置、尺寸、数量、开启方式、隐显关系等因素对整体建筑立面的形态、风格还具有很大影响，并会影响到我们在空间中的活动方式和如何摆放家具陈设，因此，进行规划、设计时应给予整体的统筹考虑。

门、窗主要由槛框（槛为水平横向构件，框为垂直的竖向构件）和扇组成。槛框是门、窗扇的依附构架；扇是一种封闭构件，也是门、窗的主体，有开启扇和固定扇之分。不装门扇，只有门洞的通道口叫空门洞，俗称“哑巴口”；不装窗扇的窗洞叫空窗洞，装上花格等装饰构件就会成为漏窗，漏窗多用于中国园林建筑中，可使墙面产生虚实的变化，两侧相邻空间似隔非隔，景物若隐若现，富于层次，并具有“避外隐内”的意味。

门窗的生产制造多为预制成型，现场安装即可，为适应工业化生产需要，目前已逐步走向标准化、规格化，大大降低了购买、安装成本。目前我国建筑门窗主要使用钢、木、塑、铝等材质。

一、门

门是人和物体（家具、设备、轮椅）进出建筑空间的通道口，门可形成动线，能够影响和控制空间的交通、运动模式；门的尺寸、数量、位置以及开启方式应便于通行、利于疏散，符合安全要求。

门的位置一般宜设于墙的一端，而不在中间，这利于空间面积的充分利用；门的设置还应兼顾私密性问题，除了门扇的通透程度，门洞正对景物的藏露状况也是重要的考虑因素，尤其是更衣室、卫浴等私密空间，即使门扇完全敞开，也不应让不该显露的部分一目了然。

（一） 门的组成

门主要由槛框、门扇及五金配件组成。

1. 槛框

也称门樘，一般由两根边框和上槛组成，有的门出于保温、防水、防风等考虑还设有下槛，有亮子的门还需有中槛，多扇门往往还有中竖框。门框上设有裁口（亦称为铲口、铲坞），保

Que La Paz Prevalezca En La Tierra

证密闭性（挡风、保暖），对关闭的门扇还能进行限位。为掩盖槛框与墙体之间的缝隙及美观等要求，门洞正、反面的顶边和侧边要做贴脸线条（俗称门头线），出于装饰、保护等考虑，有些门的贴脸线条下面要加装门蹬座，在门洞内侧及过梁底部还要用筒子板来包住上、左、右三面。

2. 门扇

门扇是一个可以活动的屏障，不同的门扇对空间的控制程度也会不同，这很大程度取决于门扇的材料以及造型。根据洞口的宽度，可由一扇、两扇或多扇相等或不等的门扇来填充门洞，较高的门还可设腰窗，以利采光和通风。

3. 五金配件

主要包括执手、门锁、推手板、铰链（合页）、插销、门顶、门吸、闭门器、门镜、防盗扣、轨道、滑轮等各种金属或非金属配件，起连接、控制、固定作用。

中国传统建筑的门扇上还有作为门环底座的门钹、铺首（多为椒图、饕餮、狮、虎、螭龙等兽面纹样），以及起加固作用的门钉、角叶、看叶、鹅颈、碰铁，关启门扇的扭头圈子等多种五金配件。

（二） 门的种类

门的主要区别即在门扇，由于所用材料、构造、开启方式的不同，

可分为以下类型：

1. 用材上来看，建筑外门多采用玻璃以及不锈钢、铜、铝合金等金属材料制作，木门在室内应用普遍。

(1) 木门
根据构造、材质的差异，木门（包括局部镶装玻璃的木门）主要分为如下几种：

1) 原木门
指完全以同一种天然木材（原木或集成材）为原料经下料、刨光、开榫、打眼、组装、油漆等工艺加工制作的，表里一致的木门，其材质多会选择花纹颜色漂亮的硬木材，美观厚重，隔音，但市场价格偏高。

2) 实木复合门
是一种采用实木为主要结构材料，辅以其他复合材料制造的门。以松木、杉木指接材做框架，中间填充蜂窝纸、密度板网格、桥洞力学板、实木等材料，面层基材使用纤维板或穿孔刨花板再贴实木木皮、贴纸等材料，经黏合热压制成。质感略逊于原木门，但价格相对便宜，材质与款式更加多样，不易开裂变形，坚固耐用，阻燃，隔音效果良好。

3）夹板、模压板空心门

多以松木、衫木做框架，蜂窝纸、木板网格为填料，两面粘压夹板或带造型、木纹的模压面板制成。重量轻、结构简单、款式单一，价格便宜。

（2）玻璃门

包括无框全玻璃门，以及大面积镶嵌玻璃的木门、金属门或塑料门。可最大限度保持通透效果，由于透明玻璃使人不易察觉或容易造成对距离判断失误，因此，应粘贴不干胶或做其他明显标识（如装设拉手），防止磕碰事故的发生。

（3）金属门

常用铜、不锈钢、铝合金等材料制成，多为工厂预制，现场装配，外观坚实、厚重。

2. 若从开启方式来看，门可分为以下几种：

（1） 平开门

门扇使用安装于侧边的铰链与门框连接（地弹簧门的弹簧轴装在门扇上下横边），门扇以铰链为轴水平方向旋转启闭的门，根据门扇差异，可分为单开门、双开门、子母门（三七门）。平开门开关灵活，构造简单，制作、安装和维修较为方便，因此在建筑空间中应用广泛。其开启方向主要是由其功能和开启后尽量少占用室内空间为依据，一般建筑空间的平开门宜内开并开向实墙，但居留人数较多的公共空间的门则应外开，而安全出口疏散门必须开向疏散方向。

可双向开启的平开门又称自由门；使用弹簧铰链，门扇能向、外单向或双向开启并自动关闭的平开门为弹簧门，适于过厅、走廊等人流进出频繁，以及需要保温和遮挡气味等场所，如厨房、卫生间，而像托儿所、幼儿园则不宜使用弹簧门，以免挤手、碰伤，为避免可能造成的伤害，弹簧门的门扇上需安装玻璃。

(2) 推拉门

门扇由滑轮悬吊或支承于门洞口上部、下部轨道，利用门扇左右滑动开启或封闭门洞，打开时门扇可贴露于墙外（明装）或隐藏于夹墙内（暗装）。利用信号控制自动启闭的推拉门为自动门。推拉门的最大优点是开合过程几乎不占用室内面积，但构造较复杂，耐久性不好，且容易伴有噪音。

(3) 折叠门

由若干门扇使用铰链以及导轨、滑轮连接组合而成，分侧挂式折叠门和推拉式折叠门两种基本类型，开启时门扇可沿边框折叠在一起推移到侧边，占用空间较少，适于较宽的门洞或无门扇开启余地的狭窄空间使用。

(4) 转门

由弧形固定门套及围绕中心竖轴转动的若干门扇组成，门扇数量有两翼、三翼或四翼之别，有的门扇还可折叠起来形成消防通道，满足消防要求。转门可以减少空气流通，确保建筑内部恒温、防风、防沙、隔音。由于只能供少数人通过，转门不能作为紧急疏散门使用，必须另设平开门作为安全出口。由于构造复杂，转门造价较高。

此外，还有卷帘门、翻板门、升降门等，这些门一般适用于车库、车间、商店等空间的外门使用，此处从略。

二、窗

窗的主要功能除了通风照幽，还具有裁剪空间景象、观物纳景等作用，〝开窗莫妙于借景〞，将窗口当作取景画框，来对景色进行取舍、选择，使人极目四望，尽是佳景，形成意境幽远的画面，并使空间得以无限地扩展，而英国惊悚悬疑电影大师阿尔弗雷德·希区柯克的名片《后窗》则透过窗口有条不紊地讲述着楼内各个住户的故事。是否具有良好的室外景观已成为人们评价建筑优劣的一个重要标准，研究结果表明，这种接触对人的生理、心理健康有很大影响，如医院病房的窗子对于患者康复更有重要的意义，它是患者接触自然和社会生活的通路，这可以使患者感受到季节、生活的节奏，防止因长期卧床而产生的隔绝和幽闭心理。

窗的大小、数量、位置、式样对室内采光影响很大，并可改变室内的开放性因素，意大利文艺复兴时期的艺术巨匠米开朗基罗·博那罗蒂在劳伦齐阿纳图书馆的墙面就曾借助非功能性的盲窗来缓解室内空间的闭塞感。窗的大小应满足窗地面积比（即房间窗洞面积与该房间地面面积的比值。不同功能的建筑空间为保证采光效果，窗地比也各不相同。如办公建筑的设计室、

绘图室的窗地面积比为 1/3.5，住宅中厨房、起居室的窗地比不应低于 1/7，各类建筑走道、卫生间、楼梯间的窗地比是 1/12）的要求，面积、数量过多的窗户也会增加建筑采暖、降温的负荷。

（一）窗的组成

窗一般由窗框、窗扇、五金配件，以及窗台板、窗帘盒、窗帘、饰罩、帷幔等附件组成，根据要求，窗框与墙体连接处还可设贴脸板、筒子板等内容。

1. 窗框

又称窗樘，是窗与墙体的固定、连接部分。

2. 窗扇

由窗梃和冒头组成的框格（有的还有分格窗棂），框内可安装玻璃或百页、窗纱，有固定扇和活动扇之分。

3. 五金配件

包括执手、铰链、撑挡、插销、滑轮、导轨、转轴等。

4. 窗帘

通过窗口的自然光为室内带来了益处，但过强的直射光线也会造成眩目、过热的温度以及室内物品的褪色和老化，使用窗帘进行遮挡应该是一种最简单有效的缓解方式。窗帘的使用不仅可以遮蔽、调节自然光线（扩散光线以及改变光线方向），还能起到控制视线，保证室内的私密性，以及隔音、调温、防尘等作用。窗帘（包括悬挂窗帘的栓环、轨道）的造型、质地、图案、色彩以及悬挂方式还会对建筑室内外风格、气氛的营造起重要作用，应与周围其他因素统筹考虑。常见有垂挂帘、卷帘、

折叠帘、百页帘等种类，窗帘常用材料有织物、竹木、金属、塑料等。

一般窗帘由帘体、辅料、配件三大部分组成。帘体包括窗幔（也叫窗檐、帘头）、窗身、窗纱；辅料有窗樱、帐圈、饰带、花边、窗襟衬布等组成；配件有侧钩、绑带、窗钩、窗带、配重物等。

5. 窗帘盒

窗帘盒是用来掩蔽和吊挂窗帘轨道、栓环等附件的构件，可分为明装和暗装两种：明装窗帘盒外露无遮掩，多与墙面、窗套协同处理；暗装窗帘盒多将窗帘盒隐藏在顶棚吊顶内，视觉效果干净、利落。

6. 暖气罩

暖气多设于窗下，主要通过热水、蒸汽或电产生热量来提高室内温度，暖气罩是将暖气散热片包装、隐蔽、装饰的设施，还可防止散热片对使用者造成烫伤，多采用木材及金属材料制作，设计者应在不影响散热、维修前提下使其具有适度美感。由于明装暖气片和地采暖的使用越来越普遍，暖气罩在装饰工程中正逐渐淡出。

（二）窗的种类

1. 按窗框使用材料的不同可分为木窗、铝合金窗、塑料窗和复合材料（如铝塑、塑钢、铝木等）窗，按镶嵌材料的不同又可分为玻璃窗（由于玻璃是很差的绝热材料，可使用中空玻璃、镀膜玻璃，减少采暖、空调的耗损）、纱窗、百叶窗。

古时的中国，玻璃在建筑行业并没有大量使用，所以窗户上多糊油纸，可起到避风、保温同时又能透光的作用，夏天则换成纱，同时江南吴地少数富裕的家庭还会使用一种用贝壳打磨制成透亮薄片的“明瓦”镶嵌在木窗格上来代替窗纸，称“蠡壳窗”，北方或内地，一般是用天然云母片（一种片状矿石）。到了清朝康、乾时代，建筑中才开始逐渐大量使用玻璃作为透光材料。

2. 按所开位置不同，可分为侧窗和天窗。侧窗设置在墙体上，利于开启，容易施工维护，但室内光线分布不均，适于小进深空间。设置在屋顶的窗是天窗，天窗可获得意外的光源效果，光线均匀，但也有易眩光，以及使室内升温过高等问题。

3. 以窗扇开启方式来看，可分为固定窗和活动窗两类，尽管空调、机械通风的普及增加了固定窗的使用几率，目前广泛使用的依然是活动窗。

（1）固定窗

一般无窗扇，玻璃直接镶嵌在窗框上，不能开启和通风换气，只能用于采光、取景，由于阻隔视线的窗棂少，可获得较大的视野范围，多适于有空调、排风的空间。

（2）活动窗

活动窗不但可以采光、观景，打开后还能通风换气。根据开启方式，活动窗可分为平开窗、转窗、推拉窗等。

1）平开窗

以窗扇边框为轴水平旋转启闭的窗。虽然开启后会占用一定面积，但构造简单，制作、安装、维修方便，开关容易，窗扇开启面积大，便于通风，因此应用比较普遍。

2）推拉窗

是一种沿导轨、滑槽滑动的窗，按推拉方向分水平推拉和垂直推拉（也叫提拉窗）两种形式。开启后不会占用面积，节省空间，窗扇受力状态好，适于安装大块玻璃，但通风面积会受一定限制。

3）转窗

绕窗扇的水平轴或垂直中轴来旋转启闭的窗。根据转轴位置的不同，可分为上悬窗、下悬窗、中悬窗、立转窗等种类。

地面

地面为建筑水平方向分隔构件，也是室内空间中用以支持、承托人体、家具及其他设备设施的基础界面，与墙面、天花等部分相比，地面是室内空间中与人接触最紧密、使用最频繁的部位，地面的质地，如软硬、冷暖，以及表面的平整度，都会直接影响到行走时的感受，地面的

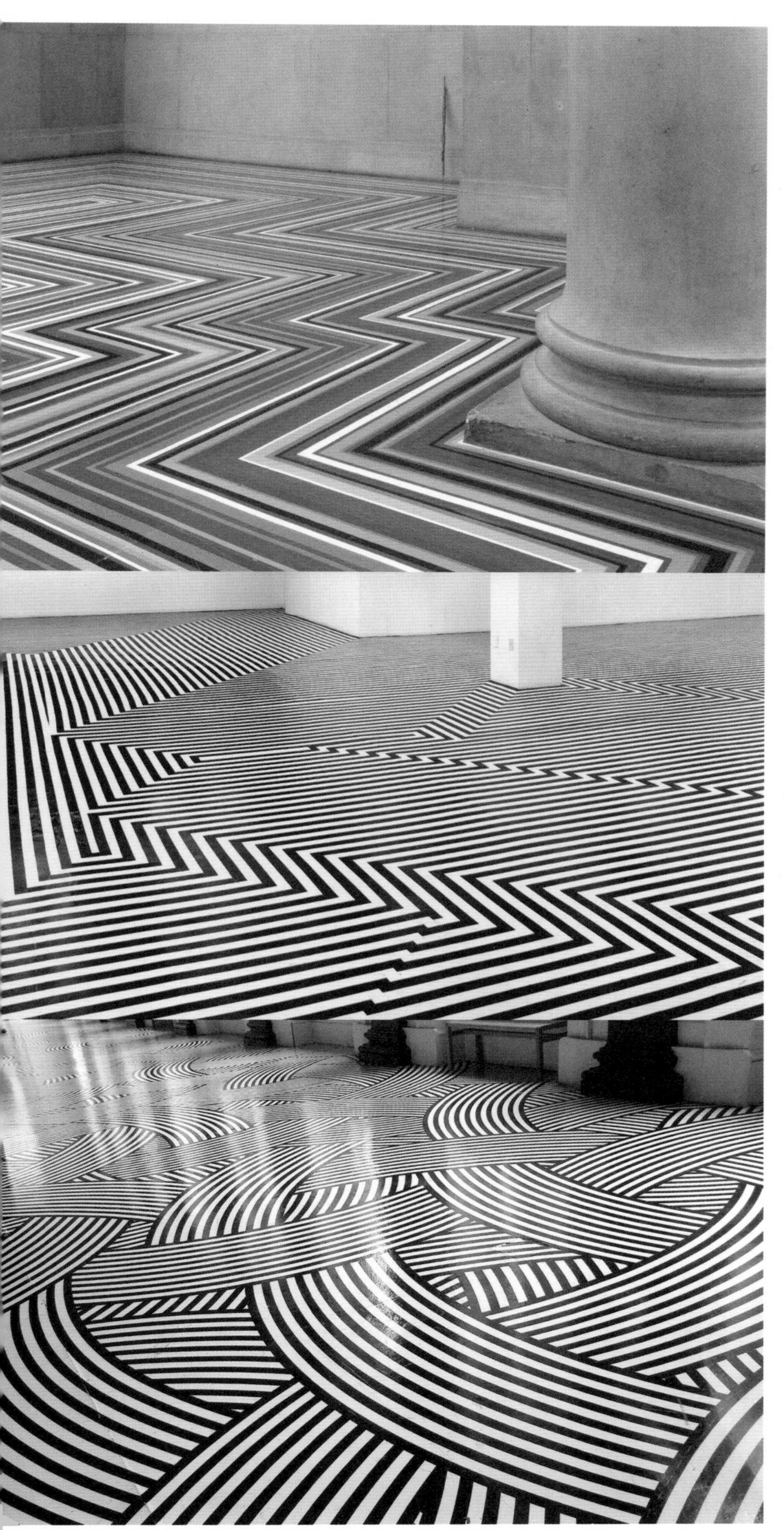

选材和构造还必须坚实和耐久，足以经受持续的磨耗、磕碰及撞击，还应满足防滑、吸音、防水、防火、防静电，以及耐酸碱、耐腐蚀、容易清洁和维护等具体要求。

地面主要由承担荷载的结构层和满足使用、保护、装饰要求的面层组成，有时为了抄平、找坡、防水、隔音、保温、弹性、敷设线管等需要，中间往往还要加设垫层。地面虽然容易受家具及室内设施设备的遮挡而显露面积有限，但其图案、色彩、材质、高度等因素还是或多或少地影响到室内气氛，可以作为中性背景甚至是空间中的支配要素，为空间带来充实感，避免空间的空洞和单调，还可以暗示行动路线、界定区域，使我们不必单纯依赖墙面就可以划分空间，并能在一定程度上改变其比例、尺度、形状等特征，地面标高变化也会加强空间的领域感和层次感（高差边缘部分需适当强调，以防跌倒等危险的发生）。地面的设计应从空间整体观念出发，与该建筑使用性质、空间形态、使用者的活动状况、墙面、天花、家具饰物等内容统筹考虑。

一、地面装饰图案

（一）集中式图案

此类图案独立性强，往往会强调空间的向心性、稳定性，使用空间呈停顿或停滞性格。集中式图案多设在厅、堂等空旷处，不适于家具密集的空间。

（二）线式图案

向单一维度重复延展某种形态元素而成的线状或带状地面图形，可为空间带来韵律、节奏感，空间的方向性、导向性强，宜设于走廊、通道等交通区域。

（三）网格式图案

将形态要素依据规律的骨格进行二维组合，

容易造成宽阔、整体划一的空间气氛，虽然无中心，无主次，但适应性较强，容易与复杂的平面形状相结合，且不会受地面物体的遮挡干扰而失去完整性，尤其适合餐厅、会议室等家具密集的空间使用。

（四）自由式图案
无规律、随意、活跃并具有动感，可赋予空间个性特征。

二、地面装饰做法

（一）整体浇注类地面
用现场浇注的方法做成的整片地面或作为基层满足抄平、找坡要求，根据材料不同，有水泥砂浆地面、细石混凝土地面、水磨石地面等，构造简单、造价低廉，坚固耐磨、防水，但也有色彩单调、灰暗，冷硬，易起尘砂和脱皮、开裂，易吸湿和反潮等缺点。

（二）整体涂布类地面
主要是用水泥地坪漆对混凝土或砂浆地面进行防护，如环氧树脂地坪漆、聚氨酯树脂地坪漆、聚醋酸乙烯地坪漆等，可借助特定施工方法和工具将其涂刷或涂刮在地面，能与地面黏结并具有使地面整洁美观的装饰作用，改善其使用和装饰质量方面的不足。主要特点是色彩丰富，无接缝、抗渗、易清洁，耐磨耐腐，有良好的物理力学性能，还具有弹韧性、防滑性、抗静电性，适于车库、厂房、仓库、实验室、医院、体育场馆等处使用。

（三）铺贴类地面
我国古人曾因“茅茨土阶，……尝苦其湿，又易生尘”而使用砖来铺地，铺贴形式“或作冰裂，或肖龟纹”，称为“甃地”。现代室内空间的铺地材料更为丰富，包括石板、陶瓷砖、地毯、竹木地板、塑料地板等。石板、地砖耐磨、易清洁、维护保养容易，外观也可传达华贵、粗砺等多种效果；地毯脚感舒适，温暖防滑，但耐用性不高，维护、保养也较麻烦；竹木等地板性质介于两者之间。

楼梯

楼梯是建筑空间中的垂直交通设施，可以看作是地面的延伸，能够帮助我们在建筑的不同高度之间作竖向的升降移动（通过坡道、礓礤③、电动扶梯、电动步道、电梯以及爬梯④等设施也可达成这一目的）。楼梯对于建筑的交通、安全疏散功能至关重要，为此，楼梯的构造、数量、位置、间距均应符合相应的建筑条例。楼梯本身的多元化造型还会丰富空间的表情，楼梯的装饰效果是在文艺复兴之后才被渐渐认识，此前，它一直被封闭在黑暗的角落里，开放后的楼梯会像墙面一样直接进入视野，其形式的重要性不言自明。楼梯能够充实空间甚至成为空间中的支配要素，靠近墙壁的楼梯会成为墙体造型的一部分，独立存在的楼梯则容易成为空间中雕塑般的视觉中心，同时也会像墙体一样间隔空间；楼梯的踏板、踢板、栏杆、栏板、扶手的形态、所用材料，以及不同的结构、支撑方式使其传达出不同的外观特征；楼梯的二维或三维斜线、曲线造型以及因透视而产生的节奏、韵律的变化会为空间增加动态因素；楼梯还能够给攀爬中的我们提供不断变化的视角，丰富我们的建筑体

③礓礤：是表面有锯齿形的坡道，与坡道一样，多用于高差较小的空间联系。

④爬梯：多用于工作、消防的一种专用梯。

验。室内装饰工程中的楼梯设计，包括在建筑空间中增建或改建楼梯，以及对原有楼梯进行的装饰性设计，根据具体情况，可采用预制装配或现场焊接、支模现浇等施工手段。

一、楼梯的组成

一般楼梯主要由梯段、平台和栏杆扶手三部分组成。

（一）楼梯梯段

梯段也称梯跑，是设有踏步，供上下通行的构件，主要由踏步和梯段梁或整块、数块带踏步条板组成。梯段梁属承重构件，支撑踏步等荷载，并将其传至平台梁及楼面梁上；踏步包括踏面（即水平踏板）和踢面（即竖向的踢板，踢板往往还具有支撑踏面的结构性能）两部分，也有楼梯只有踏面而不做踢面，

追求透空轻盈的效果。踏步的不同，可造成楼梯的多样变化；踏步平面多为细长矩形，也有扇形、圆形等其他形状，竖向截面可为一字形、L形、三角形等，临空的踏步还应考虑其端面的保护、收头，以及与栏杆、栏板的结合、连接问题；每个梯段踏步数一般不应超过18步，照顾到人们在楼梯段上行走时的连续性，也不应少于3步，超过18步，应设休息平台（公共建筑中的弧形楼梯可略超过18步）；踏步的面材可参考所在或邻接空间的地材加以选择，木材、陶瓷砖、石材、金属、玻璃、地毯等都可以使用，防滑起见，踏步口往往还要做凹槽、防滑条或防滑包口处理，踏步的边角部位由于使用频繁、施力集中而承受相当大的压力和磨损，设计中也应考虑对其加以保护；梯段的底面则多与邻接的顶棚统一考虑。

（二）楼梯平台

楼梯的平台是用来连接梯段、楼板的水平构件，主要由平台板、平台梁组成，其作用是供行走时缓解疲劳和转换方向，楼梯平台可使楼梯的平面形态呈现出丰富多样的变化，还能够产生停顿感，为攀爬中的人们提供闲谈、俯望的机会。楼梯平台既可保持与梯段的连续性、完整性，也可以强调独立性，加强其存在感。与楼层同一标高的平台称楼层平台；在楼层之间的平台称为中间平台（或休息平台），平台的下面往往还会提供一定的可利用空间。

（三）楼梯栏杆（栏板）和扶手

栏杆（栏板）和扶手是设在梯段和平台边缘提供保护作用的构件（根据规定，人流密集场所，梯段高度超过1000mm时，宜设栏杆、栏板）。从安全角度出发，栏杆（栏板）首先应具有一定的强度，能够承受一定的水平推力，其高度根据人体重心高度和楼梯坡度大小、临空高度等因素确定；栏杆（栏板）同时也是装饰性较强的构件，其造型、尺度、比例、虚实、材质的不同，会为空间带来多样性变化，根据具体要求，可用木材、金属、玻璃以及石材、砖、水泥等材料制成。

扶手位于栏杆（栏板）的上沿，供行走时扶依之用，其断面形状、尺寸应易于攥握，靠墙扶手与墙面净距应大于40mm；有少年儿童活动的场所，须增设儿童扶手（高500~600mm），梯井宽度大于200mm时，栏杆、扶手还要采取不易攀滑的构造，垂直杆件的栏杆其杆件净距不应大于110mm；楼梯应至少在一侧设扶手，梯段的宽度达三股人流时，应两侧加扶手，梯段宽度达四股人流以上时，应在梯段中间加设扶手。

二、楼梯的分类

（一）按主要用材区分

楼梯用材包括结构用材和饰面用材，而实际上，楼梯的表和里难于区分，多数用材兼具结构与装饰功能。按主体结构所用材料区分，包括钢筋混凝土楼梯、木楼梯、钢楼梯和玻璃楼梯等。钢筋混凝土楼梯由于可塑性较大、防火、坚固耐久而应用普遍；木楼梯自然、质朴（由于防火限制，木制楼梯目前只限于二层以下的独立居住建筑使用）；钢楼梯喜欢用线、面来显示轻薄纤细的外观；玻璃楼梯容易体现玲珑剔透的特点。出于结构、功能和审美等方面的考虑，多数楼梯会将若干种材料结合使用。

（二）按使用性质区分

包括主要楼梯、辅助楼梯、安全疏散楼梯等。

（三）按梯段数量及其平面布置方式区分

可分为单跑楼梯、双跑楼梯、三跑（或多跑）楼梯，以及直跑梯、转角梯和曲线楼梯，这主要取决于空间的使用要求和建筑环境的平面条件。矩形平面的空间，适于单跑或双（多）跑直线、平行楼梯；正方形平面空间，多做成三跑或多跑转角楼梯；圆形空间平面则适合弧形、圆形楼梯；人流疏散量大的空间还可使用交叉式楼梯、剪刀式楼梯。

1. 按梯段数量区分

（1）单跑楼梯

梯段中间不设休息平台，一般用于层高不高的建筑中。

（2）双跑楼梯

双跑楼梯比较常见，包括双跑直楼梯、双跑转角梯、双跑平行楼梯、双分双合式转角楼梯、双分双合式并列楼梯。

（3）三跑（或多跑）楼梯

多用于平面形状接近方形的楼梯间，由于这种楼梯有较大的梯井，应有可靠的安全措施。较大的梯井有时还可布置电梯井。

2. 按楼梯平面形态区分

（1）直线楼梯

楼梯的方向单一，线条直接、明朗，包括单跑、双跑以及多跑直楼梯，直线楼梯占用空间面积一般相对较少。

（2）转角梯

梯段的方向通过平台或扇步的转角而中途发生改变，转折部分可为直角、钝角、锐角、“U”形等多种角度，不同的转角方式产生的楼梯平面形式千变万化。

（3）曲线楼梯

如弧形楼梯、圆形楼梯，以及狭小的空间采用的螺旋楼梯等（螺旋楼梯只适用于一般工业与民用建筑的辅助楼梯）。曲线楼梯的曲线特征不仅仅体现在楼梯梯段的平面，也会体现在立面，其弧度可根据空间大小而变化。曲线楼梯造型优雅，具有张力、流动感，容易成为空间的视觉中心，但结构构造相对较复杂，同时梯级内缘由于较窄会造成行走不便并由此而存在着一些潜

在的危险，多数建筑空间只允许其作为次要的从属楼梯，适于人流较少的场所使用。

（四）按结构、支撑方式区分

1. 梁式楼梯

楼梯的荷载由梯段梁来承受，梯段梁是一种具有斜度的梁（或桁架），可将支承的荷载传递到其他结构部分，根据需要，梯段梁可呈直线、曲线以及折线，梯梁可一根或两根，可设在中间或两边，可设在踏步上面或下面，还可以设在侧面用来对踏步的端部进行收头处理。梁式结构适于长度较长、荷载较大的楼梯使用。

2. 板式楼梯

由梯段板直接承受和传递荷载，因此踏步相对较厚重，梯段底面多呈平滑或折板形，外形简洁，结构简单，梯段跨度不宜过长，适于层高不高的建筑。

3. 悬吊式楼梯

踏板由金属拉杆等构件悬挂于上部结构，踏步仿佛悬浮于空中，直线与斜线交织在一起，具有张力和紧张感。

4. 柱式楼梯

由柱来承受、传递荷载，多置于螺旋楼梯的中心，以及楼梯平台、踏步等部位。

5. 墙承式楼梯

墙承式楼梯可以看作由梯段梁的持续增高而形成，踏步搁置于两面墙体，双折梯、三折梯中间还须加中墙或竖井作为支座，因此视线、光线易受遮挡，楼梯间也往往阴暗、狭窄，但构造简单、制作安装容易、经济性好。

6. 悬挑式楼梯

由单侧墙壁支撑的楼梯，踏板一端固定，另端悬挑，造型轻巧、剔透，踏板多为预制，其悬挑长度一般不超过1500mm。悬挑式楼梯虽自古有之，却也会传达出一种现代气息。

三、楼梯的尺寸

楼梯的尺寸对于使用者的安全、舒适至关重要，我国颁布

的《建筑楼梯模数协调标准》（GBJ101 — 87）、《民用建筑设计通则》（GB50352 — 2005）及防火规范等的有关规定，规定了梯级和竖板的比例和尺寸，以及楼梯的宽度和对楼梯平台的要求，是我们设计时的重要依据。

（一）楼梯坡度

梯段各级踏步前缘各点的连线与水平面的夹角即为楼梯的坡度。楼梯的坡度与踏步的高宽比例有着直接关系，应从行走时的舒适性、便于攀登和疏散、节省空间等方面综合考虑，坡度越小行走也越舒适，但同时也会增加楼梯的长度和所占空间。不同类型的建筑空间，楼梯的坡度也会不同，人流较大，安全标准较高或面积较充裕的空间场所，楼梯坡度一般很平缓，而供少数人使用或不经常使用的辅助楼梯则允许较陡，但也不要超过 38°。

（二）踏步尺寸

踏步高度和宽度与人的脚和步幅尺寸相吻合，同时还与不同类型建筑的使用功能有关。踏面尺寸较小时，可采取加做踏口或踢面倾斜等方式来缓解。为适用和安全，同一梯段踏步尺寸必须一致，否则容易导致失足跌倒。

（三）梯段宽度

梯段宽度应根据通行人流股数和防火规范加以确定，并足以满足人们走动以及必须通过楼梯携带、搬运物品的尺寸。

（四）栏杆（栏板）尺寸

栏杆（栏板）高度是指踏步前缘至扶手面的垂直高度，室内楼梯的栏杆（栏板）高度不小于 900mm，回廊、内天井可略高。

（五）平台尺寸

平台深度、宽度不应小于楼梯梯段宽度，对于不改变行进方向的休息平台，深度不受此限。

（六）楼梯净空高度

楼梯净空指踏步前缘处至上一梯段底面或平台底面的垂直净高。为防止行进中碰头和产生心理上的压抑感，规范规定梯段的净高不小于 2200mm，平台梁下不小于 2000mm，且顶部平台梁等凸出物与起始踏步前缘水平距离不小于 300mm。

（七）楼梯井尺寸
梯井是由梯段和平台围绕形成的间隙。楼梯井考虑施工方便和消防要求，最小间隙尺寸不应小于 150mm。

四、楼梯的照明

除了可以利用天然采光，还可以通过上方的梯段板、楼梯平台底部，以及利用栏板、扶手、踏步等支持照明设备来进行照明。

顶棚

顶棚是由室内空间上部结构层或装饰层形成的顶界面，又称“天花”、“天棚”，顶棚在空间中不易被占用和遮挡、打断，且通常难以触及，因此造型相对自由，对视觉感官影响较大，但由于顶棚与建筑上部结构的关系密切，同时又是空间中各种灯具、设备管线相对集中的地方，设计时主要受这些因素的影响和制约。

一、设计要求

顶棚是整体室内环境中兼具功能和美感的重要组成部分，设计上除了涉及风格形式，还有建筑声学、照明、热工以及设备安装、管线敷设、安装检修、防火安全等多方面内容。

（一）满足空间的审美要求
虽然不会与人体直接接触，顶棚的造型、选材及高度、尺度等因素却会对空间的表情、气氛有很大影响。坡顶空间视觉效果生动，并具运动感和方向感；穹顶、攒尖顶则强调静止、向心性，其下方往往会形成空间的中心、重点；高顶棚会给人庄严、兴奋、激昂感，同时会使空间平面尺度趋于缩小并容易产生心理上的疏离感；低顶棚则会突出其掩蔽、保护作用，建立一种亲切、温暖的氛围，但过低的顶棚也会使人产生沉闷、压抑心理，并会降低室内空气质量；利用变换顶棚高度、材质等手法还会产生划分领域及实现空间的导向作用；浅色顶棚会使人感到开阔、高远，同时还利于反射光线；深而鲜艳的颜色则多会降低其视觉高度。

（二）满足空间的功能要求

利用顶棚可以改善室内声、光、热等物理环境，从这一角度考虑，顶棚又可看作是一种功能性部件。如剧院采用的折线天花，即以形成反射面，取得良好声学效果为目的；吊顶内的空腔还利于空间的保温、隔音。

（三）安全性要求

顶棚构造与结构连接应牢固、安全、稳定，对于需上人检修设备的顶棚，还应特殊考虑强度、承重等因素；顶棚上方会安装、隐藏大量设备管线，散热、短路首先会殃及顶棚，因此应尽量选择防火材料或采用相应防火措施，如顶棚木龙骨应刷防火涂料。

二、顶棚的分类

顶棚的分类方式很多，按顶棚装饰面层与顶部结构关系可分为直接式顶棚和悬吊式顶棚。

（一）直接式顶棚

在屋顶结构表面直接做抹灰、涂刷、裱糊等装饰处理，适于显示建筑原有风格和特色，如暴露横梁、网架结构。不同于悬吊式顶棚内部需预留空间，不会牺牲原有的室内高度，且构造简单、造价低廉，维护方便，但受原有建筑结构及材料的影响、制约较大，由于无面层的遮挡，顶部结构和设备会暴露在外，有时会显得杂乱和简陋，可通过灯光、色彩等手段来进行虚化和统一。另外，习惯上还将不使用吊挂件，而直接在结构底层设置格栅、面层的自承式顶棚做法也归属此类。

（二）悬吊式顶棚

在屋顶结构下方利用吊筋悬吊的吊顶系统，吊顶的面层与结构底层之间留有一定距离而形成空腔，里面可容纳、遮掩空间上部的建筑构件及各种管网设备，既可以整空间满铺，也可以只局部处理。悬吊式顶棚可在一定程度摆脱建筑原有结构条件的约束，其形式感、高度较前者更加丰富和灵活，根据空间立意，结合建筑结构等客观条件，既可以采用平棚，也可以叠级分层，以及坡顶、拱顶、穹顶等多种形式，形式更为自由。

1．悬吊式顶棚的组成

悬吊式顶棚主要由吊筋、龙骨、装饰面层三部分组成，这些材料多为工厂预制，规格化、标准化程度高，有些还考虑到灯具、风口的预留问题，连接工艺简单，施工方便。

(1) 吊筋

悬挂在屋顶或楼板结构层下，由金属或木材制成的承重传力构件，主要作用是将龙骨、吊顶面层及上面附设的灯具、风口等设施的重量传递给屋顶、楼板结构部分，可根据需要调整顶棚高度。

(2) 龙骨

多由金属和木材制成的网格骨架系统，主要作用是承受吊顶面层及其附设悬挂物的荷载并保持稳定状态。

(3) 装饰面层

通过钉、粘、搁、卡、挂等方式固定、与龙骨连接，具装饰、遮蔽作用的面层，可用来改善室内光线、声音等环境，常见有石膏板、矿棉板，铝板、塑料板、玻璃以及织物等材料。

2．悬吊式顶棚的分类

悬吊式顶棚按面层性质又可分为遮掩式顶棚及开敞式顶棚。

(1) 遮掩式顶棚

采用实体的面层材料，可掩蔽空间上部结构及设备、管网。可以具有吸声隔音、保温隔热等作用，对于有空调、采暖的建筑，还可以节约能耗。

(2) 开敞式顶棚

虽然会在上部空间形成夹层，但其表面却是开口的，常通过灯光或灰暗色彩来模糊内部夹层，尽量使其内部结构、设备隐蔽、不可见，开敞式顶棚会有效减少吊顶后层高降低的压抑感，减少眩光，其中较常见的格栅式吊顶系统，是由金属、木材或塑料等单体构件（如格栅、垂片、挂片）通过插接、挂接、榫接组成，安装简便、施工容易，还会形成韵律、整齐划一等视觉美感。

我国传统建筑中的顶棚做法：一种为露明做法，宋《营造法式》称“彻上明造”或“彻上露明造”，即将建筑“上架”的梁、枋、檩、椽等构件不做遮掩地直接暴露在室内，仅做油饰彩绘，屋顶空间的并入使室内大为高敞，虽然容易挂灰落尘，但构架处于干燥通风的环境中不易朽坏。这种做法大多用于寺庙佛殿、陵寝祭殿和宫殿组群中的门殿，便于取得高爽、深幽、神秘的空间气氛。

另一种为天花做法，即在结构构件下做遮掩夹层，有保暖、防尘、调节室内高度和美化、装饰作用，汉代称“平机”或“承尘”，宋称“平闇”、“平綦”，清工部《工程做法则例》则将天花分为“井口天花”和“海墁天花”。井口天花是一种硬性天花，由木龙骨做成支条，纵横交错成格子，上钉天花板，格心表面有彩画或雕饰，形状像“井”字，井口天花隆重、端庄，等级较高的宫殿或佛堂建筑以及内廷宫苑的亭堂楼阁内大都采用这种硬天花；海墁天花是软性天花，用木材或秫秸做骨架，下面满糊麻布或纸，形成无突出构件的平整顶棚，并绘有彩画，称为“海墁天花”，等级较低，如乾隆花园倦勤斋中的天花。

还有藻井也是中国传统建筑中一种顶部装饰手法，起源于古代穴居顶上的通风采光口——“室中霤”，将建筑物顶棚向上凹进如井状，顶心一般呈圆形，称为“明镜”，由细密的斗拱承托，四壁饰有藻饰花纹（多以荷、菱、莲等藻类水生植物为装饰，希望能借以压伏火魔的作祟，以护佑建筑物的安全），故而得名，其目的是突出主体空间，多用于宫殿、坛庙建筑中帝王御座、神佛像座上方等重点部位的天花，形式有方、矩形、八角、圆形、斗四、斗八等，有彩绘、浮雕，属天花中的最高等级。

装饰材料

Decoration Materials

材料是设计概念得以实现的物质基础，几乎所有设计最终都会落实到材料，设计与材料的紧密结合似乎是获致成功的关键。

建筑材料好比是建筑的骨骼和皮肉，不仅仅具有支撑、围合和分隔职能，赋予空间色彩、质感，实现空间的使用功能和审美属性，其本身也会携带、表达某种含义和思想，每种材料都自有其独特的设计语汇，从远古文明起，建筑材料就是设计语言的内在组成部分，那时使用的材料几乎都很容易获得，如木材、茅草、芦苇、石材、土坯以及焙制砖等，这些古老的、带有地域文化特征的天然材料对后继风格产生了巨大影响。没有人会否认材料对建筑的塑造能力，尽管有时我们会过于追求空间和功能等结果，反而容易忽视材料的存在。

建筑材料是建造建筑物所用材料的总称，包括：用于建筑物主体（如梁、柱、墙体、楼板等）构筑的结构材料；用于吸声隔音、防水防腐、保温绝热、阻燃防火的专用材料；装饰材料只是建筑材料的一个类别，如墙面装饰材料、地面装饰材料、顶棚装饰材料及相关的配套设备等（如家具陈设、灯具、卫生洁具、厨房设备等），装饰材料往往依附于其他建筑材料，尤其是结构材料而存在，当今材料科学高度发展，使得新的材料不断涌现，更新周期越来越短，用途和分类也越来越交错和多样化，装饰材料除了增加空间色彩、图案、质地等方面内容的纯粹美化装饰作用，也可满足空间某些专用功能（如隔音、绝热）和实现对界面基体的保护（如抗冲击、耐水、耐腐、耐磨）等多方面要求。

19世纪德国建筑师戈特弗里德·散帕尔说过：“对自然科学的深入研究促成了许多非常重要的发现，特别是砖、木、金属、铁以及锌等材料已经取代了整块的料石和大理石。但使新材料继续模仿这两种传统材料的做法是十分不正确的——更不用说将它们的真实面目遮掩起来，赋予其虚假的外表……让材料用自己的语言来表达；让它们自然呈现出（依经验或科学）适宜的形状和比例。砖看上去像砖、木头是木头、铁还是铁，总之每一种材料都应该遵守自身的静态法则。”设计者要尊重材料，善于展现、突出材料的特点，“审曲面势，以饬五材”，将适合的材料用在适合的地方，真实地表现材料，尊重材料的自然属性是现代主义建筑拥护的主要信条。

美国建筑师路易·康曾通过一段寓言式的对话来阐述——砖，你想成为什么？当你面对砖或做有关砖的设计，你必须问问砖，他希望成为什么，或者它能成为什么。于是，我问砖：“你希望成为什么？”砖说：“嗯，我喜欢做个券。”“可是券不容易做的，花费也多，我们可以用混凝土穿过洞口，这是一样的”，我说。“我明白，但我还喜欢做券”，砖说，“你为什么这么固执”，我问。“你明白吗？你是在谈一种存在的方式，砖的存在方式就是券”。

康认为可以同任何材料进行这样的对话，将材料看成是“有生命的”，并尊重它的“权利”，这才是寻找展现材料独一无二特性的最佳途径。

每个人对材料都会有自己不同的理解和使用方法，并由此而产生不同的设计结果，另外，材料自身发展的同时也会带动新风格、新形式的产生与变化，“如果说工艺美术运动多用木材，新艺术派巧用铁材，装饰艺术派喜用发光材料，以机器美学和包豪斯为代表的现代主义善用钢材和玻璃的话，那么，以美、日、意领衔的战后设计，则在铝材和塑料上做足文章，尤其是塑料，成为表述后现代主义不可或缺的媒介”。如今可供选择的材料种类极其繁多，勇于尝试新材料，创造性地使用材料和不断挖掘、探索材料搭配组合的新可能性，都是设计创

新的重要手段。所以，可以说材料对设计者既可起到限制作用，也可起到激励作用。

因此，作为设计者应跟踪市场行情，及时了解最新和改良的材料，不仅应熟知材料的外观特点、强度、耐久性、接受涂饰能力、吸声、反光性能等物理、化学性质，还必须了解材料的各种结构可能性，与之相适应的加工特点、施工工艺以及价格等问题，最终，超越材料的物质层次局限，消解创意理想与现实材料之间存在的落差，完美地实现设计构想。

选材原则

一、实用原则

根据空间的具体使用功能、环境条件及使用部位，应符合强度、耐腐蚀、防水、保护基体、防滑、吸音、隔热、反光、透光等多种要求。

二、形式原则

材料的形状、色彩、质地、图案及轻重、冷暖、软硬等属性，作用于人的视觉、触觉等感官，会引起人们不同的生理、心理反应，并会影响到空间环境的氛围和情调，尤其室内空间，由于人与材料近在咫尺，人们可以更清楚地感受、体察到材料的

细微变化。这里不仅包括材料本身所具有的天然属性，还包括对材料的人为加工以及不同施工方式所形成的外观特点。

三、经济原则

即材料的价格、可加工性以及日后的维护、保养等问题。

四、安全、节能与环保原则

作为设计者，有责任避免使用对人体健康有害及具有潜在危险的材料，如过于光滑的地砖、含有过量放射性元素的石材、易燃及容易散发有毒气体（如甲醛和苯、氨等）的不合格或劣质材料，这项工作可借助相关环保和质量监督、检验部门进行检测，以保护客户和使用者的利益。

此外，还应考虑所用材料来源丰富，避免过度使用不可再生材料以及珍稀动、植物，避免过度的能耗，维持地球生态的平衡与稳定。有人说过："伟大的建筑流派总是与精良的材料一起诞生，而每一栋较重要的建筑都对应着一采石场（制砖厂）或一片缺失的森林"。建造工作是一种特殊的能源与资源消耗，我

们应从环境成本等多角度去衡量设计结果，包括材料的开采、加工制造、运输，它们的安装、使用和维护，以及它们在超过使用期限后的分解和处理等诸多问题。

木材

木材的使用，几乎贯穿了人类的整个建筑历史。大约距今六七千年前的新石器时代，中国古代先民就已利用掌握的榫卯（构件上所采用的一种凹凸结合的连接方式，凸出的舌状部分为榫，凹进的孔眼部分为卯）、企口等木材加工技术构筑木架房屋，并由此衍生出一种复杂而独特的斗拱⑤系统，此后，中国传统建筑这种木构核心体系在数千年间没再发生过本质变化并被我们的祖先沿袭、发展和演化到极致，在世界建筑史上，唯有中国人如此不懈地热衷和执着于木构建筑，木构建筑几乎就是中国建筑的同义语。

虽然有易燃、易腐朽、易裂变、易遭虫和啮齿类动物破坏等局限，这并不会妨碍木材得天独厚的优越性。木材的资源丰富（这同时也需要有节制地砍伐和栽种）、天性温暖、材质较轻、强度较高，有较好的弹性和韧性，容易加工（可进行刨、锯、铣、钻、抛光、雕刻、弯曲等工艺）和涂饰（大多数木材表面需经涂饰处理，以防沾染灰尘或污渍，并能隔绝潮湿、防止腐朽、增加光泽，充分显示或遮盖木材纹理）、黏合，木材的外观自然，世界各地不同地域、纬度森林繁多的木材品种为我们提供了丰富的色彩和纹理，当然也可以通过漂染以及不同锯解方式来改变它们，有些木材还会呈现瘤形、雀眼形、波浪形等特殊的斑纹和图案，木材也是很好的绝缘材料，对声音、热、电都有较好的绝缘性。

尽管当前有许多更具优越性能的新型材料可供选择，木材依然是各类装饰工程的主要用材，使用广泛，用量极高，如墙面、地面、天花的龙骨、装饰面层及家具、门窗、楼梯、护栏等处都离不开木材的使用。

装饰工程常用的木材按其加工程度可分为实木木材、人造板材。

⑤斗拱：是我国古代建筑的独特构件，最早见于周代的铜器纹饰，它位于柱顶、额枋和檐檩或构架间，具有结构和装饰作用，主要包括斗、栱、翘、昂、升等几种构件。

一、实木木材

实木木材多加工成板、枋等锯材来使用，表里一致，实木材依坚实程度分为软木材和硬木材两种：软木材主要来自松、柏、杉等针叶树种，木质较软较轻，易于加工，纹理顺直、平淡，材质均匀，胀缩变形小，耐腐性较强，多用于室内装饰的隐蔽工程和家具的结构框架的制作；硬木材主要来自种类繁多的阔叶树种，如柚木、枫木、橡木、楸木、樱桃木等，品种极多，硬木材容易因胀缩、翘曲而变形、开裂，但木质硬度高且较重，具有丰富多样的纹理和材色，多用来制作门板、地板、装饰面板、木线、雕刻制品、家具等。

二、人造板材

人造板是以木材或其他非木材植物为原料，经机械加工分离成各种单元材料后，施加或不施加胶黏剂和其他添加剂制成的板

材或模压制品。木材的生长周期较长，随着人类无节制的大量采伐，地球的森林资源（尤其是产自热带的稀有硬木）正逐渐匮乏，目前这种持续的过度消耗已经造成了巨大环境问题，为了提高木材的利用率，人们依靠先进的加工机具和新型黏结技术，生产了许多品种的人造板，人造板具有强度高、表面平整、幅面大、膨胀收缩率低、不易变形开裂等优点，并可大大简化施工工艺，为木材的使用带来革命性的变化，当前，人造板在装饰工程以及家具制作中的使用量已远远超过实木材。

常用人造板包括如下品种：

（一）胶合板
将原木经蒸煮旋切或刨切成1毫米左右的薄片，再以相邻层木纹纵横交叉的方向黏合热压而成的三层或多层人造板材，胶合板一般分为3厘板、5厘板、9厘板、12厘板、15厘板和18厘板6种规格（1厘即为1mm）。它强度大，抗弯曲性能好，缺点是稳定性差，易变形。可作为普通基层板，也可在底板表面复贴装饰单板、装饰纸、浸渍纸、塑料、树脂胶膜或金属薄片等材料制成饰面板。

胶合板的制作已有数千年的历史；已知最早的胶合板出现在大约公元前3500年的古埃及，胶合板曾广泛用于造船业和航空业，二战时英国传奇木头轰炸机——B16蚊式战斗机，就是用胶合板制造的，直到20世纪50年代，它才成为建筑业的主流材料。

（二）细木工板
俗称大芯板，由上下两层薄单板中间胶压拼接木块而成，握钉力好，强度、硬度俱佳，多作为涂装或贴面基材来使用，是目前装饰工程中使用较多的基层板，板厚有12mm、15mm、18mm几种，行业俗称1.2，1.5，1.8。

（三）纤维板
又名密度板，是将木材和其他植物纤维粉碎研磨成浆，加入胶料和添加剂，经热压成型等工序制成，多作为涂装或贴面基材使用。由于成型时温度及压力的不同，又可分为硬质的高密板纤维板（简称HDF）、半硬质中密板纤维板（简称MDF）。厚度有3mm、5mm、9mm、12mm、15mm、18mm、25mm等多种，吸音隔热，由于内部构造均匀，平整度极佳，板面平滑细腻，还可以雕刻、铣形处理。密度板用途非常广泛，如建筑、车船内装修、中高档家具制造、橱柜门板、以及音响壳体、乐器制作等行业。

（四）刨花板

刨花板的发展始于19世纪后期，主要以木材碎片（或其他非木材材料如棉秆、麻秆、蔗渣、稻壳）为原料，加入胶料及其他辅料，经热压制成的板材。刨花板握钉力差，强度较低，边缘易吸湿变形和暴齿脱落，但价格较低，平整度好，吸音、隔音，多作为基材来使用，像三聚氰胺板装饰板基材就是刨花板或纤维板。主要用于家具零配件和室内装修构件及火车、汽车车厢制造。

（五）欧松板

广义上讲，欧松板应当归属于刨花板的一类，又名定向刨花板，国际上通称为OSB板，是一种20世纪七八十年代发展起来的一种新型板种，它以松木为原料加工成长条刨片，经施胶、定向铺装、热压制成，表面刨片和芯层刨片纵横交错，彻底消除了木材内应力对加工的影响，平整度好，抗冲击能力及抗弯强度远高于其他板材，可作为结构材料使用，并能满足一般建筑及装饰工程的防火要求，其成品的甲醛释放量几乎为零，符合欧洲最高标准—欧洲E1标准。欧松板是目前世界范围内发展最迅速的板材，在北美、欧洲、日本等发达国家已广泛用于建筑、装饰工程、家具、包装等领域。

（六）指接板

将端头加工成锯齿接口的小块木材，按统一的纤维方向，像手指一样交错胶拼而成的大尺度木板，故称指接板。指接板保留了天然木材的质感，强度高，可用于地板、楼梯、门板、家具的制作。

指接板是集成材的一种，集成材可用短小的木料在长度、宽度和厚度方向上胶合成需要的尺度和形状，是为满足建筑行业对大尺度木质结构构件（如三铰拱梁）的要求而发展起来的，根据需要，集成材可以制造成通直或弯曲形状，其截面还可以做成渐变结构、工字形、空心形等异形。

石材

石材是一种坚硬而沉重的材料，由于具有外观多样、坚固耐用、防水耐腐、容易养护等众多优点，一直被视为一种优良的建筑材料而广泛应用于各种类型建筑空间的地面、墙面、柱面、楼梯的铺装及各种台面板、装饰构件的制作，有些石材还因为能透过微弱光线而被称作透光石，如瑞士的圣皮乌斯大教堂，就是采用这种能透光的大理石作为立面，围合空间的同时也制造出了朦胧而静谧的光影效果。

建筑装饰用石材包括天然石材、人造石材两大类。

一、天然石材

天然石材是从天然岩体中开采出来的块状荒料，经锯切、磨光等工序加工成的板状或块状装饰材料。出产石材的国家几乎遍布世界各地，像意大利、西班牙、希腊等欧洲国家矿体条件佳、采矿技术先进，产能占世界产能的50%左右，我国石材资源也较丰富，分布广泛，31个省、市、自治区均有石材资源，目前已建有石材矿（点）3000余座，品种多达千余。

天然石材根据成因可分为三类：由地壳内部岩浆冷凝而成的火成岩，如花岗石；由地表岩石在流水、风力、冰川等外力作用下，移动、沉积、固结而成的沉积岩，如砂岩、板岩；火成岩和沉积岩由于地球内部的高温高压变质而成的变质岩，如大理石。

天然石材是最古老的建筑材料之一，世界上许多著名建筑都是由天然石材建造而成，如古埃及金字塔、古希腊的雅典卫城、古罗马角斗场等，我国传统建筑中也有石塔、石桥、石墓等全石建筑，但石材更多的是用于基座、台阶、栏杆等建筑局部的构筑。除了触感冷硬，天然石材有很多优点，品种繁多，不同的品种具有不同的颜色、纹理和质感（石材的命名一般也是以开采地地名、花纹色调特征为主要依据），通过不同切割、打磨和铺装方法可形成丰富的装饰效果，坚实、结构致密、耐水、耐磨，不易毁损，也正是出于这些原因，很多的石构建筑得以大量保存（雅典卫城有3000年的历史了，在中国，除了地下埋藏的墓穴外，1000年前的建筑已是凤毛麟角，在实物上，已知现存最古老的木构建筑也不过是公元782年唐代的五台山南禅寺大殿，赫赫有名的秦朝阿房宫、唐朝大明宫等辉煌的历史建筑已经只剩下一些难以辨认的土台）。虽然今天可供选择的建筑材料层出不穷，天然石材仍无可替代地广泛用于各种建筑空间的装饰铺装。

从古罗马人开始把石材作为贴面板材来使用，不再像希腊人那

样整块地砌筑，由于不再充当结构材料而仅是作为装饰贴面来使用，因此可将石材加工成无须承受荷载的薄型板材。当前，世界上天然石材标准厚度以20mm为主，欧美国家由于加工机具、施工方法的改进已经向薄型板方向发展，厚度12~15mm日趋增多，最薄可达2~3mm；石材长、宽则取决于空间实际尺寸，板材形状可分为长方形和正方形的普通型和异型板材。

石材表面通常可做以下三种加工工艺：精磨、细磨而成，表面平滑，呈缎纹无光泽的细面板材；经精磨、细磨、抛光处理，能够突显其花纹和色彩，具有较高光泽度的镜面板材，可体现高雅、华贵和精致感；在表面处理出不同凹凸纹路的粗面板材，包括用锤子、凿子敲击形成凹凸起伏的荔枝面、蘑菇面，用火焰喷烧形成的火烧面，用刨石机刨成沟槽的机刨面，以及酸洗面、喷砂面等等，凹凸不平表面可形成斑驳阴影，多具有朴实粗砺、粗犷凝重等意味，且能实现防滑效果。

建筑装饰工程中常用的天然石材有大理石、花岗石以及板岩、砂岩等。

(一)大理石

大理石属变质岩，硬度不大，容易进行锯解、雕琢、磨光等加工。只有纯方解石或纯白云石构成的大理石呈纯净的白色，而多数则由于其他矿物杂质的混入而呈现绚丽多样的花纹和色彩。大理石质软，易被刮伤，易吸收油、水等液体，所以有些品种应谨慎用于地面，用于地面也要做好打蜡、结晶等防护处理，大理石抗风化性较差，耐候性不强，易受酸雨侵蚀而失去光泽，甚至会出现斑点，故一般不会用于室外。

（二）花岗石

花岗石是一种晶状体火成岩，多数抛光后有明显斑点，构造致密、坚硬耐磨、抗压强度高、耐酸碱，不易风化，孔隙少，吸水率低，抗冻性好，但耐火性较差。一般而言，天然大理石中不含或少含微量放射性元素，而天然花岗石含放射性元素的几率和含量往往要大于天然大理石，某些花岗石中还会含有超标的放射性元素，对于这类石材应尽量避免用于室内。

（三）文化石

文化石本身并不附带什么文化内涵，只因其色泽纹路能够保持自然原始风貌的特点，具有仿古意味、田园韵味，符合人们崇尚质朴、回归自然的文化理念，人们便给这类石材冠以“文化石”的名称。

文化石多数开采于天然石材矿床，也包括以浮石、陶粒等无机材料加工制成的人造文化石，可对天然石材的纹理、色泽、质感以人工的方法进行升级再现，主要品种包括板岩、石英石、砂岩、沙石、砾石、卵石等。

1.板岩

又称板石、青石板，是由泥沙质变而成，因自然界的地质运动而形成片状结构，沿板理方向易于劈分成薄板，表面保持劈开后的自然纹理。色泽古雅、纹理丰富，质地坚硬，耐腐蚀、吸水率低，是屋面、地面、墙面及水池等园林绿化的常用铺贴材料。

2.石英石

色彩丰富、石质坚硬、耐风化、耐酸碱，石英石特有的云母片，在光线的照射下，还可闪闪发亮。

3.砂岩

砂岩是一种沉积岩，颗粒细腻、质地较软，吸声、适合雕刻，常用于室内外墙面、地面装饰，家私、雕刻艺术品、园林建造等。

4.沙石、砾石、卵石

颜色、质感多样，多用于庭院小径铺设，以及水池、盆景的填充点缀。

二、人造石材

人造石材是一种人工合成的复合材料，由于是通过树脂、水泥与颜料、填料（石粉、石渣等）仿制天然石材的纹理、色泽等效果，故称人造石材。与天然石材相比，人造石材有许多优点：如产品纹理、色彩丰富自然，可按设计要求相对容易地制成大型、异型材料，可人为控制配方，产品性能多样，能够节省和有效利用石材资源等，除了用于制作装饰类板材，人造石材还可生产各种异型制品、卫生洁具等。最早的人造石材可追溯到1948年意大利研制的

水泥型人造石材，1958年美国采用树脂生产出模拟天然大理石纹理的板材，我国是在20世纪70年代末开始引进国外技术进行生产制造。

人造石的种类繁多，主要包括人造合成石、微晶石、铸石、水磨石，及其在人造石生产中衍生开发的其他产品等。

（一）人造合成石

人造合成石简称合成石，因制造工艺、使用材料的不同，分为有机（树脂基）人造合成石、无机（水泥基）人造合成石和有机无机复合（树脂水泥基等多种材料）的人造合成石三大类。

1.有机人造合成石

有机合成石是目前使用广泛的人造石材，在人造合成石中发展最快、品种较多，它通常以不饱和聚酯树脂为黏结剂，与天然碎石、石粉、颜料等配料，在真空下混合，挤压、振动成坯，经切割、磨削、抛光等工艺制成，广泛用作各种台面板以及包柱、灯具材料。和天然石材比较，有机合成石的花色品种繁多、重量轻、强度高、吸水率低、耐污性强、易于加工、有的品种可无缝拼接，并且没有天然石材的色差、裂纹、孔洞、放射线等缺陷，但部分品种也有耐刻画能力差，易翘曲变形，耐热性差等局限。如实体面板、岗石、石英石、透光石等品种。

2.无机人造合成石

水泥基合成石，如各种人造文化石、环境艺术石。

3.有机无机复合人造合成石

以无机材料和有机高分子两类胶凝材料复合组成。用无机材料（水泥或石膏）将填料黏结成型后，再将坯体浸渍于有机单体（苯乙烯、甲基丙烯酸甲酯、醋酸乙烯、丙烯腈等）中，使其在一定条件下聚合。对板材而言，底层用价廉而性能稳定的无机材料，面层用聚酯和石粉制作。

（二）微晶石

作为一种新型建筑装饰材料，微晶石是在20世纪90年代中后期逐渐发展成熟，微晶石以普通玻璃原料、矿石、工业尾矿、冶金矿渣、粉煤灰、煤矸石为主要原料，采用特定的工艺、经高温烧结而成，具有结构致密、硬度高、耐磨、耐蚀、无放射、抗污染，纹理清晰、色彩丰富等优良特质，被认为是可以替代石材、陶瓷，用于墙面、地面、柱面、台面等处铺贴的高档装饰材料。

（三）水磨石

以普通硅酸盐水泥、白水泥或彩色水泥为胶结材料，大小颗粒的天然石粒为填料，经成型、磨光等程序制成，可现浇或预制成块，能够根据需要制成不同颜色和图案，价格低廉、美观耐用，多用于室内地面、台面等处，目前，由于天然石材和陶瓷墙地砖的大量使用，水磨石在装饰工程中已不多见。

（四）人造石生产中其他衍生产品

依据人造合成石的生产原理，近年来又相继开发出了人造砂岩、人造汉白玉、人造幻彩石、真石漆涂料等有机合成石新品种。

建筑陶瓷

陶瓷主要是由黏土等原料在窑中经高温焙烧而成，建材领域的陶瓷制品主要有墙地砖、卫生陶瓷等，其原料容易获得，而且具有造型灵活、坚硬耐磨、防水防腐、容易清洁保养等优点，但也有不吸音、触感冷硬等缺点。

一、陶瓷的分类

根据其原料杂质含量、烧成温度的高低及坯体结构致密程度，陶瓷制品可分为陶质、瓷质、炻质三大类。

（一）陶质

陶器制作是人类最古老的手艺之一，目前世界上已发现的最早陶器距今已有两万多年。陶质制品的烧结程度相对较低，断面粗糙无光，内部为多孔结构，有一定的吸水率，硬度、机械强度低于瓷器。根据其原料土的杂质含量以及烧制温度高低分为精陶、粗陶两种，精陶可用来制作釉面砖、卫生陶瓷等，烧结黏土砖、瓦等均为粗陶制品。陶质砖由于吸水率较大，因此耐冻、融循环性差，又由于耐磨性不强，所以一般不宜用于外墙和地面的铺贴。

（二）炻质

品质介于陶质、瓷质之间的一种制品，也称〞半瓷〞或〞石胎瓷〞。炻器大概是公元前1400年在中国首先被生产出来，结构致密、坚硬，孔隙率低，吸水率较小，可采用质量较差的黏土烧成，成本较低，炻质砖可用作建筑外墙砖及地砖。

（三）瓷质

瓷器有点像玻璃，采用瓷土（又称高岭土）经高温烧制而成，瓷器曾经为我们民族独有，目前发现的最早瓷器制作于我国商代，距今大约有3500多年的历史，早在欧洲掌握制瓷技术之前1000多年，中国已能制造出相当精美的瓷器，中国宋代的官、哥、汝、定、钧五大名窑以辉煌灿烂的成就，被列为世界文化宝库中的精品。由于烧制温度较高，质地坚硬、耐磨，机械强度大，结构致密，基本不吸水，瓷质砖比较适合用作地砖，但裁切、磨边难度较大，往往需要专用设备进行加工。

而实际上，从陶质、炻质到瓷质，在化学成分、矿物组成、物理性质和制作方法的变化上是接近和相互交错的，它们的原料由粗到细，坯体结构由粗松到致密，烧结温度由低到高，彼此间的分别不是很清晰。

二、陶瓷墙地砖

陶瓷墙地砖是建筑陶瓷中的主要品种，是用于建筑墙面、地面、踏步、台面、水池、壁炉等处铺贴的具有装饰和保护作用

的板状或块状陶瓷制品。

陶瓷墙地砖具有多种形状、尺寸可供选择，其外形多为正方形、长方形、菱形、六边形等，铺贴后整齐划一，还可以通过不同的铺设方式改变其整体的外观效果。其表面为配合不同的设计理念，可利用不同的模具、彩绘及釉面配方，形成不同的肌理、浮雕、图案和色彩变化，还可赋予其石材、木材、织物、金属等质感特征，砖的背面则通常有凹凸条纹以利于牢固粘贴。有些品种还配有腰线、踢脚线、花片、围边、阴阳角等异型构件，用于转弯、收边等处的处理。

作为一种相当重要的建筑装饰材料，陶瓷砖的使用历史久远，经过夯实、晾晒、烘烤等工艺的黏土是一种使用普遍的建筑材料，砖窑的烘烤可使松散状态的黏土变得坚硬、致密而变成一种新的物质，并能摆脱气候环境条件的束缚。

据说最早的黏土砖出现在七八千年前的基督教圣地（即巴勒斯坦的耶路撒冷地区），也有许多人认为（用于墙面、地面铺装）陶瓷砖的历史可以追溯到公元前4000年前的埃及和美索不达米亚。人们将这些砖在阳光下晒干或者通过烘焙的方法将其烘干，并使用釉为其装饰上色。到公元900年，在波斯、叙利亚、土耳其和整个北非，陶砖已被广为使用，制作工艺也被不断传播，随着交通及通讯的发达，这种使用在其

他地区也在不断增加，而战争和领土占领更加快了这一趋势。罗马人在征服西欧时获取这一技术，而北欧低地国家也不知何故也从波斯掌握了这一制造方法，摩尔人入侵伊比利亚半岛（西班牙）时带来非洲陶砖的生产工艺，西班牙人的船只将其继续带到世界上更多的地方。到12世纪末，陶砖的生产与使用已遍布意大利、西班牙及欧洲其他国家，随着16世纪的欧洲变革，这项技能最终消失，但在土耳其和中东地区以及荷兰的代尔夫特却幸存下来。在美洲，陶瓷砖最早是从由英国等北欧国家带到北美的殖民地，这种制造技术源自荷兰，在美洲它获得不断的改进。

几个世纪以来，在世界上不同的国家和地区的共同努力下，陶瓷砖的装饰手段、制造工艺被不断改良，并达到前所未有的高度。西班牙与葡萄牙的陶瓷马赛克、意大利文艺复兴时期的地砖、安特卫普的彩釉陶砖、荷兰的瓷砖绘制技术的发展，还有德国的瓷砖等在陶瓷砖的发展史中都具有里程碑式的意义。陶瓷砖最初由手工制作，每一块瓷砖都是手工成型，手工着色，如今，在世界范围内，人们普遍运用自动化技术生产、制作陶瓷砖，手工要完成的只是把它铺装好。

目前，意大利、西班牙在瓷砖生产、设计上居世界领先地位。我国陶瓷生产的历史悠久，闻名于世，目前所知，中国大约在公元前20000年至前19000年已出现陶器，我国烧制砖也至少已有5000多年的悠久历史，琉璃瓦则是我国传统的、极富民族特色的建筑陶瓷材料，早在北魏年间就已有生产使用，可是几千年来中国的陶瓷制造技术一直主要局限于日用陶瓷和工艺陶瓷领域，直到20世纪三四十年代，中国才开始了真正意义上的现代建筑陶瓷制品（陶瓷墙地砖）的制造，近来我国建筑陶瓷发展迅速，产量跃居全球首位，全球过半的建筑陶瓷产自我国，而建筑陶瓷的设计生产、技术品质与发达国家相比却仍有相当的改善空间。

（一）釉面砖

指表面烧有釉层的陶体或瓷体砖，由底坯和表面的釉层两个部分构成，釉层对底坯能起保护和装饰作用，使其表面光滑、不吸湿，可封住坯体的孔隙，防止污物渗入。釉面砖在色彩和图案上更富于变化，但耐磨性普遍稍差。

其中，仿古砖是一种上釉的瓷质砖（也有炻瓷、细炻和炻质的），经高温高压制成，具有很强的耐磨性，多通过样式、颜色、图案，营造出怀旧的氛围，能够体现岁月的沧桑感和历史的厚重感，故称“仿古砖”。

（二）通体砖

用黏土和石材的粉末经高温高压烧制而成的一种本色不上釉的瓷质砖，其材质、图案、色泽表里一致，因此得名“通体砖”，也叫“同质砖”。按照原料配比的差异，可制成纯色通体砖、混色通体砖与颗粒布料通体砖，表面也可处理成平面、波纹面等，通体砖烧结程度高，硬度高，防滑、耐磨性好。

其中渗花通体砖的颜色、花纹渗入坯体内部；经打磨、抛光

后的通体砖就成为抛光砖；选用优质瓷土通过高温煅烧，使砖中的熔融成分呈玻璃质，表面再经打磨抛光即制成玻化砖，玻化砖超强度、超耐磨，是所有瓷砖中最硬的一种。

(三) 劈离砖

其名称来源于制作方法，20世纪60年代最先在原联邦德国兴起和发展，是将一定配比的原料经粉碎、炼泥、真空挤压成型、干燥、高温烧制而成，表面可施釉或无釉，由于成型时为双砖背连的坯体，烧成后再劈开两块，故称“劈离砖”，又称“劈裂砖”。劈离砖具有强度高、吸水率低、表面硬度大、耐磨、耐压、耐酸碱、防滑、色彩丰富、质感多样等优点。

(四) 陶瓷锦砖

即“陶瓷马赛克”⑥，是具有多种色彩和形状的小块陶瓷薄片(边长一般不大于40mm)，自重轻、色彩质感多样，可用来镶拼成各种花色、图案，对弧形、圆形表面可进行连续铺贴。为

⑥马赛克：起源于一种将石子、贝壳、玻璃或陶瓷碎片利用水泥或灰浆拼贴出各种图案的古老镶嵌装饰工艺。1975年，我国在统一建筑陶瓷名称时，把陶瓷马赛克定名为“陶瓷锦砖”，除了陶瓷材质，还有玻璃马赛克、大理石马赛克以及金属马赛克等。

方便铺贴，出厂时已按特定的花色图案成联地贴于牛皮纸或网格纤维上，所以又称〝纸皮砖〞。

玻璃

玻璃与陶瓷一样都是人类通过高温把天然物质转变为人工合成新物质的最早创造，几千年来玻璃从未间断地被使用的同时，人类也在始终摸索、尝试更好的生产加工工艺。玻璃的历史可以说是一部复杂而漫长的技术史。没有人确切地知道玻璃是在何时、何地首先被制造出来的，考古证据表明，最早的玻璃物体可能出现在公元前3000年至前2000年间的美索不达米亚（现在的伊拉克和叙利亚北部）或埃及等早期文明中心地，因为烧制温度不够和原料中含有杂质，古代的玻璃不像现在这样清澈透明，并带有颜色，这种最初的玻璃也不过是用来制造盛装液体的容器和模仿宝石的饰品。

古罗马人掌握了这种发源于地中海东部的玻璃制造工艺，并在公元1世纪中叶最先将其用于建筑的窗子，在庞贝和赫库蓝尼姆两地的别墅中，这些浑浊且凹凸不平的玻璃极有可能是利用铸造拉延法生产的，大量的彩色玻璃作为描绘精神的象征符号还曾被用于哥特教堂窗户的镶嵌，当时尚无纯净透明的玻璃，直到15世纪末，威尼斯人才制造出完全透明的玻璃。

高质量平板玻璃的获得和普遍使用则是工业革命前后的事，17世纪到19世纪间，随着发生炉煤气、蓄热室池炉技术以及机械成形技术的应用，并受制碱技术、耐火材料质量提高等因素的推动，促使玻璃生产领域取得巨大进步，早期的平板玻璃使用简单的浇铸法、模压法、吹制法等手工方式制造，这些方法生产效率低，玻璃表面质量差，20世纪后，出现了各种生产方法的设想和专利，如1902年，美国人约翰·拉贝尔斯发明的"机械吹筒法"，1903年，美国人亨利·福特发明的"亨利·福特法"（即压延法），1905年，比利时人埃米尔·弗克发明的"弗克法"（即有槽垂直引上法），1910年，美国人欧文·怀特曼·柯尔本发明的"柯尔本法"（即平拉法），1925年，美国匹兹堡平板玻璃公司发明的"匹兹堡法"（即无槽垂直引上法），以及由英国人阿拉斯泰尔·皮尔金顿于1959年研制成功并取得专利的"浮法"（其做法是将熔融的玻璃液引成板状进入锡槽，在熔化的锡液面摊平、展薄，经煺火处理制成，这种玻璃表面平整、厚度均匀、光学畸变小），1971年，日本人发明对辊法（也称旭法）等先进的机械化和自动化制造方法，使得玻璃的产量提高，质量趋于完美，生产成本也大大降低，玻璃不再是一种昂贵的奢侈品，而成为一种被大量使用的建筑采光材料，可以说对透明的追求贯穿了人类整个建筑历史。

中国的玻璃制造萌芽于商代，最迟在西周已开始烧制，可能与炼丹术或烧制陶瓷、冶炼金属有很大关系，古代中国对玻璃的称谓很多：璆琳、琉琳、流离、琉璃、颇离、药玉、瓘玉、罐子玉、硝子、料器等。中国古代玻璃的主要成分是铅钡（西方以钠钙为主），烧成温度较低，虽然绚丽多彩、晶莹璀璨，但易碎、透明度差、不适应骤冷骤热，用途狭小，因此并未得到深入发展，更没有用于建筑采光。到了明末清初，随着东西方贸易往来和文化交流的频繁，西欧生产的平板玻璃在我国出现，玻璃在清中叶开始应用在建筑门窗上。

玻璃是一种质脆的透明或半透明的固体材料，其化学成分相当复杂，主要由石英砂、纯碱、长石、石灰石等原料经高温烧成，加热熔化后，玻璃具有高度可塑性和延展性，可以被吹大、拉长、扭曲、挤压或浇铸成各种不同的形状，冷玻璃则可以切割成片来进行黏合和拼接。玻璃具有一般材料难于具备的优良光学性能，既会透过也会反射光线，使建筑呈现一种模糊和消失的状态，玻璃这种灵动、轻盈的特性几乎没有任何材料能够与之相比，围护、分隔空间的同时，也为空间带来了前所未有的开放观念，满足了人们对光、透明、扩大视野以及接近自然的渴求，改变了建筑与自然的关系，多数情况下，我们的

眼睛看到的与其说是透明玻璃，倒不如说是透过它去看后面的空间或景色。正如美国建筑师理查德·巴克敏斯特·富勒的梦想："在里面，人们可以不受阻隔地看到外面的世界，太阳和月亮交相辉映，天空清晰可辨，恼人的气候因素、炎热、害虫、刺眼光亮等，都被玻璃外壳冲淡，罩内如同伊甸乐园。"玻璃有时甚至还被用做承担荷载的结构材料，它的抗压强度几乎与石材相当。玻璃已成为现代建筑中不可缺少的重要材料，广泛用于门窗、隔断、顶棚，以及楼梯护栏、踏步，家具、灯具的制作，通过一些特殊工艺及某些辅助材料的加入，可制成具有特殊性能的新型玻璃，达到控制光线、阻隔视线并调节热量、控制噪音等目的，并能丰富其装饰效果，目前，玻璃已由单一的采光功能向多功能方向发展，兼具实用性和装饰性的玻璃品种不断出现。

玻璃的种类

根据生产方式和功能特征玻璃可做以下分类：

一、平板玻璃

即平板薄片状的玻璃制品，通常为透明、平整、光滑，基本无色，通过特殊工艺也可以赋予其不同的透明度、颜色和纹理。大致可分为普通玻璃、装饰玻璃、节能玻璃、安全玻璃等。

（一）普通玻璃

是指未经其他加工的平板状玻璃制品，又称"白片玻璃"或"净片玻璃"，是建筑玻璃中生产量最大、使用最多的一种，具有良好的透视、透光性能，大量用于建筑采光，主要用于装配门窗、隔断，起透光、透视、围护、保温、隔声等作用，也是玻璃深加工（如钢化、镀膜）的原片。根据国家标准《平板玻璃》(GB11614—2009)的规定，其公称厚度从2、3、4、5mm到25mm共12种规格。现代平板玻璃制造工艺有垂直引上法、平拉法、对辊法、浮法等，目前世界上大约90%的玻璃都是使用浮法生产，我国是世界上掌握浮法玻璃全部生产技术的少数国家之一。

（二）装饰玻璃

1.毛玻璃

经研磨、喷砂或酸蚀等加工方式，使表面呈现均匀粗糙或

透明、粗糙相间以及凹凸浮雕图案的平板玻璃。粗糙的表面会使透过光线产生漫射，柔和而不刺眼，透光不透视的性能还利于保持空间私密性。

2.压花玻璃

压花玻璃是将熔融的玻璃在冷却硬化前，用刻有花纹图案的辊筒在玻璃表面压延出深浅不一的花纹，凹凸不平的图案不但具有装饰效果，还会使透过的形象受到歪曲而模糊不清，利于阻隔视线。

3.彩色玻璃

玻璃的色彩是在玻璃熔解状态中加入不同金属氧化物（如加入氧化铬可得到绿色，而蓝色则可通过氧化钴的加入来获得，当中的化学原理相当复杂，至今仍然未被完全明解）或玻璃制成后将涂料、釉料涂装烘焙在玻璃表面形成的透明、不透明装饰玻璃，如焗漆玻璃、烤漆玻璃、热熔玻璃等。

彩色玻璃的出现可追溯至早期拜占庭艺术时期，在公元8世纪末至9世纪，小型彩色玻璃窗画始出现于法国和英国，11世纪罗马式教堂中亦出现浓重幽暗的彩色玻璃，中世纪以来，彩色玻璃一直是哥特教堂的重要组成部分，大面积的彩色玻璃被用来代替墙面进行采光和装饰室内，并在12世纪和13世纪时发展到顶峰，受技术条件所限，当时只能制造出小块玻璃，它们按照设计好的图形被裁切并镶嵌组合在工字形有槽的铅和铁的框架之中，并焊接组装在巨大的窗洞上来传达宗教教义，框架本身成为图形的轮廓，透过玻璃的浓郁彩色光线为室内带来神密的宗教气氛，法国文艺理论家、史学家伊波利特·阿道尔夫·丹纳在《艺术哲学》写道：〝从彩色玻璃中投入的光线变成血红的颜色，变成紫英石与黄玉的华彩，成为一团珠光宝气的神秘的火焰，奇异的照明，好像开向天国的窗户〞。19世纪晚期的维多利亚时期和新艺术运动时期，建筑的窗子和灯罩以及花瓶等饰物中，也广泛地运用了彩色玻璃。

（三）节能玻璃

节能玻璃具有对光和热的吸收、反射能力和保温隔热功能，用于建筑物的窗、幕墙可以起到显著的节能效果，而且还具有丰富的色彩，可带来良好装饰效果。建筑上常用的节能玻璃有镀膜玻璃和中空玻璃，多用于建筑幕墙、门窗。

1.镀膜玻璃

镀膜玻璃也称反射玻璃，是在玻璃表面涂镀一层或多层金属、合金或金属化合物薄膜，可有效控制太阳辐射的入射量，遮阳效果明显，对可见光则有一定的透射率，色彩丰富，增加建筑物的美感，还可以映现周围景色，为城市景观增色。镀膜玻璃按产品的不同特性，主要包括热反射玻璃、低辐射玻璃、导电膜玻璃等。

2. 中空玻璃

是由两层或多层平板玻璃以间隔框隔开，玻璃层间填入少量干燥剂周边胶结密封而成。具有良好的保温、隔音性能，并可避免结露。

（四） 安全玻璃

普通玻璃质脆、易碎，且破碎后形成的尖锐棱角容易伤人，通常采用某种方式将其加以改性，提高其力学强度和抗冲击性，降低破碎的危险，并兼具防盗、防火等功能，通过这些方式制成的玻璃统称安全玻璃。

1. 钢化玻璃

钢化玻璃是一种通过物理或化学方法提高强度的平板玻璃。钢化玻璃抗冲击、弹性好、热稳定性好，急冷急热也不易炸裂，即使破碎，形成的没有尖锐棱角的小块也不易伤人。目前主要采用物理钢化法（淬火钢化，还有化学钢化）生产钢化玻璃，钢化玻

璃只能按设计尺寸加工定制，钢化后不能切割、磨削、边角不能碰击扳压。常用来制作建筑门窗、隔断、护栏及家具的配件。

2.夹丝玻璃

将预热处理的金属丝（网）压入到红热软化的玻璃板中制成。夹丝玻璃抗冲击、耐热性好，即使碎裂，碎片由于附着于金属网上也会碎而不散，不会四溅伤人，并能保持原形，可用来隔绝火势，故也称"防火玻璃"，多用于防火门、窗以及天窗、采光屋顶等处。

3.夹层玻璃

在两层或多层玻璃之间嵌夹PVB胶片，经热压、黏合制成的复合玻璃制品。夹层玻璃抗冲击性要高于普通玻璃几倍，破碎时碎片粘在衬片上，不会飞溅伤人，还可以降低太阳辐射和噪音。可用来制成汽车、飞机的风挡玻璃、防弹玻璃，以及建筑中的天窗、橱窗、隔断、地面、楼梯，水下工程、高压设备观察窗等某些特殊场合、特殊部位，玻璃之间还可以夹绢、丝等材料，为门窗、隔断添加装饰效果。

二、玻璃砖

玻璃砖发明于1929年，可用灰浆砌筑成非承重的透光隔墙，玻璃砖外观有正方形、矩形及各种异形，有空心和实心两种，其内外表面可以是平光的、磨砂，也可以铸有花纹，可控制视线

和光线的透过。空心玻璃砖在目前市面上较常见，由两块凹型玻璃熔接或胶接而成，中间空腔充有干燥空气，隔音、隔热、耐火、防水、节能、透光良好。

三、U形玻璃

U形玻璃最早由奥地利在1957年生产，亦称“槽型玻璃”，是以废旧玻璃作为主要原料，通过熔化、拉片、辊压成型，截面呈U形的条幅状玻璃，表面可平面或压花，可有色或无色，内部可夹丝夹网，有机械强度高、隔热保温、隔音防噪、外形挺拔清秀，以及节能环保、施工简便等优点，适用于建筑的内外隔墙、屋面等处。

四、玻璃锦砖

即玻璃马赛克，是一种小规格的彩色饰面玻璃，背面多有锯齿或阶梯状的沟纹，四周呈楔形斜面，以利粘贴，颜色丰富，呈不同透明度。出厂时按设计要求成联铺贴在纸衣或纤维网格上，可用于内、外墙和地面等处的铺贴。

五、其他玻璃制品

包括玻璃质的绝热、隔音材料，如泡沫玻璃、玻璃棉毡、玻璃纤维等。

织物

织物是以纤维为主要原料，通过手工、机械手段编织或挤压黏结成型等方式制成的柔性片状材料。纤维是一种长度比直径大好多倍，并具柔韧性能的纤细物质，可分为天然纤维和化学纤维两大类：天然纤维主要来自植物和动物，包括棉、麻、丝、毛、草等；化学纤维包括人造纤维、合成纤维，普遍具有耐磨、强度高、质轻、易洗易干、不怕霉蛀、成本低等优点，人造纤维是从一些经过化学变化或再生的天然产物中提取出来，如人造棉、人造丝、人造毛等，合成纤维则主要来自石油化工制品，如涤纶、锦纶、腈纶、丙纶、维纶、氯纶等。

织物可由一种纤维制成，也可以由两种或多种纤维混纺而成，能够扬长避短，改善纺织品的特性，如增加强度以及抗污能

力。不同的纤维特点和不同生产方式（交叉、绕结等），还会形成织物不同的质感、纹路、图案、色彩特征，可赋予织物不同的艺术感染力和性能，通过折叠、打褶、拉伸等方式，织物可形成松软、自然的独特外观，能够柔化室内空间，烘托、渲染室内气氛，带给我们温暖、亲切、细腻的感觉，织物还能用来分隔、填补空间，丰富、改变空间层次，并具有吸音、隔热等其他功能作用。

织物在室内多用于墙面、地面的遮盖铺装，如地毯、墙布、窗帘、帷幔，以及家具蒙面等处。在我国古代，织物在室内的运用由来以久，织物的品种丰富，《周礼·天官·幕人》就有“掌帷、幕、幄、帟、绶之事”的记载，《红楼梦》中也有大量关于各种室内纺织品的描写，像寺庙中的旗幡、佛帐，宫殿、民居中的窗纱、幔帐，用于家具的床帐、椅披、坐褥、靠垫、迎手、桌围等，都离不开织物的使用。

塑料

广义塑料是指具有可塑性的材料，即它可以不必像非塑性物质那样需要通过切凿就可以形成任何想要的形状。狭义塑料是指以树脂为主要原料，与增塑剂、填充剂、润滑剂、着色剂、稳

定剂等其他原料混炼、塑化、成型，在常温下保持形状不变的材料。

塑料具有许多优于其他材料的性能，如原料来源丰富（塑料的原料主要来自煤、石油、天然气），成本低廉，耐腐耐水，电、热绝缘，质轻，通过密度的控制可使其变得异常坚硬或柔软，可呈现不同透明度的同时还容易赋予其丰富色彩，在加热后可以通过挤压、浇铸等手段随心所欲地地制成各种复杂的形状，塑料几乎无限的柔韧性和可塑性使其成为设计师表达创意的最好载体，但塑料普遍也有易老化、不耐刮擦、稳定性差、耐热性差、易燃和含有毒性（尤其燃烧时会释放出致命的有毒气体，这往往是建筑火灾造成人员伤亡的主要原因）等缺点，因为很难被自然分解，塑料的废弃处理面临很大难度，塑料的使用也因此造成了很大的环境问题。

塑料是一种复杂的材料，一直处于不断的发展和完善之中，设计者很难完全了解其最新的技术发展。塑料被认为是20世纪最伟大的发明之一，也是20世纪最具有影响力的材料，而这种材料最初是被当作贵重材料（如牛角、象牙、玉石）的替代品加以使用，也曾因模仿手工工艺细节而被诽谤为劣质材料。早在19世纪以前，人们就已经开始利用沥青、松香、琥珀、虫胶等天然树脂；1869年，美国人约翰·韦斯利·海厄特用天然树脂制造了最早的人造塑料——赛璐珞（假象牙或电影胶片的意思）；而第一种合成树脂塑料是1907年由美籍比利时发明家莱奥·亨德里克·贝克蓝德制成的酚醛树脂（实际上，早在1872年德国化学家约翰·弗雷德里克·威廉·阿道夫·冯·拜尔就已经发现这种黏乎乎的东西，但并未引起他的重视），这种被称为“电木”的新型“千用材料”迅速作为绝缘材料用在灯头、插座、开关以及电话机、收音机的外壳等电器配件中，它们的出现为此后各种塑料的发明和生产奠定了基础。20世纪50年代后，随着石油化工的发展，塑料产品的品种和产量不断增加，塑料开始显示出巨大的生命力和开发潜力，并形成了庞大的聚合物材料家族，目前，全世界已有200万种塑料，20世纪60年代甚至被称为“塑料的时代”，20世纪70年代，随着石油危机和环境意识的增强，塑料的使用开始有所节制。

当今的建筑工程中塑料被广泛地加以应用，几乎遍及各个角落，成为木材、金属等传统材料的替代品，并逐渐成为今后建材发展的主要趋势之一。常见的塑料建材制品有各类塑料地板、吊顶材料、塑料装饰板、塑料壁纸、人造皮革、塑料门窗框、上下水用的塑料管材、绝缘材料，各种传统建筑构件，如各种线脚、山花、柱头、灯盘的仿制品，以及建筑涂料、用于黏合和填缝的环氧树脂、防水的"硅酮"等。

■ 涂料

涂料是涂覆、黏结于物体表面，能干燥、固化成连续薄膜，对被涂物体具有装饰、保护（如耐磨、防水、防火、防锈）或其他特殊功能（如吸音、绝缘）的液体或固体材料（如粉末涂料）。涂料几乎可以用于任何材料表面，可调配出丰富色彩而不会影响其使用功能，涂层表面既可平滑光亮，也可做成各种立体质感，且作业方法简便、工效高、自重轻、经济性好，因而应用极其广泛。用于建筑装饰领域的涂料包括：内墙涂料、地坪涂料、木器漆、金属漆、功能性建筑涂料（如防火涂料、防水涂料）等品种。

人类生产、使用涂料有悠久的历史，涂料最初是指以天然树脂（一种来自植物或动物的代谢物和分泌物，如松香、生漆、虫胶）和油脂（如桐油、亚麻籽油、梓油等）等为主要原料的油性化涂料——“油漆”，后来，随着人工合成树脂的出现并在制漆工业中的广泛应用，这些既不是桐油又不是大漆的有机新产品不能用“油漆”来概括，统称为“涂料”才比较科学合理，而除了粉末涂料外，各涂料品种仍可采用“漆”来命名。中国是使用天然成膜物质涂料最早的国家，用大漆（又称土漆、中国漆等，是一种来自漆树的汁液，漆膜坚韧、光泽明亮、附着力强、耐水、耐热，历史上曾用以涂饰建筑、车船、棺椁和木器用具）和桐油制造涂料至少有4000年以上的历史；19世纪中期，随着合成树脂（一种由人工合成的高分子聚合物）的出现，涂料成膜物质发生了根本的变革，合成树脂大量取代天然树脂，涂料发展开始进入了合成树脂涂料时代，合成树脂涂料在二战结束后得到迅速发展，其机械性能、装饰和防护等综合性能均优于油脂涂料及天然树脂涂料，但是这种涂料

使用的溶剂中多含有VOC⑦、甲苯，二甲苯，重金属等污染物，加上20世纪70年代，由于石油危机的冲击，涂料工业开始向节省资源、能源，减少污染、有利于生态平衡和提高经济效益的方向发展，随着科学技术的不断进步以及经济的发展，人们对环境质量要求的不断提升，涂料发展到了一个崭新的历史时期，当前涂料有上千个品牌，涂料的色彩、质感更加多样化，涂料的环保化（如水性涂料、粉末涂料、高固体份涂料、辐射固化涂料）、多功能化已逐渐成为涂料未来发展的主流。

一、涂料的组成

涂料由多种物质组成，各组分功能各不相同，不同种类涂料其组成成分也有很大差别，总的来说，主要包含成膜物质、颜料、填料和溶剂、助剂等部分，根据性能要求有时略有变化，比如清漆中没有颜料、填料，而粉末涂料中没有溶剂等。

成膜物质是构成涂料的基础物质，主要是将涂料中的其他组分黏结成一体，附着于被涂物表面并能形成连续的涂膜，通常是各种树脂（虫胶、松香、大漆等天然树脂、甘油酯、硝化纤维等人造树脂，以及聚氯乙烯树脂、醇酸树脂、酚醛树脂、聚丙烯酸酯及其共聚物等合成树脂）、油脂（桐油、亚麻仁油）；颜料、填料可用来改善涂膜性质，以及增加涂膜厚度、涂膜强度和耐久性等作用，颜料还可使涂膜具有色彩和遮盖力；溶剂是用来溶解涂料中的成膜基料并使其分散成均匀黏稠状态的可挥发性液体，成膜后会分散到空气中，包括各种有机溶剂（如松香水、酒精、汽油、苯、二甲苯、丙酮等）和水，可将涂料稀释成适合使用的稠度，增加其渗透能力、改善黏结性能；为了有助于生产施工和改善涂膜的某些性能，涂料中还有催干剂、分散剂、增稠剂、消泡剂、流平剂等助剂。

二、涂料的分类

涂料种类很多，分类方法也多样，虽然我国已制定了统一的涂料分类标准——《涂料产品分类、命名和型号》（GB/T 2705—2003），但由于涂料种类繁多、发展迅速，因此难以将其准确涵盖，人们更习惯于用其他方式对其加以分类，大致如下：

⑦VOC：是挥发性有机化合物(volatile organic compounds)的英文缩写，定义较为复杂。室内环境中的VOC来自多种途径，涂料是其主要来源之一，可造成室内空气污染，对人体健康有巨大影响。

（一） 按使用部位不同可分为：墙面涂料、地坪涂料、木器涂料和金属漆。

（二） 主要成膜物质可分为：醇酸树脂漆类、环氧树脂漆类、硝基漆类、氨基树脂漆类、聚酯树脂漆类、聚氨酯树脂漆类、过氯乙烯树脂漆类等。

（三） 按照涂料所用分散介质可分为：溶剂型涂料、水性涂料和无溶剂型涂料。溶剂型涂料是指以有机溶剂为分散介质，如甲苯、二甲苯、200号溶剂油和醇类等，涂膜致密而坚韧，有较好的耐水性、耐候性及气密性，但易燃，溶剂挥发后对人体有害；水性涂料以水为分散介质，包括水溶性涂料、水稀释性涂料、水分散性涂料（乳胶涂料）3种，无毒无味，施工方便，但涂膜耐水性、耐候性、耐洗刷性差；无溶剂型涂料以热固性树脂作为成膜物质，通过加固化剂使之发生交联固化，如粉末涂料、光敏涂料以及干性油等。

（四） 按使用功能不同可分为：普通涂料和特种功能性建筑涂料（如防火涂料、防水涂料、防霉涂料、防锈涂料、隔热涂料等）。

（五） 按涂膜外观可分为：清漆、色漆；无光、平光、亚光、高光；皱纹漆、裂纹漆、橘纹漆、锤纹漆、浮雕漆等。

（六） 按施工工序可分为：底漆、腻子、二道底漆、面漆和罩光漆等。

金属

金属材料是指金属元素或由金属元素与其他金属、非金属元素组成的合金（如生铁和钢是铁碳合金、黄铜是铜锌合金，合金的性能一般要优于纯金属）的总称。与其他材料相比，金属具有优良的力学性能，这一优势使得其断面即使变得极细、极薄也可以保持较高强度；金属表面可形成耀目的光泽感、斑驳的锈蚀感等独特外观；金属的加工性能良好，可塑性、延展性强，通过铸煅、冲压、铆焊、切削等工艺可制成任意形状，也

许除了塑料，没有其他材料可以具有如此多样的可变性；金属还具有极强的传导热、电的能力。

人类使用金属材料已有几千年的历史，人类文明的发展进步同金属材料的关系十分密切。继石器时代之后出现的铜器时代、铁器时代，均以金属材料的应用为其时代的显著标志，种类繁多的金属材料已成为人类社会发展的重要物质基础。以金属作为建筑材料远在古代就已开始，古罗马人曾以铅做屋面材料，还有铅制水管和水箱，中国历史上也出现过铜殿、铁桥、铁塔等金属材料的建筑，现代建筑中，金属材料更是无所不在，特别是钢铁材料，为建筑结构向大跨重载方向发展奠定了重要基础。

用做建筑装饰的金属材料主要有钢、铁，铜、铝及其合金等，这些金属材料多被加工成板材、管材、型材来使用，如各种不锈钢板、铝合金板、钛锌合金板等，利用数控机床加工的冲孔板网、金属装饰网等，多用于制作幕墙、屋面板、门窗、吊顶、护栏、隔断以及家具、灯具、各种五金饰品。

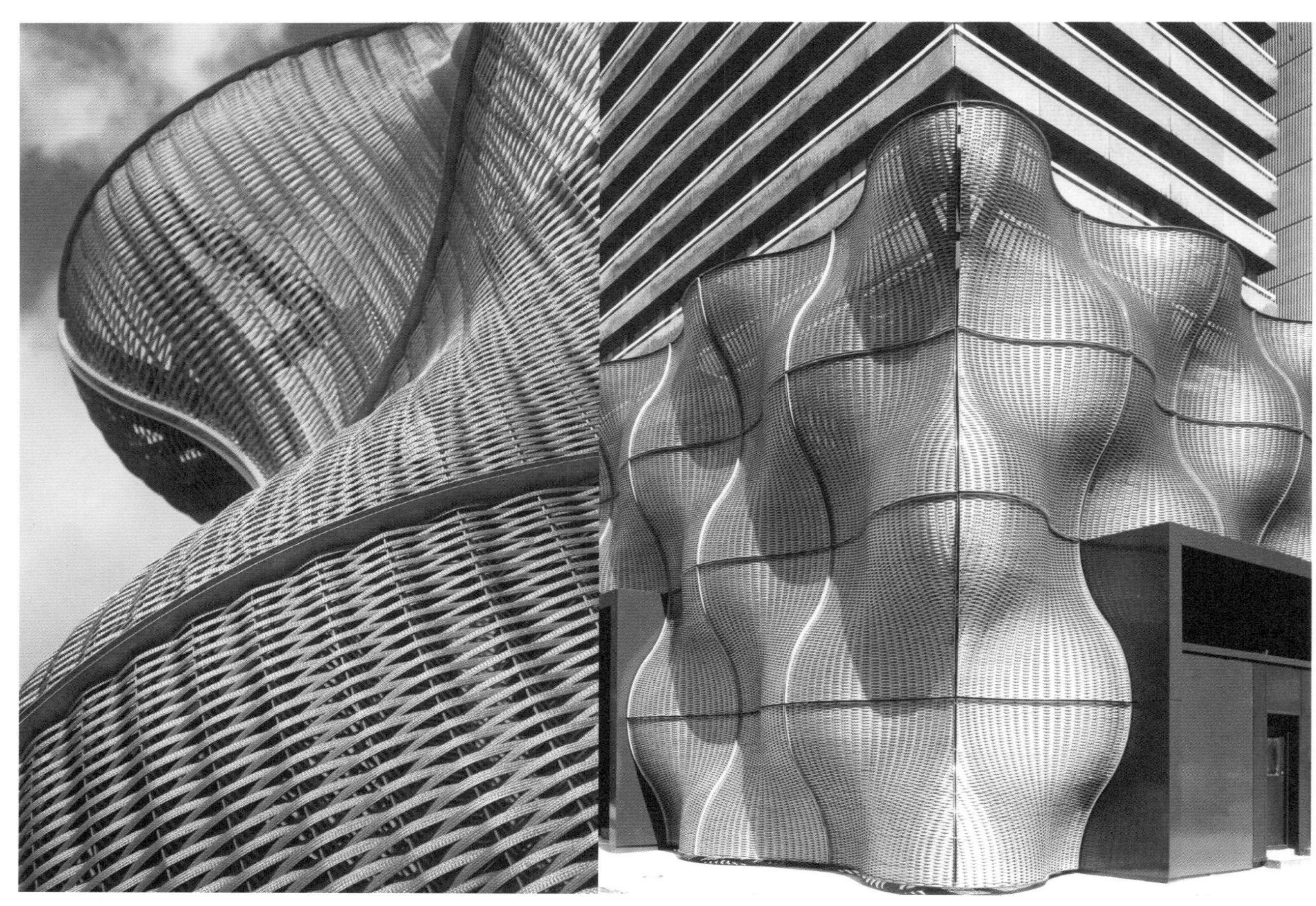

金属可分为黑色金属和有色金属两大类，铁、铬、锰三种金属及其合金属于黑色金属，其余的所有金属及其合金都属于有色金属。

一、 黑色金属材料

（一）铁材

人类目前发现的金属已有九十余种，其中应用最广泛、用量最大的就是铁，铁的使用是人类发展史上的一个光辉里程碑，极大地推动了人类文明的发展，至今铁仍然是现代化学工业的基础，是人类必不可少的一种金属材料。

铁主要通过铸锻工艺加工成各种装饰及结构构件，其表面多做电镀、喷漆、喷塑等处理，以防止其生锈、腐蚀。铸铁的含碳量较高，硬而脆，几乎没有塑性，多用于翻模铸造工艺，将其熔化后倒入砂模可得到各种想要的形状，而且利用模具重复一个复杂的设计，既廉价又高效便捷；锻铁含碳量低，硬度也相对较低，弹性、塑性好，适于锤击、滚轧、拉拔等加工工艺，法国巴黎的埃菲尔铁塔使用的铁材即是锻铁。

铁作为建筑材料在早期仅仅用来建造桥梁和铁路，19世纪后半段逐渐被应用到火车站、仓库、厂房等大跨度建筑上，用它代替砖石可减轻建筑结构的重量，并可营造出尺度巨大、开放的室内空间，世界上著名的铁建筑可能要数1851年由英国园艺师约瑟夫·帕克斯顿设计建造的“水晶宫”。

由于具有较高强度、韧性和可塑性，铁用来制作精细流畅、蜿蜒扭转的有机装饰线条再合适不过，在新艺术运动时期，铁尤其成为设计师们热衷使用的材料，常被用来制作门窗、护栏、柱头等装饰构件以及家具，并留下很多传世经典，如比利时建筑师维克多·霍塔的塔塞尔住宅。

（二）钢材

钢，是对含碳量介于0.02%~2.11%之间的铁合金的统称。其主要元素除了铁和碳，一般还含有硅、锰、硫、磷等，和铁等其他金属相比，钢具有更高的物理和机械性能，坚硬、韧性，具有较强抗拉力和延展性。桥梁、建筑及装饰工程中，钢材多用以制作结构构件，如各种型钢（槽钢、工字钢、角钢等）、钢板、钢管、钢筋等。

钢在冶炼过程中，加入铬、镍等元素，会提高钢材的耐腐蚀性能，这些合金钢被称为“不锈钢”。建筑装饰工程中常见的不锈钢制品有不锈钢板及各种管材、型材，多用于建筑幕墙、门

窗、包柱及栏杆扶手、厨具、洁具、各种五金件、电梯轿箱板等的制作，其表面经不同处理可形成不同的光泽度、反射性和颜色，如镜面板、拉丝板、喷砂板、蚀刻板、镀钛板以及压花板等，用于吊顶的轻钢龙骨、穿孔板、扣板也多由薄钢板制成。

二、有色金属材料

（一）铝

铝是一种银白色的轻金属，是地壳中含量最丰富的金属元素，也是当前使用最为广泛的金属之一（仅次于钢铁）。铝具有良好的韧性、延展性、塑性及抗腐蚀性，导热、导电、反光性能良好。纯铝强度较低，为提高其机械性能，常在铝中加入铜、镁、锰、硅、锌等元素制成铝合金，其表面可进行涂漆着色、阳极氧化⑧和轧花等处理，提高耐腐及装饰效果。铝合金广泛用于结构和装饰构件，如幕墙龙骨、门窗型材、吊顶龙骨、吊顶板、装饰铝板（如铝单板、铝塑板、铝蜂窝板等）以及各种拉手、嵌条等五金件的制作。

⑧阳极氧化：在铝或铝合金表面形成的一种致密氧化膜，可提高铝合金的耐蚀性、硬度、耐磨性和装饰性能。

(二) 铜

铜是人类最早发现并使用的金属材料之一，商周时期是我国历史上青铜冶铸的辉煌时代，当时人们利用青铜熔点低、硬度高、便于铸造的特性，创造出大量造型优美、制作精良的艺术品。铜稍硬、坚韧、耐磨损、耐腐蚀，塑性、延展性好，也是极好的导电、导热体。

铜也是一种古老的建筑材料，铜在中世纪的欧洲被用来制作宫殿、教堂的屋顶，中国古代建筑中也多有铜殿（也被称为金殿）、铜亭、铜塔等，如湖北武当山铜殿、北京颐和园宝云阁，云南鸣凤山铜殿、山东泰山岱庙铜亭、山西五台山的铜殿、显通寺铜塔等。

纯铜较软，为改善其力学性能，常会加入其他金属材料，如掺加锌、锡等元素可制成黄铜、青铜、白铜等铜合金。铜及合金具有的丰富色彩和光泽表面会使空间光彩耀目、富丽堂皇，也可以施加酸洗做旧、蚀刻等特殊工艺制造沧桑感、岁月感，适用于门窗、幕墙、护栏、灯具、镶嵌和装饰制品以及水暖器材、五金电料的制造。

(三) 金、银

金、银材料经千锤百打可制成的一种极薄的饰面材料，称"金银箔"，在我国有悠久的使用历史。适用于寺院庙宇、仿古建筑、宾馆酒店、豪宅会所中墙面、天花、装饰构件、雕刻制品、家具等处使用。此外，还有铝箔、铜箔，颜色、质感多样。

水泥与混凝土

水泥是一种由石灰石和黏土等原料经煅烧等手段制成的粉状水硬性胶凝材料，加水搅拌后，经一系列物理化学反应，由流动的、可塑型浆体变成坚硬的石状体。水泥既能在空气中硬化，又能在水中硬化，并能保持强度，性能稳定，坚固耐久，是当前最重要的一种建筑材料，而且在今后相当长的时期内，不可能会有别的材料可以完全替代它。

水泥的历史最早可追溯到古罗马人在建筑工程中使用的石灰和火山灰的混合物。目前建筑工程中最常用的硅酸盐水泥，是1824年由英国建筑工人约瑟夫·阿斯普丁发明并取得专利的"波特兰水泥"（因其凝结、硬固后的颜色、外观酷似英国波特兰岛上的石灰石而得名），这种水泥廉价，并具有高度可塑性和强度，在水泥史上具有划时代意义，一百多年来，硅酸盐水泥的生产工艺和性能不断得到改进，同时又研制了为数众多的新品种，目前全世界水泥品种已达一百多种。

水泥在现代建筑工程中具有重要作用，水泥能将砂石等散粒材料胶结成坚固的整体，是水泥砂浆和混凝土的主要组成材料，水泥砂浆不但可用于砖石、砌块的砌筑、抹面处理，还可用于石板、陶瓷墙地砖的黏结镶贴。白水泥和彩色水泥广泛用于建筑装饰工程，常称其为"装饰水泥"，可用于砖石的勾缝处理，以及各种装饰部件的制作。

混凝土（简称"砼"）是由碎石、沙子为骨料与水泥和水混合而成的一种复合材料，原料丰富，价格低廉，在强度、耐久性和施工性方面有很大优越性，意大利建筑师皮尔·路易吉·奈尔维曾说："混凝土是迄今为止人类所发明的最好的结构材料，我们可以将熔融状态的石料浇注成任何形状"。混凝土是当代世界上用量最大的人工建筑材料，在工业和民用建筑、水利工程、道路桥梁等土木工程中被广泛应用。

混凝土技术是在公元前3世纪和公元前1世纪间已发展起来的，当时是由火山灰掺入石灰、碎石和水制成的天然混凝土，这种材料不仅凝结力强、强度高、坚固耐久，而且可抵抗水的侵蚀，罗马人最早应用了这一技术，古罗马的"庞贝"城以及著名的罗马圣庙都曾

使用过这种材料，混凝土使人们能够创造出大型结构，大大促进了罗马建筑结构的发展，使拱和穹顶的跨度不断取得突破，并促进了著名的券拱技术的发展，公元前1世纪中，这种混凝土在券拱结构中几乎完全排斥了石材，但是，由于中世纪时期对于古典文明的破坏，这种材料的制造方法失传，以至于到19

世纪中叶，石材仍是唯我独尊的建筑材料，直到工业革命时期，为满足新的建筑类型需要，人们开始寻找、探索新的廉价并有足够强度的建筑材料。1774年，在英国艾地斯东研制出初期混凝土并用于建设中，混凝土得以重见天日，波特兰水泥被配制成混凝土后不久，又诞生了钢筋混凝土、预应力混凝土、纤维或聚合物增强混凝土等技术，有效弥补了这些材料早期在结构、力学上的缺陷，并成为20世纪以来建筑的最主要手段。

墙面装饰材料

用于墙面的装饰材料品种繁多，应根据使用功能、装饰效果以及基层材料加以选择，如纸面石膏板隔墙适合涂刷内墙漆、裱糊壁纸，硅酸钙板、埃特板可贴面砖。

一、砂浆、灰泥与腻子粉

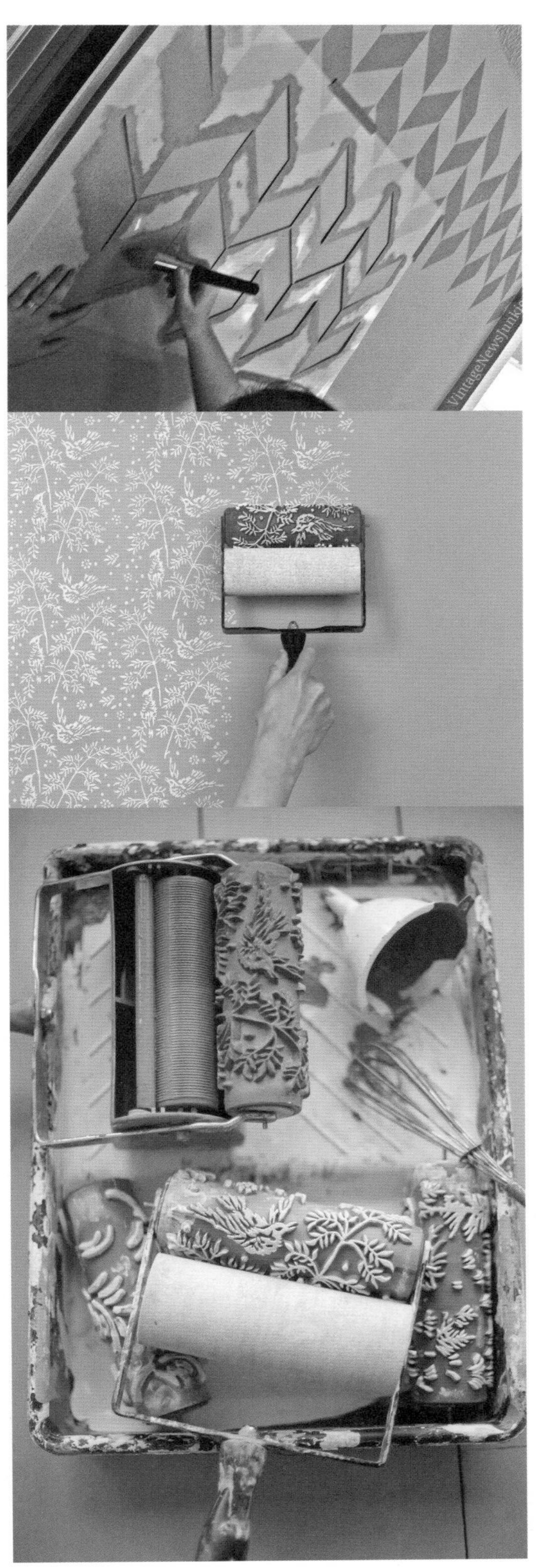

（一）砂浆

抹面砂浆能够涂抹、黏结在建筑物或建筑构件表面形成薄层，起保护墙面，以及改善使用功能，使其表面平整、光洁等作用，抹面砂浆可分为：普通抹面砂浆、装饰砂浆和具有某些特殊功能的抹面砂浆（如防水砂浆）。普通抹面砂浆所用的材料有石灰砂浆、水泥混合砂浆、水泥砂浆、聚合物水泥砂浆等；装饰砂浆是使用水泥砂浆、石灰砂浆等基本材料，利用特殊的施工方法提高装饰效果的抹面砂浆，如拉毛、搓毛、假面砖、假石等，但这些做法现已很少使用。

（二）灰泥与腻子粉

灰泥是一种传统的墙体装饰材料，由熟石膏等材料与水调制而成的黏性膏状物，干燥后能够变得很坚硬，适用于水泥砂浆、混凝土墙面以及石膏板隔墙等表面的处理，可用来嵌缝、填补孔洞、修直阴阳角，使墙面更加光洁美观，多作为涂料、壁纸等饰面工艺的精细抄平层使用，还可以铸成各种装饰线脚、造型配件以及浮雕装饰制品，轻质、吸声、保温、防火，缺点是易刮伤和碎裂。墙面在石膏灰泥找平后还要批刮腻子粉，主要是使墙面更加平整、光滑，是涂刷、裱糊工艺前比较好的找平、打底材料。

二、涂料

内墙涂料也可用作顶棚。目前市场上内墙涂料品种有合成树脂乳液内墙涂料，俗称”内墙乳胶漆”，是以合成树脂乳液为基料，与颜料、填料研磨分散后，加入各种助剂配制而成的涂料，主要品种有：聚醋酸乙烯类、聚醋酸乙烯－丙烯酸酯类(醋丙涂料)和聚苯乙烯－丙烯酸酯类(苯丙涂料)等。该类涂料以水为稀释剂，具有涂膜透气好、附着力强、干燥快、耐擦洗、遮盖力强、安全低毒、施工方便、易于维修等特点，并可根据需要调配出多种的色泽，还有硅藻泥、海藻泥、活性炭墙材等新型的粉末涂料，能够批荡、刮梳出各种质感、纹理的内墙质感涂料等。

以往内墙所用的刷浆材料（如石灰浆、大白浆、可赛银浆）和溶剂型内墙涂料、水溶性内墙涂料（如106、107、803内墙涂料）、仿瓷涂料、多彩内墙涂料等，因其挥发物中多含毒性、装饰效果差等原因，现在已经几乎都是被限制和淘汰的产品了。

三、墙纸

也叫”壁纸”，是一种用于裱糊墙面（也可用于顶棚装饰）的以纸或布为基材的装饰材料。墙纸最早起源于中国，据史料记载，中国人早在公元前200年就已经开始用米纸来装饰墙壁了，唐朝时期，还有人在纸张上绘图来装饰墙面，李渔在《笠翁偶记》中曾介绍过一种独特的壁纸制法："糊书房壁，先以酱色纸一层，糊壁作底。后用豆绿云母笺，随手裂作零星小块，或方或扁，或短或长，或三角或四五角，但勿使圆；随手贴于酱色纸上，每缝一条，必露酱色纸一线，务必大小错杂，斜正参差。则贴成之后，满房皆冰裂碎纹，有如哥窑美器。其块之大者，亦可题诗作画，置于零星小块之间，有如钟铭勒卣盘上作铭，无一不成韵事矣。"清代还流行一种贴裱于墙纸表面用于装饰的书画艺术品，称为"贴落"。

最初的墙纸是在纸上绘制、印刷各种图案而成，现代墙纸有更多合成材料和纤维材料可供选择，色彩、纹理、质感多样丰富，并且更加耐磨、耐擦洗，以及更容易被粘贴和撕除，施工工效高、工期短，有些品种还有专门设计的配套腰线、墙裙以创造颜色、花纹的变化，此外，还有某种特殊性能（如防火、耐水、吸音、防静电等）的墙纸品种，也称特种壁纸或功能壁纸。

墙纸的种类

（一）按基材材质分类
墙纸的基材主要有纸基、布基、无纺基、玻璃纤维基四种。其中，纸基壁纸发展最早，生产工艺成熟，应用广泛。

（二）按面层材质分类
1.纸面墙纸
由纸浆制成，再进行印刷、压花等处理，表面往往还涂覆耐擦洗涂层，纯纸壁纸的主要特点是透气性佳，环保性能良好，色彩生动鲜亮，耐擦洗性不强。

2.塑料墙纸
在纸、布等基材表面喷涂、覆盖聚氯乙烯（PVC）或聚乙烯（PE）等材料，经印花、压花等工序加工而成，质感丰富、防水防潮、经久耐用、容易维护保养。

3.织物墙纸
是由棉、麻、丝、毛、草等天然纤维及化学纤维复合于纸、纱布等基材上制成，吸音、隔热、色泽质感独特多样。其中，无纺墙纸是以棉、麻等天然纤维或涤、腈等化学纤维，经过无纺成型、套色印花等工艺而成，分单层无纺布和双层无纺布两种，吸音透气，强度高不易损坏，透气性好。

此外，还有植绒墙纸、金属墙纸，以及由树叶、木片、贝壳、羽毛、沙粒等天然材料制成的特殊装饰效果墙纸等。

四、墙布、皮革

墙布是以棉、麻、丝、毛、化纤等原料制成，皮革有天然皮革和人造皮革（由聚氯乙烯、聚乙烯、聚氨酯等涂覆在底布上制成），可直接贴于墙面，或作为墙面软包、硬包蒙面材料，能为墙面增加色彩、质感变化，同时可起吸音、保温作用。

五、砖石

外观多样、坚固耐磨、易维护，但坚硬冰冷，多数品种吸音效果差。

六、木材

具有丰富的天然纹理和色泽，不耐潮湿、虫蛀，防火性差，可作为基层或饰面材料使用。

此外，还有玻璃、金属等材料也常作为墙面装饰使用。

地面装饰材料

一、涂料类材料

地坪漆最早由德国人于1934年开展研究，可在水泥、混凝土地面上加做各种涂层饰面，能够改善其使用功能和装饰质量方面的不足，如可提高防尘、抗渗、耐磨、防滑、抗腐蚀、防静电等性能。相对而言，一般具有施工简便、便于维护更新、造价较低、整体性好、自重轻，色彩丰富，还可在地面涂刷各种图案和色彩。适用于厂房、车库、医院、实验室、体育场馆等空间。

地坪漆的种类很多，实际使用时，根据涂装的厚度、分散介质、成膜物质、光泽、特殊功能等方面的不同进行分类。

（一）按成膜物质分类
可分为环氧地坪漆、聚氨酯地坪漆、氯化橡胶地坪漆、丙烯酸地坪漆、过氯乙烯地坪漆等。

（二）按分散介质分类
可分为溶剂型地坪漆、无溶剂型地坪漆和水性地坪漆。低污染环保是当今地坪漆发展的趋势，目前国内地坪漆80%左右是溶

剂的，水溶性、高固体、无溶剂及粉末涂料等低污染环保涂料所占比例很小。

（三）化工行业标准的分类

化工行业标准《地坪涂料》（HG/T3829—2006）把地坪漆按厚度、施工方法和施工位置分成三类，分别是地坪涂装底漆、薄型地坪漆和厚型地坪漆。

（四）按使用功能分类

主要分为装饰性地坪漆、重防腐地坪漆、耐重载地坪漆、抗静电地坪漆、耐高温地坪漆等。

二、铺贴类材料

常用材料包括陶瓷砖、石材、地板、地毯等。

（一）陶瓷砖、石材

陶瓷砖、石材的花色品种多，可自由组合成不同的线型、图案变化，还具有耐磨、防水、防腐、容易维护等优点，尤其适用于人流较大以及潮湿等环境，如门厅、走廊等交通空间，及商场、餐饮、厨房、卫浴等处，但弹性、保温及吸声性差。因为用于地面铺设，有些品种还必须考虑磨损、脏污等问题。

（二）地板

主要包括竹木地板、复合地板及塑料地板等。

1.竹木地板

（1）实木地板

实木地板由天然木材直接加工制成，弹性好、脚感舒适、自重轻、保暖性好、外观自然，少数有节制的节疤和色差通常还会

产生另种“缺憾美”，但易随温、湿度的改变而胀缩变形。实木地板包括条木地板和拼花木地板。

条木地板的外形为长方形，侧边多有企口或错口，背面还加工有抗变形槽（泄力槽）；拼花地板源于欧洲巴洛克时期，是利用窄短小木块的纹理和色彩差异，组合镶拼而成各种图案，如席纹、菱纹、阶梯纹、斜纹等多种单元形图案，背面可为毛板层，或用丝网、牛皮纸、塑料膜黏结。

（2）竹地板
竹料加工成竹条，在压力下拼成不同长度、宽度的长条，再经刨平、开槽、上漆等工序制成的地板。竹地板在我国20世纪80年代末已经出现，用竹材制成的地板，不但可节省木材，而且自然美观、硬度大、密实性好，抗压、抗拉性能优于木材，还具有防潮、耐磨、防燃、弹性、防虫蛀等优点，铺设后不易开裂和胀缩变形。

2.复合地板
复合地板起源于欧洲，泛指强化复合地板和实木复合地板。经过处理的复合地板还可用于地暖系统采暖的空间。

强化复合木地板多以中、高密度纤维板为基材，由表面的装饰层、耐磨保护层，以及防潮底层经高温叠压制成，坚硬耐磨、阻燃、耐污、花色丰富。可直接浮铺于地面，方便拆卸与再安装。

实木复合地板以多层实木薄板压合而成，表层采用花纹、色泽较好的优质硬木面层，中间层和底层采用速生软杂木，以90°纵横交错胶合热压成型，以提高平整度和尺寸稳定性，透气性和脚感要好于强化木地板。

3.塑料地板
塑料地板有聚氯乙烯塑料地板、聚丙烯塑料地板、聚乙烯塑料地板等数种，既有块材，也有卷材，塑料地板具有质轻、耐磨、阻燃、保温隔热、柔韧弹性、行走噪音小、防水防滑、施工方便、价格低廉、容易维护等优点，且色彩、图案丰富，还可根据需要拼成不同的图案，施工时可用胶黏剂粘贴或直接浮铺在处理平整的地面上。适用于办公、体育场馆、医院、商场，以及车船、飞机等交通工具的地面铺贴。

4.活动地板
由各种规格、型号和材质的面板、桁条、可调节支架等构件组合拼装而成，也称“装配式地板”。下面的空腔内可敷设管线，容易检修、移动，面板还可选用抗静电材料，适用于计算

机房、通讯中心、电化教室等特殊空间使用。

(三) 地毯

地毯是以天然或合成纤维为原料，经手工或机械工艺进行编结、栽绒或纺织而成的地面覆盖物。地毯具有良好的抑制噪音功能，还有温暖、弹性、防滑等优点，特殊的质地和色泽使其呈现出高贵和典雅，且图案、花色繁多，铺设工艺简单（可固定或浮铺），更新方便，是一种既具实用性又具装饰性的中、高档的地面装饰材料，多用于宾馆、酒店、写字楼、住宅及车辆、船舶、飞机等空间地面的铺贴，缺点是容易脏污，且不易保养、耐用性不高，因此，地毯的选择，除了满足整体风格、气氛要求外，还应考虑使用的环境条件、通行密度、动静的负载大小等问题。

地毯的使用有着悠久历史，最早可追溯到3000年以前的巴比伦、苏美尔和亚述王国，最初是由游牧民族和沙漠民族用以抵御寒湿而作为地面铺设物来供坐卧使用。中国也是世界上织造地毯最早的国家之一，已有2000多年的历史，中国的地毯工艺精细，图案配色具有独特的民族风格。

地毯开始是以动物毛为原料制成，以后逐渐又采用棉、麻、丝、草以及合成纤维为原料，由于染色技术和编织工艺的不断进步，今天的地毯，性能、图案、色彩、质地更加多样化。

地毯的种类

地毯通常按其尺寸、材质、编织工艺、图案等进行分类。

1.按地毯规格尺寸区分

(1) 块状地毯

裁切成小块的地毯，形状多样，还可以利用形状规格相同的毯块（如方块地毯），通过组合、搭配形成不同的图案，多利用自重浮铺于地面，很少固定。

(2) 卷材地毯

整幅成卷的地毯，通常整卷或按码出售，适于大型空间满铺使用，使用时根据空间尺寸进行裁切或连接，通常用倒刺板固定于地面，容易造成整体、宽敞气氛。

2.按地毯材质区分

包括天然纤维（毛、棉、麻、草）地毯、化纤地毯、混纺地毯、塑料地毯等。它们在耐久性、防污性、色彩和光泽方面各占优势。

(1) 纯毛地毯
主要采用羊毛（或驼毛、牛毛）作为地毯编织材料，羊毛是织造地毯的最佳原料，质地厚实、柔软、保暖、阻燃、无静电且弹性极好，但易遭虫蛀和发霉，价格偏高，是一种高级地面装饰材料，适用于高档宾馆、高级酒店、会堂以及高级住宅等处。

(2) 皮草地毯
直接将整张动物皮毛（或用皮块、皮条拼接、编制）作为地面铺设物，多以羊皮、牛皮为材料。

(3) 化纤地毯
化纤地毯是20世纪70年代发展起来的一种新型地材，完全以合成纤维（如锦纶、丙纶、腈纶、涤纶等）为原料制成，大多数化纤地毯有纯毛地毯的外观，而且同样富于弹性，耐磨、不易霉变和虫蛀，且价格低廉；经过处理还可防火、防静电、防起球，是目前被大量使用的中、低档地毯。

(4) 混纺地毯
羊毛纤维与合成纤维混合编织成的地毯。由于合成纤维的掺入，地毯的耐磨性会显著改善，还利于降低成本。

(5) 塑料（橡胶）地毯
采用聚氯乙烯（PVC）树脂、增塑剂等多种辅助材料制成，防水、防滑、易清理，多作为门垫、卫浴空间防滑垫使用。

(6) 植物纤维地毯
采用植物纤维（棉、麻、草等）编织而成，效果自然随意，具乡土气息。

3.按地毯编制工艺区分

(1) 手工地毯
包括纯手工打结地毯和手工枪刺（簇绒胶背）地毯两种。手工地毯不受幅宽的限制，具有做工精细、图案丰富、质地厚实、柔软耐磨等优点，但价格昂贵，是地毯中的高档品。

(2) 机制地毯
机制地毯源于18世纪的英国，泛指采用机械设备大批量生产的地毯，外观质感等方面虽然不如手工织造地毯，但生产效率

高，价格相对较低，使用比较普遍。机制地毯主要有机制簇绒地毯、机织地毯、针刺地毯等。簇绒地毯是将绒线插植于底布上，上胶制成；机织地毯是将绒线编入底布上，经上胶、剪绒等工序制成，包括机织威尔顿地毯、机织阿克明斯特地毯等；针刺地毯是一种无经纬编织的短毛地毯，由合成纤维毡片通过针刺、黏合等方式加工而成。

手工打结地毯、手工枪刺地毯属室内高档的装饰品；机制簇绒地毯美观耐用，属普及的中档产品；机织地毯华丽舒适，属机制地毯中的高档产品；针刺地毯适用于更换周期频繁的场所，属机制地毯中的低档产品。

顶棚装饰材料

广义上讲，如果没有功能限制，一切固体材料都可以作为顶棚材料来使用。除了直接式顶棚，室内的顶界面多数情况还是采用悬吊式做法。直接式顶棚可使用涂料、墙纸、墙布、面板等饰面材料对空间上部的结构底面（也包括设备管网）进行装饰；而悬吊式顶棚除了要使用上述饰面材料外，还需要有吊筋、龙骨及装饰面层等内容组成复杂的吊顶系统，这些材料多为工厂预制，因此施工方便快捷。

悬吊式顶棚的组成

一、吊筋

吊筋是一种用于连接建筑结构和吊顶系统的承重传力构件，还可用来调整、确定顶棚高度，多采用钢筋、铅丝、型钢或木方等加工制作。

二、龙骨

龙骨是吊顶的支承骨架，能够使其保持稳定的形状。从材料区分，常用的吊顶龙骨有木龙骨和轻金属龙骨，木龙骨常以松木或杉木、人造木板为材料，能够构成各种复杂造型，由于木材易燃，表面须做防火处理；轻金属龙骨包括镀锌薄钢板（带）轧制成的轻钢龙骨以及铝合金挤压、冲压而成的铝合金龙骨两类，断面多为"V"形、"C"形、"L"形、"T"形、"U"形，"T"形明架龙骨表面还可进行烤漆和喷塑、阳极氧化处理，产品系列化，配件齐全，安装简易、快捷，并具有刚度大、自重轻、防火等优点。

三、覆面材料

是指应用在吊顶表面的材料，可分为基层板和装饰板两种。基层板须在其表面进行相应装饰处理，如涂刷、裱糊；装饰板则由于自身存在适宜的色彩、花纹、肌理而无须再作饰面处理。

常用天花覆面材料

（一）石膏板
石膏板包括纸面石膏板、装饰石膏板。纸面石膏板表面可进行涂刷、裱糊处理；装饰石膏板板面浇注成平面、浮雕图案或穿孔处理，直接安装，无须处理。

（二）矿棉板
矿棉板以矿渣棉为主要原料，加入适量添加剂，经热压、烘干、饰面等工艺制成，表面有滚花、浮雕等效果，一般无须再作饰面处理，矿棉板有很好的吸声效果，还有质轻、防火、保温等优点，边缘做成平口、裁口或企口与龙骨配合，施工方便，大致可分明架、暗架两种做法，明架做法是矿棉板直接搁置在龙骨框格上，龙骨显露在外，而暗架矿棉板的龙骨则被矿棉板槽口所掩蔽。

（三）金属及金属复合材料吊顶
包括单层金属板（不锈钢板、钢板、铝合金板、铜板为基材）以及金属板与其他金属、非

金属材料复合加工成的吊顶材料。经冲压成型，表面通过镀锌、涂塑和涂漆以及打孔冲压成型等方式制成的吊顶材料，金属板自重轻、高强、防水、防潮、构造简单、组装灵活，可通过搁置、卡接、钉固等方式与龙骨配合连接。包括各种金属条板、金属方板、金属穿孔板（可吸音降噪）、异形板、金属格栅、垂片、挂片，以及金属蜂窝板、瓦楞板等复合板。

（四）塑料吊顶

包括聚氯乙烯软膜天花，由聚氯乙烯、聚苯乙烯制成的塑料扣板、方板等。

（五）木材

主要包括各种不同规格和品种的木条、木板等。

（六）石膏粉与腻子粉

可用来填补顶棚表面的凹凸坑洞以作为粉刷或裱糊基层，也可制成精致花纹、线脚或灯盘。

还有硅酸钙板、织物、玻璃等材料也可作为顶棚的装饰材料。

家具与陈设

Furniture and Arrangement

家具与陈设是整体室内环境中必不可少的组件。它们一方面能使空间产生更有效的使用功能，帮助使用者在空间中定位，并会持续地支配、影响着他们的行为方式（左右着使用者与环境之间，以及使用者与使用者之间的互动关系）；另一方面，家具、陈设往往是空间中首先被关注的对象，它们在体现风格、营造氛围方面充当重要角色，可确立空间的色调、比例、尺度关系，丰富空间的视觉、触觉感受，并使一个空间富于秩序、层次或更加的拥挤喧嚣。

家具与陈设的选择（或设计）与配置须服从空间环境的总体要求，与各空间界面相辅相成地构成环境的有机整体，不同功能、不同风格的空间对家具与陈设的要求也不尽相同。19世纪末20世纪初的新艺术运动时期，设计师们十分强调整体艺术环境，即人类视觉环境中的任何人为因素都应精心设计，以获得和谐一致的总体艺术效果。1895年，比利时新艺术运动代表人物亨利·凡·德·维尔德为自己在布鲁塞尔附近的于克勒地区设计建造了一幢住宅“布劳曼沃夫”，“布劳曼沃夫”以它的整体设计而著名，维尔德不仅设计了建筑，他还设计了室内的装饰、家具及餐具等其他用品，他甚至为他妻子设计了两套配合在起居室与卧室里穿着的服装，使之与空间的线条相统一，达到“总体艺术作品”的完美状态。

除了可以暗示功能、帮助我们识别空间的风格，家具与陈设还能显示使用者的爱好、品位和生活方式，以及体现自我意识、等级、亲疏关系等，《水浒传》中梁山成员在山寨会议等公共活动中曾四排座次，这实际上体现的是他们对权利与地位的不断权衡与分配。

家具与陈设的选择（或设计）以及布置方式是室内设计工作的重要一环。因此作为设计者应熟悉和掌握其风格的演变过程、历史渊源和基本特征等内容，便于正确选择。

室内家具

几乎所有的室内空间都会需要家具，我国民间曾把家具形象地比喻为“屋肚肠”、“小建筑”，足见其在建筑空间中的重要地位。统计数据显示，像居室、办公等空间的家具约占其室内面积的 35%~40%，而像剧场、餐厅、教室这样类型的空间，家具所占面积的比率更大，我们每天在这些家具上要消磨掉大约 2/3（1/3 椅，1/3 床）以上的时间。李渔在《闲情偶寄》中对床有过这样的论述：“人生百年，所历之时，日居其半，夜居其半。日间所处之地，或堂或庑，或舟或车，总无一定之在，而夜间所处，则止有一床。是床也者，乃我半生相共之物，较之结发糟糠，犹分先后者也。人之待物，其最厚者当莫过此。”室内空间里，家具可以说是与人类最贴近的设计元素，可在建筑与使用者之间建立起一种过渡关系，使空间产生效能和生机，以及充实空间内容、改善空间视觉效果，并进一步影响使用者的行为、活动和心理。

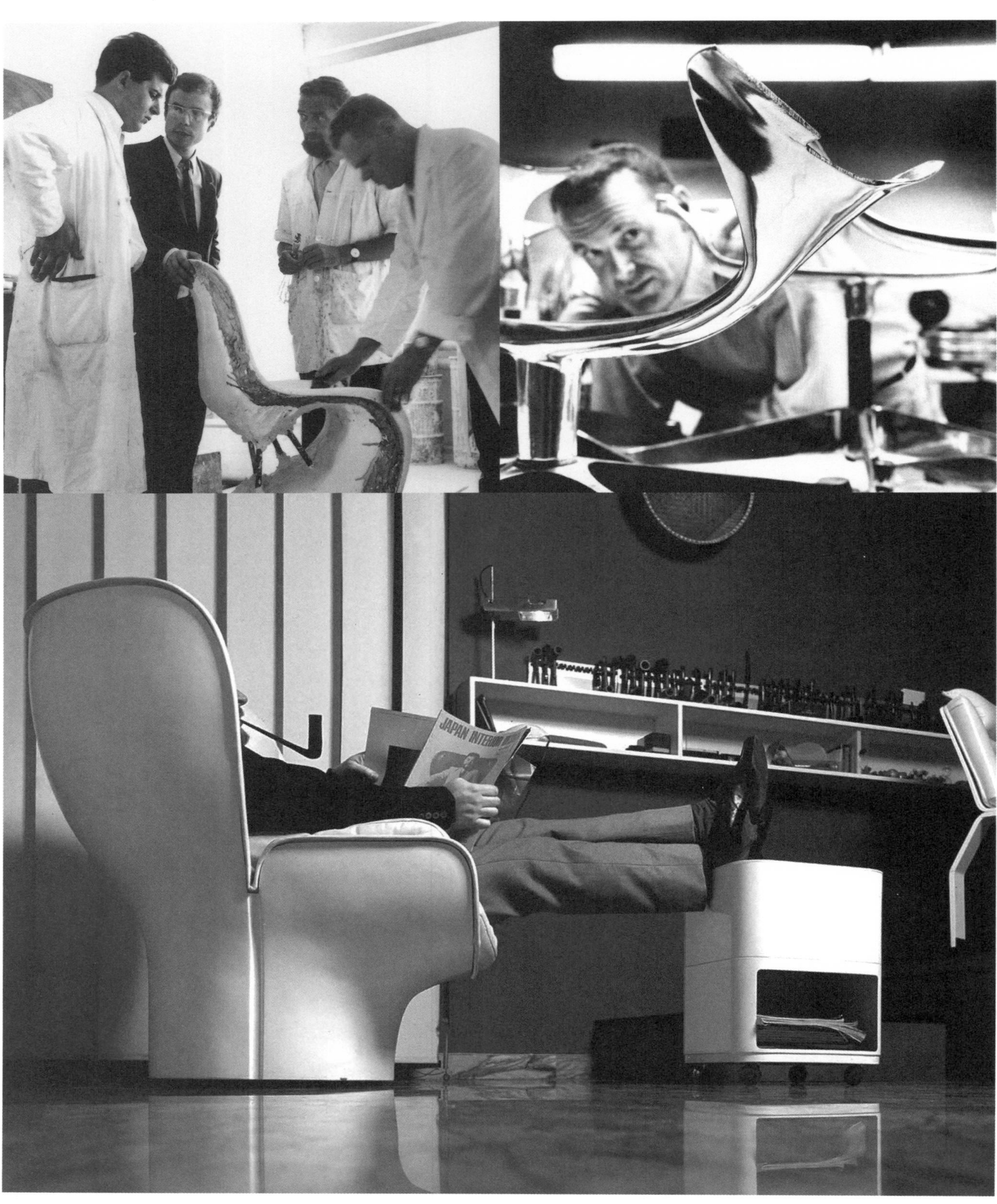
JAPAN INTERIOR

历史上很多经典家具都与建筑师的名字紧密联系在一起，像查尔斯·麦金托什、弗兰克·劳埃德·赖特、勒·柯布西耶、密斯·凡德罗、阿尔瓦·阿尔托、查尔斯·依姆斯等人都在建筑设计的同时花费很多时间和精力来从事配套家具的设计，把家具作为建筑空间的有机组成部分同步考虑是十分科学的，时下虽然也有根据空间的具体功能、形式风格、规格尺寸特别量身设计、定做的家具，多数家具则由其他设计师设计并批量生产，而对于室内设计者，所做工作往往是从环境的总体要求出发，根据空间的实际需要恰当选择，并对家具的布局提出意见。

一、家具的功能

（一）使用功能

《中国大百科全书·轻工卷》给家具下的定义是“家具，人类日常生活和社会活动中使用的、具有坐卧、凭倚、贮藏、间隔等功能的器具。”家具可看作是建筑空间功能的延伸，会使空间变得更加的舒适和便捷，庞大而种类繁多的家具家族几乎可以满足我们所有的使用要求：承托、容纳身体；收纳、展示物品；围合、规划空间；组织人流路线等。因此，作为家具不但要有适宜的材料与结构，足够的强度和耐久性，与人体相吻合的尺度，还要兼顾利于摆放组合、有效利用空间和便于日后的维护保养等诸多问题，以满足使用时的舒适、健康、方便、效率等要求。18 世纪、19 世纪世纪，美国曾出现过一个因优良设计而名垂青史的宗教组织——“震教”（起源于英国），他们的设计原则其实是根植于其宗教的清规戒律基础之上，如主张美寓于实用之中，坚信对物体施加的所有不必要修饰和装潢都是有罪等，他们的建筑、家具由于宗教信仰而简洁实用，在这种潜意识里相信形式应该追随功能，而且设计应该根据适当的生产技术自然地产生的观念，使得他们的设计早于一个世纪就具备了现代主义才有的一些基本特征，讲究功能、外观现代的“震教”风格对后世设计影响很大。

（二）精神功能

家具在整体空间构图中往往由于界面的陪衬，地位突出，因此其造型、材质、色彩、尺度、风格、数量和配置关系等因素会很大程度影响和左右室内空间的气氛格调，家具因为来源于生活并与之相适应，肯定还会蕴含鲜明的时代、地方特色和文化信息，通过直意、暗示、象征、符号，能够引发、唤起观者的潜意识，可以用来表达个性、品位，以及体现特定的内涵，有

些家具甚至演变为专门的观赏陈设艺术品，只是为了烘托、营造氛围而存在，其实用功能已居于次要地位。美国作家、建筑师、社会史学家伯纳德·鲁道夫斯基说过："椅子不只是身体的投射、延伸，它还提供心灵的支撑。"4000 年前埃及的椅子即是作为权力、社会地位的象征，而不是支撑人体的工具被发明出来，其仪典功能远大于它的实用功能。

二、家具的分类

家具的种类繁多，很难用一个单一的方式进行分类，理论研究和实际应用中，我们常根据其使用环境、功能、制作材料、结构类型等方面的差异来进行区别。随着新功能、新技术、新材料、新审美观的出现，家具种类也在不断增加和扩展，如 20 世纪末由于电脑的大量使用导致传统意义的办公家具（写字台、写

字椅、书柜等）发生深刻变革。

（一）按家具使用环境分类

家具可分为：室内家具、户外家具、乘坐空间家具等。

1. 室内家具

包括居室家具，如卧室家具、书房家具、餐厅家具、厨房家具等；以及公共空间使用的家具，如酒店家具、办公家具、展示家具等。

2. 户外家具

常用于公园、路边、广场、海滨等处，包括供休息用的椅凳以及台几、垃圾箱等，应具有良好的抵御恶劣气候能力、防水、防腐能力，多用木、藤、金属、石材、FRP（即玻璃纤维强化塑料，国内俗称玻璃钢）等制作。

3. 乘坐空间家具

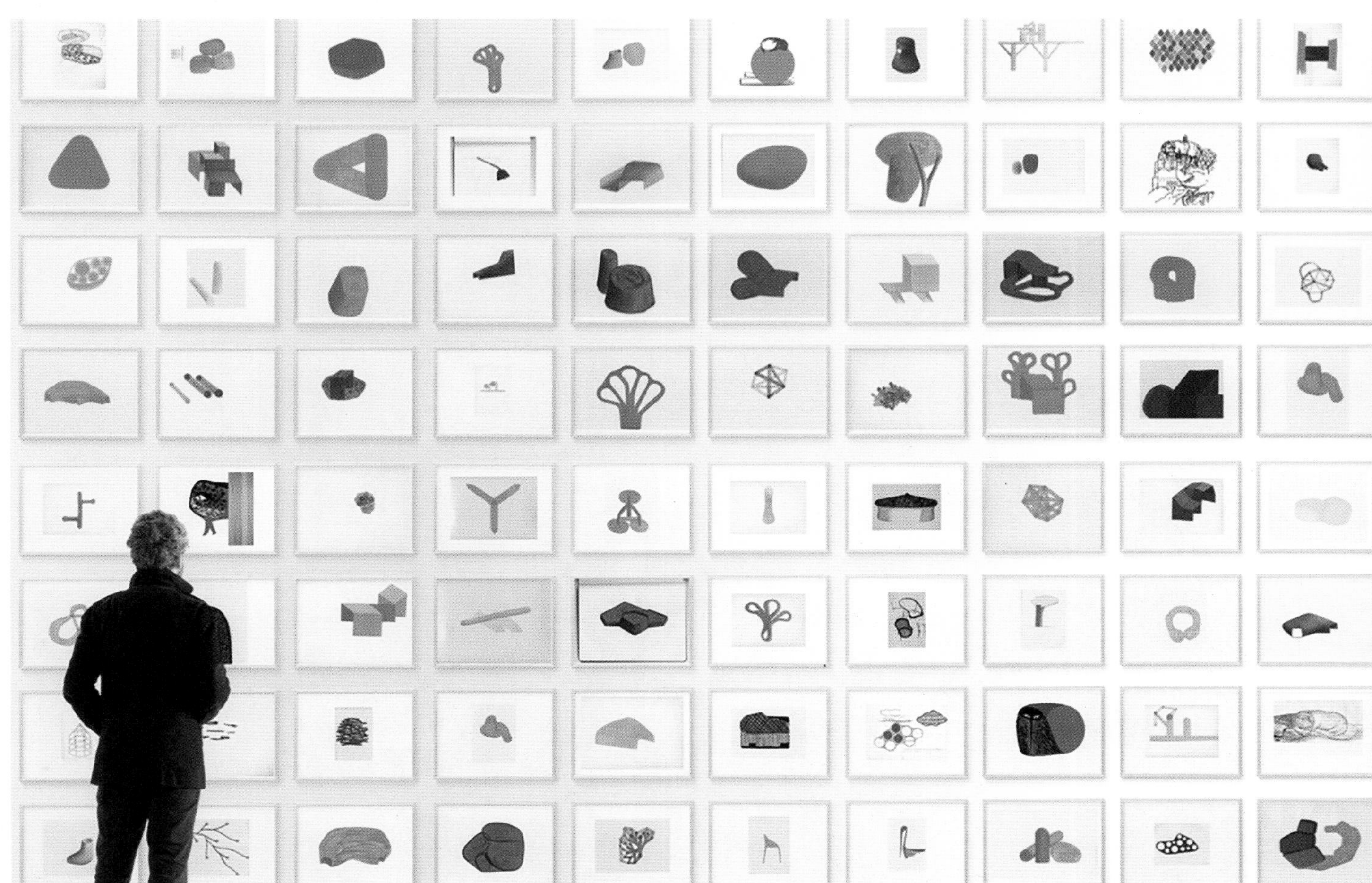

车辆、船舶、飞机等交通工具内部所用家具。

（二）按家具使用功能分类

1. 坐卧类家具

以支承、容纳人体为主要目的的家具，由于与人体接触最多，受人体尺度影响、制约较大，并应顺应、符合人的生理特征，如椅、凳、沙发、床等。

2. 凭倚类家具

凭倚类家具可为人体在坐、立状态下进行各种活动提供辅助性倚靠，减少疲劳，应同时兼顾人体以及所用物品的尺寸、数量等因素，如桌、台、几等。凭几是中国古时候供坐在席、榻的人们休息凭扶的一种辅助家具，高度与坐身侧靠或前伏相适应，可减轻腰部压力，形体较窄，两足或三足，可能通体直方或呈半圆弧形。

3. 贮藏类家具

以物品的存放、收藏为主要目的的家具，如各种橱、柜、架、箱。贮藏类家具首先需要考虑储存物品的大小、数量、储藏方式，以及必要的防尘、通风等问题；其次，还应兼顾视高、摸高等人体尺寸及生理特点、贮藏物品使用频率等因素，以方便存取。

4. 分隔类家具

利用家具划分空间能够提高空间的使用灵活性和利用率，还可以减少墙体面积和降低建筑负荷。如体育场馆采用不同颜色的坐椅可对空间进行区域分划，现代办公空间则利用隔断、柜橱控制和改善了使用者之间的交流与私密程度。

屏风便是中国古代室内具有分隔作用的重要器具，至晚在西周出现，亦称作“扆”，“依”，开始时是设于帝王座后的陈设物，是一种名位和权力的象征，由于画有斧形花纹，又有“斧扆”、“黼扆”、“斧依”等多种称谓，春秋战国时期开始被称为屏风，并逐渐衍生出挡风、遮蔽、装饰等多种作用，演变出座屏、围屏、挂屏等多种形式，流传至今。

实际应用中，很多家具的功能互相重叠，也很难对其明确地加以划分。如美容椅、美发椅、手术台等，既会支承人体同时又是工作台；有些贮藏类家具可能同时兼具空间分隔作用。

（三）按家具与建筑的相对关系分类

1. 移动式家具

独立于建筑主体结构之外，根据空间不同使用要求能够灵活移动的家具，可相对容易地改变空间的功能与布局，为方便移动，有些家具还设有脚轮。多数室内家具都属于可移动家具。

2. 固定式家具

也称建入式家具或嵌入式家具，是指固定或嵌入墙面、地面、天花并与建筑合为一体的家具。多根据现场尺度、使用要求及格调量身定做，容易使空间富于条理并得到充分利用，减少了可能的琐碎、凌乱和藏

污纳垢的间隙、死角，但这些家具也有不能移动变化以适应新的功能需要的局限。常见如各种服务台、酒吧台，剧场、体育场馆座椅等。

（四）按家具构成形式分类

1. 单体家具

指功能单一明确，并以独立形象出现的家具。单体家具多搭配、组合成配套家具使用。

2. 组合家具

组合家具由若干零部件或家具单体组合而成，各组件强调标准化、系列化、通用化，由于尺寸、模数相通，消费者可依照空间的不同需要，自由组配，满足功能、样式的多样化要求，且利于大量生产、降低成本，搬动方便。组合式家具包括单体组合式和部件组合式两种类型：单体组合式家具是由一种或几种具有独立使用功能的家具单体搭配组合成新的单一（如组合柜、组合沙发）或多功能（如柜橱桌椅组合）的家具形式；部件组合式家具如同乐高积木一样，采用通用的标准部件通过专用连接件组合、装配而成。

1925 年，德国建筑设计师弗兰兹·斯库斯特运用系统设计思想设计了最早的组合家具，用胶合板作基本材料，通过机械化大批量生产，成为一种廉价的大众化家具，装配式单元家具使消费者有可能以少量的基本部件来满足家具陈设的许多变化，〝你几乎可以用骨架、箱子、抽屉、隔板等基本物件组成你想要的任何形式。〞20 世纪 60 年代，德国又设计制造了世界上第一批〝32mm 系列〞家具，也称拆装家具，成为世界板式家具的通用体系，并进一步发展成为待装家具及 DIY 家具。

中国历史上早有拆装组合家具，如宋代黄伯思的〝燕几〞，明代戈汕的〝蝶几〞，后来又有类似多宝格的〝匡几〞、〝套几〞，到清代还发展出七巧桌、七巧凳等。

（五）按家具所用材料分类

家具的选材应考虑具体的使用要求（如耐水、防油），还要符合坚固和美观等原则。不同的材质（包括不同的加工手段）还会影响到家具的结构形式和造型特征。根

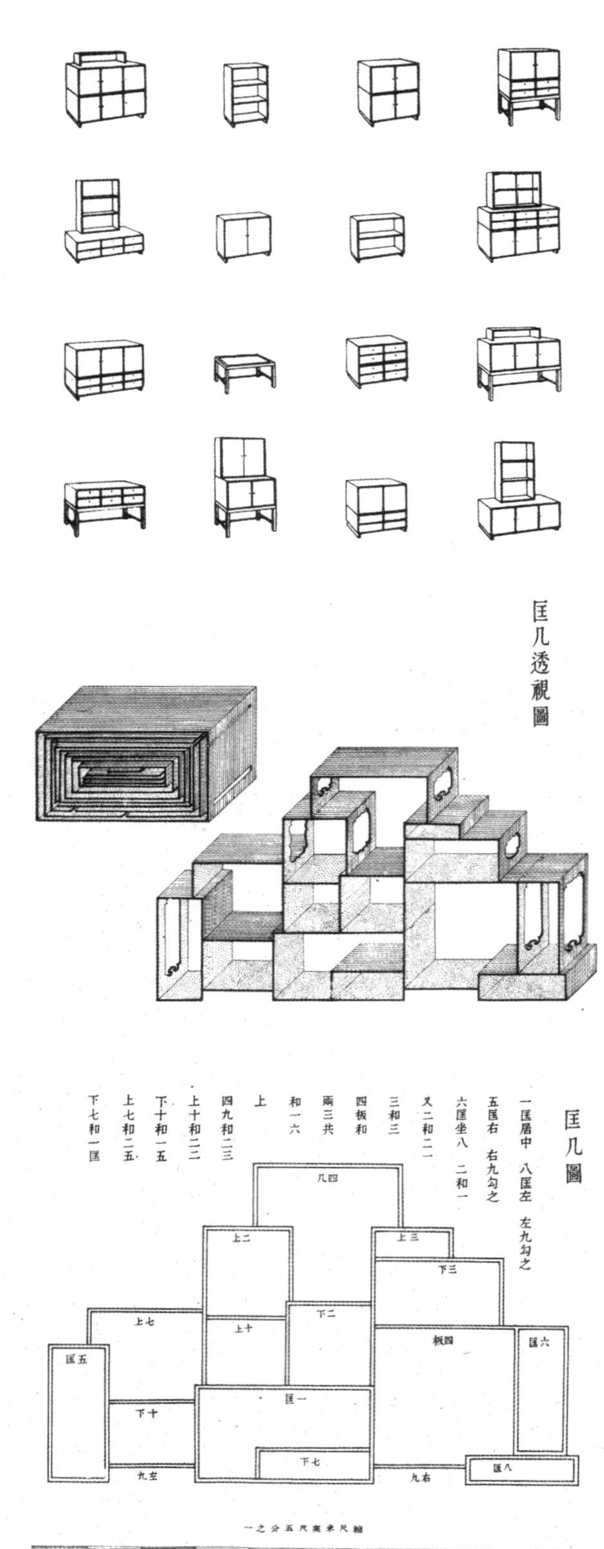

据功能或使用部位的不同，家具材料可分为结构材料和装饰材料（有些时候家具结构材料与装饰材料的分界也会模糊不清），家具的外观效果主要取决于装饰材料。

按用量大小，家具的用材可分为主材和辅材，家具用材是指以一件家具的主要用材。主材常见有木材、竹藤、金属、皮革、织物、塑料，还有玻璃、石材、陶瓷、角骨等；辅材包括涂料、胶料和各种五金件（虽然叫五金，却未必全部由金属制成，常用家具五金件有铰链、拉手、锁、插销、滑轮、滑道、搁板支架、碰珠、脚轮、牵筋及各种钉类等），很多五金件既有连接、紧固以及开启、关闭等实用功能，也有对家具整体造型点缀、提神的装饰功能。

1．木质家具

木质家具是指直接使用实木或密度板、刨花板等木质人造板制成的家具。木材是家具制作的完美材料，也是沿用最久、使用最广泛的家具材料。软木材多用来制作家具内部的结构框架，外部用材多会选用材质较硬、耐磨损、纹理色泽美观的阔叶树种，花梨、酸枝、紫檀、鸡翅木则是我国明式家具的主要用材，明式家具在我国家具历史上占有重要地位，不但重视使用功能，而且造型优美、形式简洁、比例适度，构造科学、合理，达到了功能与形式的高度统一，代表了中国木质家具的最高水平。

大约 1840 年，奥地利人迈克尔·索内实验出一种新的木材加工方式——通过蒸汽熏蒸，并借助模型、卡具使山毛榉弯曲成各种曲线，再通过干燥定型制成家具构件，这种工艺为木质家具带来了从未有过的流畅、轻快线条，有人曾这样评价索内的弯木家具，“如果一个建筑师花费 5 倍以上的钱造这种椅子，能有它一半那样舒适和 1 / 4 那样的美，那么他就可以出名了。”弯木家具技术的开发成功，对家具制造技术产生了很大影响。

2. 竹藤家具

竹、藤广泛分布于热带、亚热带地区，竹藤材料质地坚韧、富于弹性，竹竿、藤芯可通过高温、蒸汽弯曲成型，适合作为家具骨架来使用，竹蔑、藤皮适合与骨架配合编织、缠扎使用。竹藤家具造型朴实稳重、优雅流畅，其表面一般保持其固有的色彩和质地，不做过多的遮掩性修饰，适于体现浓郁的自然及乡土气息。

3. 金属家具

金属具有优良的力学性能，多作为家具的结构、支撑及接合部件使用，其外观造型往往轻巧并具有工业化味道，家具常用金属材料有钢铁、铝合金、铜等。金属家具的构件多通过冲压、铸锻等方式成型，通过螺栓、铆焊等方式进行接合，通过涂饰和电镀可持久地对其表面加以保护，并赋予其特别的质感和外观效果。家具历史上最著名的金属家具也许当属 匈牙利裔美籍建筑师马歇

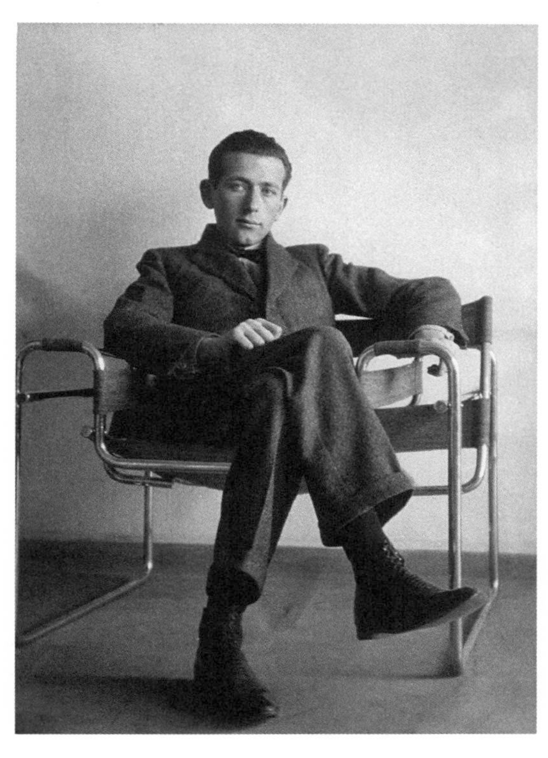

尔·劳约·布劳尔于1925年设计的钢管椅子——"瓦西里椅"，据说，他骑的"阿德勒"牌自行车的镀铬钢管把手给了他很大的启发。

4. 塑料家具

20世纪40年代末期，塑料工业迅速发展并开始用于家具领域，相对于其他材料，塑料具有容易加工、色彩丰富、造型多变、成本便宜等优势，利用注模、挤压、编织、发泡等多种工艺，可制造全塑料家具或是壳体、软垫、编织、贴面材料以及拉手、滑轮等家具构配件。

历史上第一把大量生产的塑料椅是美国设计师查尔斯·伊姆斯和蕾·伊姆斯夫妇于1950年设计的伊姆斯塑料扶手椅，是以玻璃纤维强化塑料（FRP）制成的薄壳状座椅，下面可以搭配不锈钢或是木头材质的椅脚，还可以选用摇椅椅脚；历史上第一张完全由塑料制成的椅子则是1965由意大利设计师乔·科伦坡设计的通用椅，最初使用的材料是ABS塑料，之后采用聚丙烯量产。

5. 玻璃家具

玻璃通常采用钢化、热弯等工艺加工成多种家具形态，玻璃家

具虽然易碎，却具有轻盈以及晶莹剔透、光泽悦目的外观特点，可使空间熠熠生辉，并利于保持视觉上的开敞性，通过雕刻、喷砂、上色等手段可进一步丰富外观效果。

6. 石材家具

石材多作为面板、基座等局部构件出现在家具中，全部为石材的家具并不多见。古代中国人常选理石中的"天成山水云烟"者来镶嵌插屏、座屏、挂屏，中国传统家具中的桌面、椅面、椅背等也常用理石来做面板和嵌饰。

7. 织物、皮革家具

织物、皮革多用来制作家具的软垫、蒙面，可增加使用时的舒适感，并赋予家具丰富的色彩、图案和质感。

（六）按家具结构类型分类

家具结构用来承受、传递外力及自重，合理的结构应坚固耐用，同时还要利于加工、节省原材料，家具结构构件常用榫卯，以及胶、钉、专用连接件、铆焊等不同方式进行

接合连接，不同的结构形式会影响到家具的强度，并赋予其不同的形象特点。

榫卯接合是木结构最常用的接合方式，目前已知，我国在六七千年前就有了相当完善的榫卯结构，至今仍广为采用。几千年间，榫卯衍生出千百种花样，派生极多，其造法繁复多样，水平高超的匠人不用钉，也很少用胶，仅仅采用精巧准确的榫卯结构便可将家具各部件紧密组合在一起，使用几百年依然坚固如初。

1. 框架结构家具

多由相对细小的木框架、金属框架组成家具的结构受力系统，并结合薄板、薄壳和软垫等构件制成家具。框架式家具对所处环境的遮挡较少，形象轻盈，并可保持空间的相对开敞、通透，容易形成虚实变化。

2. 板式结构家具

板式家具多采用密度板或刨花板等人造板经裁锯、饰面、封边、

打孔等工艺制成不同规格的板状构件，再通过各种专用连接件、紧固件组合成的家具，著名的"32mm 系统"的诞生，使得装配设计在板式家具中得到前所未有的发展。因其表面粘贴材料的不同，主要有木皮板式家具、贴纸板式家具、三聚氰胺类板式家具等，板式家具适合机械化和自动化生产，外观简洁、拆装方便、色泽质地多样、形变小、价格适中，是当前家具发展的主要趋势，市场占有率远高于实木家具。

3. 壳体结构家具

用塑料、木板、金属、玻璃等可塑性材料，按人体特定姿势或某种特定功能经热压、热塑等手段在模具中制成的薄壳家具，可一体化独立成型，也可以作为零部件组合使用，家具造型的自由度较大，外形率意流畅。

4. 软体结构家具

这种家具与人体接触的坐垫、靠背等部分往往采用软性材料制作，可最大限度增加与人体的接触面，有效减少单位面积压力集中带来的身体不适。软体式结构分为薄型软体结构和厚型软体结构两类，薄型多由皮革、塑料、织物、棕草、竹藤等材料制成；厚型则以皮革、塑料、织物等作为蒙面材料，内部结合弹簧、填充料（如泡沫

塑料、聚苯乙烯颗粒、棉花、羽毛等），以及充气、充水等手段制成柔性家具。

5. 折叠、拆装结构家具
包括能够折动调节、叠积摆放及分解重组的家具。折动家具的折动部位装有活动关节，可根据需要通过转动、滑动、收展来改变形状；叠积式家具多采用造型相同的框架结构来实现叠积摆放，以座椅居多，为便于搬运，有的甚至还配有专门的运输小车；拆装结构家具的各组成部分由于采用专门连接件很容易分解为若干零、部件，可经受多次拆卸与安装。这些家具主要是为了转换功能，实现多用途或改变高度、角度达到最佳使用状态，以及满足便于携带、存放和运输，节省存放面积等要求，适于需要经常变换功能和面积较小的空间（如车辆、飞机等交通工具内部，以及剧院、体育场馆）使用。

三、家具的造型

家具的造型特征主要受使用功能、构造特点，以及所用材料、加工工艺等诸多种因素的影响和制约。由于家具在空间构图中

的地位突出，其造型对整体空间形式具有深刻影响，可用来丰富空间、增加层次、调节色彩关系，尤其家具所占比重较大的空间，其面貌基本为家具所左右，因此，对其形体、色彩、质感等造型要素应结合实际状况综合加以考量。有些家具强调其

整体的形态美、材质美，有些则强调结构工艺的技术美；可以呈线、面或体块的特征，有着水平或垂直的比例关系，也可以是轻巧透空或是坚固厚重，表面或具有鲜艳或是灰暗的色彩，以及金属般的闪光或是粗糙质感，或结合绘画、雕刻、镶嵌（彩石、螺钿、牙角、兽骨、金银丝等）烙烧等手段加以装饰。

（一）形态

为适应现代材料、生产工艺，以及与新的建筑风格更加和谐，现代家具多以抽象几何造型为主，或是借助自然界中的具体形象进行概括和取舍，包括整体造型以及局部构件、装饰图案的仿生、模拟创作。中国传统家具常用人物、动物、植物、山、水、卷云等吉祥图案作为装饰。

1. 线特征家具

线型家具多为框架形式，外观呈现空灵、轻盈等特征，还可通

过其线型的曲直、粗细、方向等空间构成状态进一步表现种种不同的动态和气势。

2. 面特征家具

家具中的面多以围合、分隔、结构支承等角色出现，如桌几的面板、椅凳的靠背和座面。面的曲直、薄厚、虚实会显示出简洁、优雅、硬朗、挺拔、轻巧、钝重等不同表情和体态特征。

3. 体块特征家具

体量大，封闭感强的实体家具，稳重、墩实；体量较小，透空面积较大的虚体家具多会呈现相对的轻盈、活泼和开朗。

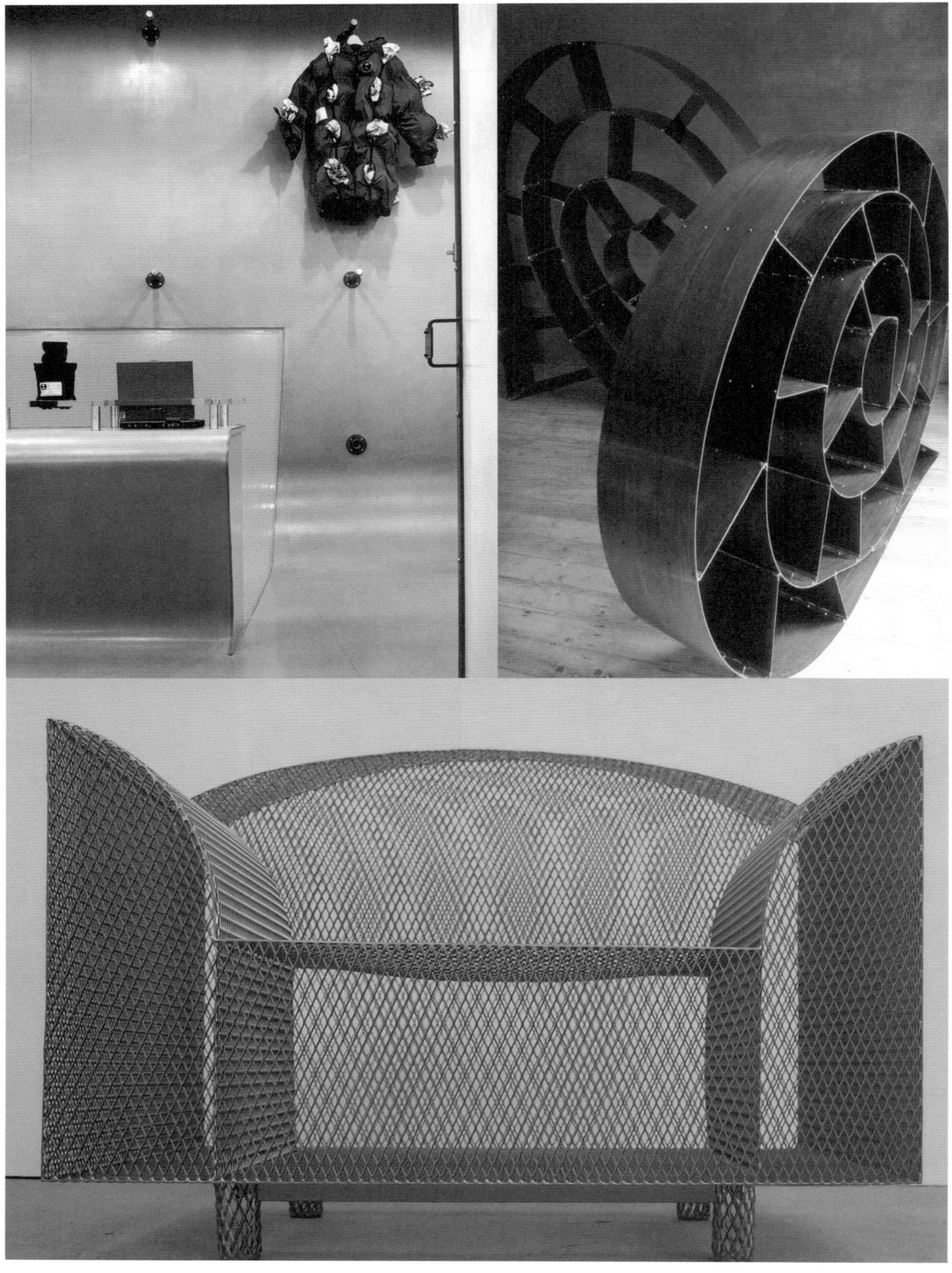

（二）色彩

家具色彩来自其外露材料的自然本色或出于保护、装饰目的对其进行涂刷等工艺所形成的外观特征。家具用色朴素华丽以及明暗冷暖，可显现出不同的表情特征，应结合空间的使用功能、整体环境氛围综合地加以考虑，如办公空间的家具多适宜选择中性、素雅色调，以突出安静、柔和的气氛。家具在室内空间的色彩规划，还应兼顾对比与统一的原则，大面积的家具色块应注重与环境统一性，小面积则可强调对比，可产生含蓄、平和，以及喧嚣、跃动等不同的效果，同时，色块间的穿插呼应关系也不容忽视，勿使一种色彩过于集中而失去整体的平衡感。

（三）质感

家具质感可从两方面获得：一是材料体自身具有的天然质感；二是对材料施以不同加工工艺（如竹藤家具的编织，木质家具的雕刻，金属家具的电镀）来获得的表面性质。不同材料会传达出粗细、软硬、冷暖、轻重、反光、透明等多种信息，并会

进一步影响到家具的使用功能及使用者的生理及心理反应。从使用角度来讲，与人体接触的部分应选用导热系数小、柔软的材料，利于增加使用时的舒适感。

（四）虚实关系

家具的虚实变化多产生于结构框架、扶手、腿部的间隙和雕刻镂空等处，玻璃、塑料等透明材料的使用也会强化这种特征，并产生厚重、端庄、开朗、轻巧等不同特点。

（五）比例与尺度

家具尺寸的设定是以人的形体、动作要求，承载、储藏物品尺寸，以及使用环境、所用材料、移动运输等多种因素为依据的。家具的功能、舒适度主要取决于尺寸处理是否恰当，像近视、脊柱侧弯与尺度不合适的桌椅有很大关系。早在公元前 1500 年，古埃及人就已经懂得“人坐在软泥上取样，得到椅子的尺度模的伟大示范”，20 世纪 40 年代，由于人体工程学的发展，使家具设计有了科学的数据基础，通过测量、统计等方法，使我们能够客观地掌握人体形状、尺寸、体压分布状态、四肢活动范围等科学数据，虽然目前极少有为个人量身定做家具，利用这些结果数据却有可能帮助我们设计出对大多数人适用的家具，并能够最大程度地满足他们的使用要求。此外，还应从环境整体角度出发，谐调家具在特定环境中的相对尺度，获得适合的比例关系，这不仅包括家具自身的长、宽、高三种向度的尺度变化，还包括家具与家具之间、以及家具与所处环境之间比例关系的谐调统一。

四、家具的选用和布置原则

家具的选择、摆放方式将直接影响空间的机能及使用者视觉和心理感受，设计者对家具与整体空间环境将会产生的关系应有整体性、预见性的认识，才可使二者相得益彰、水乳交融。这里一方面应符合空间的使用功能和使用者的行为、心理模式、交往方式、活动规律，摆放的位置应考虑以不影响人的活动，以及门窗构件、采暖、通风、空调等设备的使用等因素，达到方便、舒适、省时、省力的原则，另一方面还应“相地布局，依境置物”，家具的款式、颜色、材质、尺度、数量要以周围环境为依据，考虑充分利用空间，合理使用面积。

（一）从空间总体构图关系区分

1. 对称式布局

家具的布局呈明显轴线关系，庄重、严肃、稳定，适于比较隆重、正式的场合。

2. 自由式布局

轻松、随意，适应性强，使用较多。

（二）从家具与交通区域的关系区分

1. 周边式布局

家具沿所在空间四周墙体布置，由于入口、通道部分的影响，多集中于房间一侧或几侧，另侧和中间位置作为交通区域或是

视觉中心加以处理，周边式布局节省空间面积，尤其适于小面积空间使用。

2. 岛式布局

家具布置于室内中心部位，周边多作为交通空间加以利用，根据功能、面积等具体情况，可设置单一或多个功能组团，整体空间层次感丰富，强调家具的中心地位和支配权，家具围合中心不易因穿越而受到干扰和影响。

3. 混合式布局

前两者特点兼而有之。

室内陈设

陈设又称软装饰、软装修、配饰等，概括地讲，一个完整意义上的室内系统，除了它的地面、墙面、柱、隔断、天棚等固定、

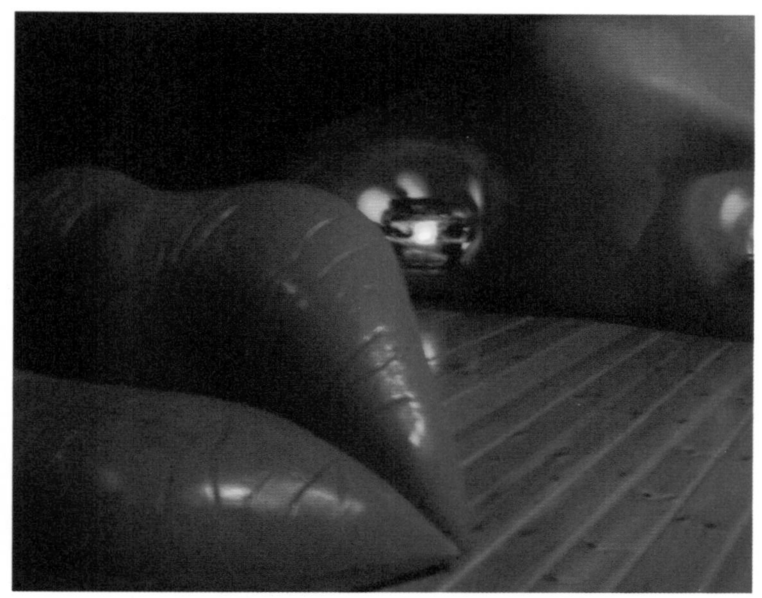

不可移动和更换的构件（即所谓的硬装饰）外，其余都可认为是室内陈设品，如家具、灯饰、织物、艺术品、器皿、绿化等。当前所谓“硬装饰”和“软装饰”概念其实是交错和相互交叉渗透的，并没有过于严格明确的区分和归类，像墙面、地面、天花等固定构件的表面装饰材料、色彩的选择搭配有时也属软装范畴。

室内陈设设计是近几年从室内设计工作中分化衍生出来的，是一门涵盖美学、室内设计、产品造型设计等内容的边缘性、综合性学科，室内陈设设计是在室内装饰工程（即硬装部分）完成后，在不触及建筑及室内结构的基础上，从外表的、视觉艺术角度对空间中的这些附加饰品进行选择、搭配和陈列、摆放。陈设

品不仅具有特定的使用功能，能够组织空间、填补和充实空间，还能够画龙点睛、烘托环境气氛、格调、品位，营造和增加室内环境的感染力，柔化空间，强化环境风格，以及体现历史、文化传统、地方特色、民族风格、个人品味等精神内涵，可为室内增添一份人气，使整个设计更加完整和丰富。室内陈设设计是室内设计工作的延续、细化分工和补充强化，陈设艺术设计师（或称软装饰设计师、后期配饰设计师）正逐渐成一个极具发展潜力的职业，有着更广阔的生存空间。

一、陈设品的分类

（一）功能性陈设

首先应具有一定实用价值，同时又可能具有一定观赏性或装饰性作用的陈设品。如家具、灯具、餐具、电器，以及窗帘、地毯、床上用品等织物。

（二）装饰性陈设

无特定使用功能，主要为了创造气氛、体现风格、加强空间内涵等纯粹用作观赏、品位的陈列品。如书画作品、清供器玩等。

二、陈设的选择及布置原则

（一）功能合理

能满足使用要求，注意灰尘、碎裂、潮湿等问题，并准确体现整体环境的寓意内涵。

（二）服从整体、统中求变

大体量陈设品的形式变化应有所节制，可通过整体性的统一，协助烘托、强化整体空间的气氛和风格定位；小体量陈设的造型宜与整体环境形成对比，可获得生动活泼的趣味，打破单调、统一的僵局，但应少而精，多则易琐碎。

（三）主次得当

陈设品与所处环境间之间应有主次尊卑，形成秩序。可利用摆放的位置（如空间轴线、中心）、灯光等手段，强调中心和主题，突出主体，削弱次要，适宜的高度和光线还会宜于物品的观瞻。

（四）构图均衡、疏密有致

不同的室内陈设品，由于面积、数量、位置及疏密关系的不同，必然会与邻近的其他物品发生不同关系。采用对称式构图很容易获得平衡感，严肃、端正；类似杠杆原理的不对称式构图则自然、随意。

（五）尺度、比例适宜

陈设品尺度过大、数量过多，则室内空间容易拥挤堵塞，陈设尺度过小，过少，则室内空间容易空旷、零散。此外，还应兼顾观赏者的视觉条件，高大物品应留出可供后退的观赏距离，小的物品应允许人近前仔细品位、研究。

三、陈设方式

（一）墙面陈设

多采用钉挂、镶嵌、张贴等方式与墙面进行连接。

（二）台（桌）面陈设

将陈设品陈列于水平台（桌）面上，是室内空间中常见的陈列方式。

（三）橱架陈设

是一种兼具贮存、展示作用的陈列形式。橱架会使陈列物品整齐有序，多而不繁、杂而不乱，并会起到一定的保护作用。

（四）落地陈设

多适用于体形较大的饰品，同时还兼具分隔空间、引导人流的作用，适合布置在空间中心或角隅、边缘。

（五）悬挂陈设

多与天花造型结合用于较为高大的空间，以不影响、妨碍人的活动为原则，可丰富、充实空间，改善尺度感。常用的悬挂陈设品如灯具、织物、雕塑、绿化等。

7

室内绿化

Interior Planting

室内绿化是利用植物以及水体、山石等材料，借鉴并结合园林的设计手法，应用艺术与科技手段对建筑内部环境进行的丰富和完善，从而创造出具有自然气息的室内空间环境。室内绿化包括利用盆栽、盆景、插花所进行的陈设、点缀，也包括浓缩植物、水体、山石以及园林小品等元素综合形成的室内庭园，室内绿化既可作为空间的中心，也可作为陪衬的背景，可单纯供人观赏，也可以使人游憩其中。

人类在自然界中为了生存，利用各种建筑手段隔离了恶劣的气候和一些潜在的危险，同时也逐渐屏蔽、疏远了自然环境，当代社会，污染、自然景观的破坏，使得改善城市生态环境等要求日益迫切，从这一意义来讲，绿化还是提高室内环境质量、协调人与室内环境关系的不可缺少的因素。从隔离到主动引入自然景物，实现人工环境与自然环境的融合，是人类对环境认识逐步深化的表现。

绿化的作用

一、形式上

（一） 绿化所特有的形态，如富于变化的轮廓，自然、朴实的色彩、质感甚至于声音，能够柔化、缓解建筑空间的生硬、冷漠感，丰富和加强室内环境的表现力、感染力，并为室内环境

带来生机与动感。还可以作为过渡元素，在空间中调整、重塑宜人尺度。

（二） 绿化能够有效减少空间中的空洞墙面，缓解空旷感及充实空间中的难以利用的边角，如楼梯下部、墙角等处。

（三） 室内、外绿化景物可通过建筑开口部分互渗互借，达到内外空间的自然过渡与融合、呼应、联系，减少进入室内空间的生硬感和突然感。

二、功能上

（一） 绿化中的植物、水体能够净化空气，调节室内温、湿度，改善小气候，有益于室内环境的良性循环，提高环境质量。

（二） 绿化能够作为建筑空间的限定、组织、分隔手段，利用树墙、绿篱、山石、水池等手段可以划定空间界限，可以〝障景〞、抑制视线，加强空间私密性，丰富空间层次，使空间更加的含蓄深邃，绿化还可以强调入口、暗示路线，诱人前行或引人驻足停留。

植物

植物为室内绿化的主要材料，种类繁多，植物不同样貌可丰富空间形态，能够为室内带来自然气息与勃勃生机，具有随岁月和季节变化而变花的季相⑨特征，以及为适应生长环境而产生不同的地域与气候特征。中国园林中常用应时植物来组景，来反映季节的景色特征，表现主题，如桃花（春）、荷花（夏）、菊花（秋）、梅花（冬）；植物配置还受生活习俗、传统文化的影响，强调以花品、花德影射人格，比附、象征人的道德情操，寓意人伦教化，其象征意义主要通过植物的外形和生物学特征给人的不同感受来获得，如梅花象征坚韧不拔、不屈不挠，竹象征谦虚、气节，荷花象征出淤泥而不染等，恰

⑨季相：植物群体（群落）在某一季节表现出的规律性外貌特征，如抽芽、开花、结果、休眠等，称季相

当地运用可使空间环境具有某种意境或文化内涵，陶冶性情，满足精神要求（同时也应注意习俗禁忌）。除了将其视为装饰元素，植物还能够使室内空气清新宜人（虽然不很明显），调节温、湿度，遮挡过强光线，阻挡和吸附尘埃，以及吸音、降噪等作用，有些植物还具有杀菌、过滤有毒气体（如一氧化碳、苯、甲醛）等作用。

早在7000年前的新石器时代，中国人就开始使用花木装饰室内空间，盆景、插花作为一种特殊的室内装饰元素沿用至今。20世纪六七十年代，生态学的发展促进了室内植物的生产和应用，加之追求空气流通、开敞明亮等建筑设计观念的更新变化，以及人造光源、室内温湿度控制技术的发展等等，这些因素促进了室内绿化景观的发展，植物几乎可以生长在任何室内场所，如近年来兴起的集无土栽培、微滴灌、自动化控制等技术为一体的垂直绿化植物墙。

一、室内植物的类型

植物的分类方式较多，分类依据相当复杂，并且处于交织状态和不断发展变化中，室内植物可做以下简单分类。

（一）根据植物茎干的质地特征分类

1. 木本植物

根茎内含有大量木质化组织的多年生植物叫木本植物。

2.草本植物

草本植物具有木质部不甚发达的草质、肉质茎，草茎柔软，根据生活周期的长短，有一年生、两年生、多年生。

（二）根据植物茎干的形态特征分类

1.乔木

主干与树冠区别明显的木本植物，有常绿、落叶，针叶、阔叶等区别，体形较大，容易成为空间的视觉中心，多数乔木根系较深，需要种植土的数量较多、荷载较大，应根据空间结构的具体情况加以取舍。

2.灌木

树体矮小且丛生的木本植物，有茂密且长势相仿的分枝，无明显主干。灌木也有常绿、落叶之分，许多灌木有色彩鲜明的花

朵和果实，可形成明显的色调效果，多用于划分、组织空间和创造层次感。

3.藤本

茎细长，呈软体结构，无自立能力，依附于其他物体攀缘、缠绕生长的植物，藤本植物依茎的性质又分为木质藤本和草质藤本两大类，多作为景观背景来使用。

4.竹类

竹类植物是构成中国园林的重要元素，姿态挺拔秀丽，四季青翠，而且种类很多，不同竹种在尺度、形状、色彩等方面差别很大，大型竹可高达30m，直径可达30cm，小型竹仅高几十厘米，直径尤如铁丝；竹秆一般为圆柱状，也有的竹种秆接近方柱状；有的竹种秆节或节间还呈特殊形状，如罗汉竹、佛肚竹

等；秆的表面一般为绿色或黄绿色，有的竹种则为紫色、黄色、黄绿相间或具斑点等。

5.花卉

通常指具有一定观赏价值的草本植物。广义的花卉还包括草坪植物以及一部分观赏树木和盆景植物。

6.草坪植物

草坪主要用作大面积的地面覆盖，提供水平景观，单独使用容易产生单调感，多作为衬景与花木、山石结合使用。

（三）根据植物的观赏部位分类

1.观叶植物

以叶片的形态、色泽、质地为主要观赏对象的一类植物。观叶植物多原产于热带、亚热带雨林中，由于耐阴，喜温暖，在室内正常的光线和温度下，大多也能长期呈现生机盎然姿态，因此观叶植物成为室内绿化的主导植物，经不断筛选、培育，形成许多新品种。不同品种观叶植物，叶的变化很大，大叶可达1m～3m，小叶不足1cm；有线形、心形、戟形、椭圆等多种形状；叶色上除了不同倾向的绿色，还有红色、紫色等其他色彩以及白色、灰色、金色、银色等斑点、斑纹；叶质上有草质、革质、多皱、多毛等多样质感。

2.观茎干、观根植物

以植物的茎、枝干、根部的形态、色泽、表皮肌理为主要观赏特征的一类植物。

3.观花植物

不同种类的植物，花的颜色、形态、数量、大小各不相同，而且花色艳丽、花香郁馥，比观叶植物更具特色和多样性。

4.观果植物

观果植物因为其果实具有美观、奇特的形状、色泽而具有观赏价值，挂果时间一般较持久。

二、室内植物的观赏特征

（一）形状

植物的整体形状主要受主干和枝、叶、花、果的生长特点影响，常见形状有圆形、塔形、柱形、棕榈形、下垂形、莲座形

和不规则形，多株植物的形态则取决于不同的组合方式，各不相同的造型特征适合不同的空间风格，如形状洗练的仙人掌比较适于简约的现代风格。虽然有时为创造某些特殊视觉效果而将其修剪成各种人工形态，多数空间还是重视植物参差自然形态的应用，其多变的轮廓容易与所处环境的几何性要素形成对比。

（二）色彩

植物的色彩主要来自叶、花、果。不同植物叶的色彩多呈不同倾向的绿色，有些落叶植物为适应气候的变化，叶还会顺序地呈现草绿、深绿、黄绿及黄、红等色彩，此外，为提高叶的观赏性，人类还培育出色彩斑斓的彩叶植物，使室内景观的色彩关系更为多样，花、果也可带来更加丰富的色彩。

（三）质感

影响植物质感的因素有叶、茎、枝（也包括花果）的形态及分布状况，叶的大小、疏密、叶表面的光洁度都会产生不同的质感特征，另外，观赏距离、光线、种植容器也会不同程度地影响到植物的质感。植物的质感容易与室内材料形成对比，可用来丰富室内环境的形象。通常小叶并且密布的植物可看作细质感植物，细质感植物会在视觉上扩大空间；大叶并且分布稀疏为粗质感植物，粗质感植物有趋近性，若放置在小空间容易感觉拥挤。

（四）尺度

不同种类的植物，尺度相差悬殊，室内环境由于兼顾空间尺度及人体尺度，对植物高度应有一定的限制。大型空间多使用体形较大的植物，可作为空间的重点景观或空间的分隔手段，适宜栽植在地面花池、花槽、花箱内，使其主体部分接近视线，并应留出一定观赏距离；矮小植物适合近距离观赏，多于桌几、台面之上或悬吊空中成组、成簇摆设。此外，植物与所处环境及环境容纳物之间的相对尺度关系也是重要考虑因素，植物作为视觉参照物，还可显示或改变空间的大小、作为过渡元素来缓解悬殊的尺度对比。

（五）气味

植物的香味对小空间有特别意义，可以创造清新、

淡雅的气氛，使人心情舒畅，同时也应避免选择有特殊异味的植物。

三、室内植物的选择与配置

室内植物的选择与配置要与空间的光照、温湿度以及使用功能、风格形式、结构条件、摆放位置等客观因素、制约内容协同考虑，应符合生物学、生态学规律，并适时使用形状、色彩、质感、尺度等因素，以符合空间性质、突出空间特色和视觉美感，有些植物对生长环境要求苛刻，容易枯萎、死亡，有些植物还会因为有毒、有刺或容易倾倒可能对人造成一些潜在危害，因此，作为设计者要通晓各种植物的生长习性、观赏特征和栽培要点，有时还应参考专门资料或与园艺专家进行探讨，尽量选用形态优美、四季常青、耐阴、好养、好活的植物，有时可能还要采取一定措施对现有的环境条件加以改善以适应其生长要求，甚至使用塑料、绢布等材料制作的假植物，以及经过干燥、脱水处理的植物体来达到设计要求。现代建筑环境，具有良好的光照条件和相对稳定的温、湿度，能够为室内植物提供良好的生长条件，也使我们在选择时能够相对自由，更容易达到最终的理想效果。

室内植物的配置

（一）从植物与环境相对关系来看

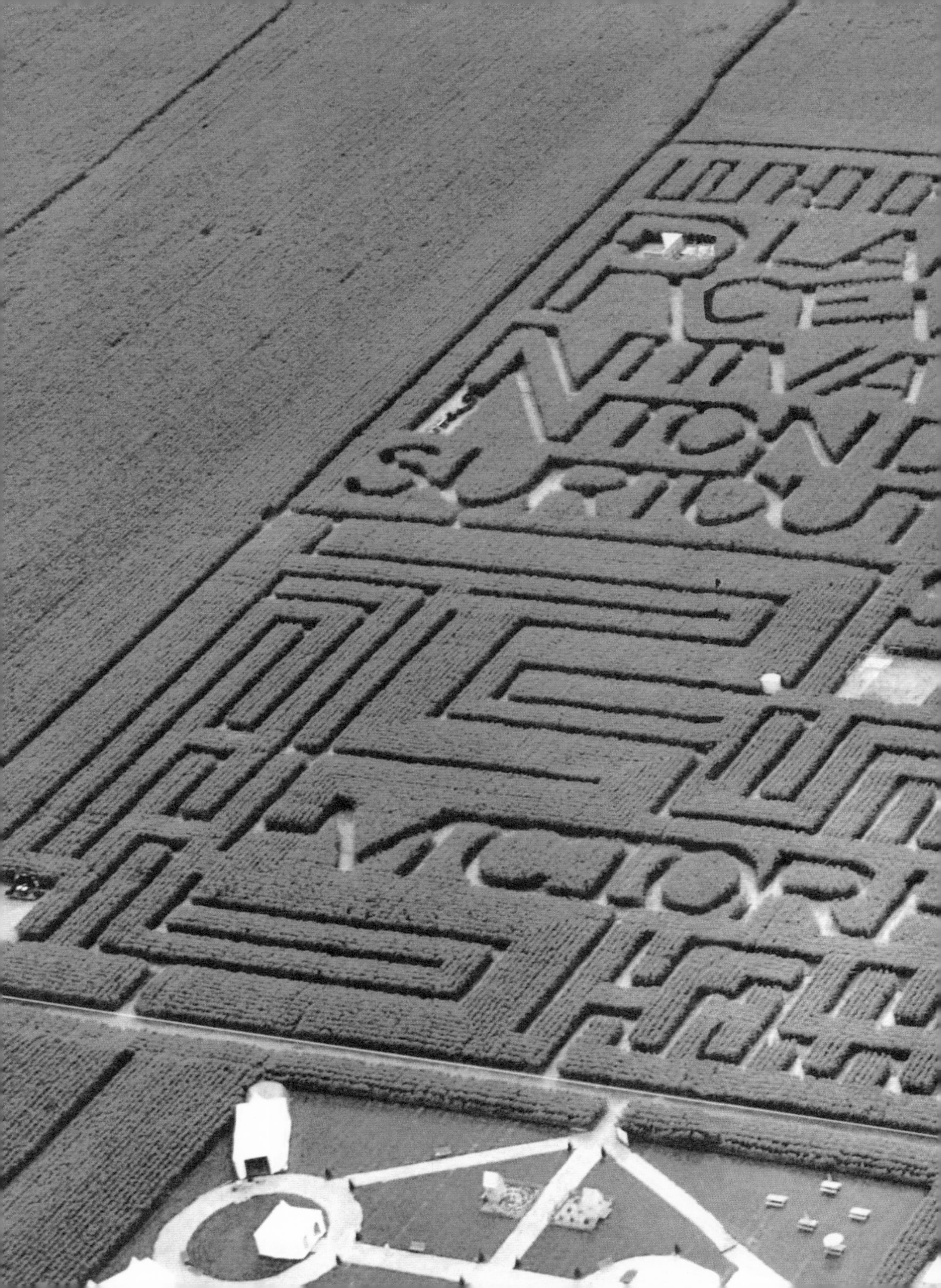

1.移动式种植

利用盆栽、盆景、插花等手段对植物进行的摆放布置，根据空间要求、植物尺度、观赏特点，可散摆或组合搭配摆放，可选择落地式、几架式或悬挂式等方式陈列，便于随时替换、移动，灵活性较强。

2.固定式种植

直接种植在室内固定的预留位置，如花池、花坛、花槽、土坡、假山，一经栽种，不容易轻易更换，适用大型空间、大型植物栽种。

（二）从植物的组合方式来看

1.孤植

一般选用观赏性较强的单株植物在空间中独立布置，植物本身的姿态、轮廓、色彩、质感往往较为突出和鲜明，强调一枝独秀，多作为空间中的主体、焦点来处理，应与室内构件、陈设配饰等其他元素相互映衬。

2.对植

多用于路径、楼梯的出入口，视觉中心的两侧等处，按轴线对

应摆放两株或两丛植物，起标识、引导作用。一般选用姿态、体量比较接近的植物，两者关系可完全对称，也可呈均衡状态。

3.列植

多用相同或相近形态、大小的植物等距按线状或网格状布置，整齐规则、理性简洁，富于现代感，主要用来导向、划分空间以及起烘托、配景等作用。

4.丛植、群植

体现群体组合美感，可用同种花木组合，也可多种花木混合搭配，多会强调自然随意、错落有致，适于较大的空间场合，可作为主景，也可以作为背景使用。

（三）从室内植物布局形式来看

1.自然式种植

多模仿自然界的植物生长规律，可同时结合水体、山石，增加其自然天成的山林野趣，平、立面自由多变、曲折迂回，一般忌成行、成排和等距布置，力求主次分明、错落有致。

2.规则式种植
多根据植物形态、色彩、体量等方面的特征按规律搭配组合成特定的纹样或图案，外观简洁而秩序，可平面、也可立体组景，通过不同色彩的叶和花在立体骨架上的组合种植，还可以形成植物雕塑。

水体

水是室内绿化的另一种自然景观，景致“有水则活”，水不但会降温增湿，还可蓄养鱼虾甚至水鸟、种植水生植物，以及用来分隔、联系空间。水又具有特殊的形态、光影和声响，不同状态的水会传达出种种不同表情：平展如镜的池水宁静、悠远，蜿蜒的小溪气氛欢快，跌落的瀑布气势磅礴；通过反射、透射光线和周围的景物可为空间带来无穷变化；流动的水产生的不同声响，或清脆婉转，或欢快激越，这都会有助于空间感染力的加强。随着科学技术的发展进步，为加强其艺术效果，现代水景还常常与声、光、电结合使用，各种水景花样翻新、层出不穷。

除非结冰，水没有固定的形状，可以通过不同手段使其产生丰富的表情。水景按其基本状态大致可分为静态水景和动态水景

两种，静态水景平静幽深，动态水景则活泼热烈。水池为常用的静态水景；动态水景有流动、跌落和喷涌等基本形式，流动形式如溪渠、水坡、水道，跌落形式包括瀑布、水幕、水帘、叠水等，喷涌形式有喷泉、涌泉等，应根据空间功能、性格，以及地势、水源状况因势利导地加以布置。

一、静态水景

寂无声息的静态水景，能够营造宁静悠远的意境和氛围：清澈透明的水体可以透射水下景象，增加空间的含蓄与深邃，如镜水面还能够涵映周围的景致，丰富空间的层次，增加空间韵味；水面除了可产生虚景，还多用来衬托实景，其上可以架桥筑岛，建造亭榭回廊，设置石景、汀步、泉瀑，使空间产生生机和意境，并为空间带来轻盈或沉浑等虚实变化。

水池

室内静水主要以水池的形式出现，水池是现代水型设计中最基本、最常用的形式，多与泉瀑、喷水结合使用，池面可采用规则的几何形或是自然形，外形可方可圆，可曲可折，可水平伸展或高低错落，其水面形状、大小、分聚、广狭主要取决于整体空间的功能、流线、尺度、风格和结构条件等内容。人造水景在中国

已有三千多年的发展历史，中国园林以"模山范水"为主要特点，因此大多采用自然式水体，水岸平面造型曲折有变，立面或陡或缓，容易因地制宜，与空间既有条件相适应，还可随岸形变化夹杂使用石矶（矶，水边突兀探出的岩石或石滩。）、水洞、花木苇草，使其更加扑朔迷离、增添幽邃深远的意趣。

水池表面多用砖、石材料来铺装，室内人工池往往较浅，因此池壁、池底等围合物的图案、色彩、质地等因素对水的外观特征影响较大。池壁高于地面是一种较普遍的形式，与地面同一高度的池壁外围应有标识（如改变铺装材料），以防不慎跌入池中；池壁低于四周地面，往往要用台阶下伸至水面。

二、动态水景

水体因重力作用会由高向低产生自流，室内动态水景的设置，常结合地面标高变化或利用砌筑方式形成落差，并通过水泵使

水循环加以实现，通过流淌、跌落、喷涌等方式，利用水姿、水色、水声来增加空间感染力，营造气氛、意境。

（一）流水

流水包括溪渠、水坡、水道等形式，由于受流量、夹持沟槽的宽窄、坡度、材质等的影响和控制而呈现出各种姿态，如中国古典园林建筑中取〞曲水流觞〞之趣的流杯渠。

（二）落水

水体从高处跌落而下，包括溢流、泻流、泉、瀑等，泉与瀑按水量的大小与水流高低来区分，从高处泻下的大流量落水景观为瀑；泉则相反。

1.溢流、泻流

池中水满外流，或结合园林小品形成的溢流杯、水盘等水景。

2.泉

泉在室内绿化中运用较普遍，种类很多，多结合水池、山石、雕塑来处理。由建筑物的墙面或水池池壁隙口流出的称壁泉；

水从竹筒或其他空心管状物中流出入盂（钵）或直接流入池中，称管流。

3.瀑布

水体从悬岩或陡坡直泻而下为瀑布，下方多结合布置池潭，各种水景中，瀑的气势较为雄浑壮观，常作为环境的布置焦点。瀑布的形态多样，其特性取决于水的流量、流速、瀑布口的状况，以及与壁面的关系，日本有关园林营造的《作庭记》中，将瀑布分为“向落，片落、传落，离落，棱落，丝落，重落，左右落，横落”等十种不同形式。

（1）自然式瀑布

多与假山结合，模仿自然景观中的瀑布而营造。

（2）规则式瀑布

强调人工构筑水景的规律性与秩序性，包括有底衬的水幕墙与无底衬的悬挂式水幕、水帘。

1）水幕墙

水借助玻璃、石材等实体坡面滑落，水流整齐，透明如纱，可显现坡面色彩、质地，并克服了因跌落而产生的噪音。

2）悬挂式水幕、水帘

水从高处呈幕帘状直泻而下，水幕如一整片透明幕布悬挂于空

中，由落水堰口沟槽或由水管细孔形成的多条排列整齐水线则称水帘。水幕上可以投射影像，称水幕投影；水帘通过计算机的操控能喷洒出各种图形、文字，称数字水帘或数字水墙，还能与光导纤维结合成发光的光纤水帘。

（三）叠水

在水的起落高差中，添加一些水平台阶，使水连续分层叠落而下，台阶的多少和大小视空间条件而定。

（四）喷水

喷泉原是承压水喷出地面的一种自然景观，现代建筑空间使用人工喷水设备，利用压力，使水自喷嘴喷向空中后形成水花、水柱、水雾等景观，喷水形状、喷水量、喷射高度都可以根据设计意图加以控制，适于空间的中心、焦点处使用。喷水是西方古典园林常用景观，起源很早，公元前6世纪在巴比伦空中花园中已建有喷泉，古希腊时代又逐渐发展出装饰泉，文艺复兴时期的喷泉多与雕塑、水池配合造景，随着技术的进步，利

用电子技术，加入声、光的处理，又出现各种动态、立体造型的喷泉，与光影特效结合的激光水幕电影等，品种繁复，大大丰富了喷泉作为水景的艺术效果。泉水由下向上冒出，不作高喷的为涌泉。

（五）波涛及漩涡
利用电动压力等手段人工模拟的自然波涛和漩涡景观。

■ 山石

掇山置石在中国古典园林中具有悠久历史，早在秦汉时期就已开始聚土构石为山。山石在绿化中虽然起不到植物和水的改善环境气候作用，但由于它在体态、皴皱、色泽、纹理、虚实等方面的丰富变化而能够产生一定的观赏价值，或重拙浑厚、或玲珑剔透、或峭立挺拔、或卷曲多变，而且能够作为“体肤”，与植物、水体配合造景，古云“园可无山，不可无石，石配树而华，树配石而坚”，石还可用来固岸、坚桥，又可为人攀高作蹬，围池作栏，叠山构洞，指石为座，立石为壁，引泉作瀑，伏地喷水成景。石既能叠而为山，又能单峰孤石，独自成景，既可以作为室内庭园中造山筑景不可缺少的构景和组景要素，也可以供室内厅堂陈列，盆景、几案摆设把玩。

绿化所用山石多来源于自然界的山川湖泊，我国园林用石袭用的品种达一百多种，中国人选石喜欢从形式、情趣、意境等多种角度出发，自有一套完整、成熟的评判标准。古人赏石，讲求“石贵自然”、“贵在天成”，少有人工痕迹，欣赏其似与不似之间的抽象之美。李渔在《闲情偶记》中提出“言山石之美者，俱在透、漏、瘦三字。此通于彼，彼通于此，若有道路可行，所谓透也；石上有眼，四面玲珑，所谓漏也；壁立当空，孤峙无倚，所谓瘦也。”主张以“透、漏、瘦”作为品石标准，此外，“怪”（怪异、奇特）、“丑”（憨拙）、“清”（清雅、秀丽）、“顽”（坚实、刚韧）也都是选择山石重要的审美、评价标准。太湖石是中国古典园林中常用的石料，用于造园已有上千年的历史，外形凹凸多变、玲珑剔透、质坚面润、嵌空穿眼、纹理纵横、多具峰峦岩壑之致而成为造园用石的首选，其他还有黄石、锦川石、英石、灵壁石、宣石、蜡石等，也是园林中立景、叠山的上品石料。此外，还有用于水池、盆景填充、点缀的沙石、卵石、砾石，以GRC水泥、水泥砂浆、玻璃钢（FRP）等材料制成，仿效自然山石质地特点的人造假山石等。应根据空间环境的既有条件和表达意境，并结合相应造型手段和表现手法来加以选择，同一景观应尽量选用石质、石色、石纹一致的石材。

山石的处理包括掇山和置石两部分内容，掇山、置石是我国传统园林的独特手法，运用十分广泛，并在长期的造园实践中形成了独特、成熟的理论和精湛的技艺，处理手法上注重对自然山体的艺术摹写，通过主观地取舍与创造，仿效天然山体的情趣和神韵，通过峰峦峭壁、沟涧洞壑，达到“咫尺山林”的境界和效果。

一、掇山

掇山就是利用石块掇叠成山，在历史发展中形成了多种处理手法，如北京的“山子张”的“十字诀”，即安、连、接、斗、挎、拼、悬、剑、卡、垂，江南一带流传的叠、竖、垫、拼、挑、压、钩、挂、撑等“九字诀”。与置石相比，堆叠假山往往规模大，用材多，体量较大、较为完整的孤石叠嶂须以高大的空间和足够的视距为条件。

二、置石

山石在绿化中除了可叠砌假山，还可仿效天然岩石裸露的效果零散布置，称为置石或点石，用以点缀园林空间，可达到“片山有致，寸石生情”的艺术效果。置石所用石料较少，施工也较为简单。

置石分特置、对置、散置等手法。

（一）特置
又称孤置，选姿态秀丽、古拙奇特的整块山石作单独陈设，可置于基座或之上，或直接置（埋）于土中、水中，能够突出主题、遮挡视线，多用于空间入口或构景中心。

（二）对置
于建筑轴线或入口、道路两侧各置一块山石，起强调和装饰作用。

（三）散置、群置
将一定数量的山石作零星散点布置，石姿应有卧有立、有大有小，有聚有散、有疏有密，彼此呼应、若断若续，整体虽呈散点状，但互相之间仍应该实现顾盼呼应、气脉相通。

置石还可以与建筑、装饰构件相结合。如靠墙壁叠置的石景称壁山，用山石包帖于外墙基角称抱角，填镶于内墙基角称镶隅，可用来减少墙体线条平板呆滞的感觉，增加自然生动的气氛；用自然山石作成的建筑台阶称“如意踏跺”；两旁可衬以山石蹲配，主石称“蹲”，客石称“配”。此外，置石还可以兼顾观赏价值与使用价值相结合，李渔在《闲情偶记》中论述山石：“使其平而可坐，则与椅榻同功；使其斜而可倚，则与栏杆并力；使其肩背稍平，可置香炉茗具，则又可代几案。”传统园林中以山石或仿山石材料制作成的器设小品，如石桌、石凳、石榻、石栏、石屏、石灯等，也应属于这种设计思路的体现与延伸，盆景假山则是适合文房清玩的微缩艺术形式。

绿化小品

主要包括桌凳、灯具、花钵、鱼缸、雕塑摆件、刻石等内容，体量较大的室内空间，还可酌情设置亭、台、榭、廊、轩、桥、舫、照壁、墙垣、栏板、径道等建筑设施，它们与植物、水体、山石结合使用，既有使用功能，又能够起到营造气氛、活跃景色、点题组景等作用。使用时应注意造型、尺度、材料、色彩的选择应与所处环境相吻合。

室内庭园

室内庭园是综合使用掇山理水、莳花栽木、建筑营构等手段，在室内形成的园林景观，除了观赏功能，使人们在室内也能领略自然的山林之趣，有些室内庭园还有交通、休憩、娱乐、餐饮、购物等各种实用功能，从这一角度而言，室内庭园实际相当于一个有顶盖的城市开放空间，为人们创造了公众化、全天候的公共活动环境。一般情况下，往往只有规模较大的公共建筑空间，如酒店、商场、博物馆、办公楼等，才有可能进行室内庭园的建设。

室内庭园或以植物为主题，或以山石、水景为主题，应结合空间的风格定位、功能分区、道路流线进行整体规划和布局。有透光顶盖或大面积侧窗的庭园能够引进更多的自然光线和室外

景观，没有自然采光的庭园也可利用人工照明满足植物生长等需求，并可突出、强调趣味中心。庭园设置的墙面、隔断既有分隔空间，又有衬托景物的作用，还可以造成院墙、建筑外立面等假象，能够突出强调庭园部分的独立性，或是强调与毗邻空间的融合与呼应；庭园地面除了植物种植，石景、水景设置，其余部分应做铺装处理，尤其是组织和联系空间的园路部分，不同高度还应设置蹬道解决落差问题，方便行走，也可以人为地营造高度的变化，改善单调感，地面铺装须选用坚固耐用的材料，如砖瓦、石板、卵石等，可与所处的整体空间环境协调一致，强调空间的整体与连续，也可以与相邻空间加以区别，强调分隔边界。

一、从庭园与建筑的组合关系来看，可分为中心式庭园和专为某厅室设置的庭园

中心式庭园规模往往较大，通过组合、渗透处理可为多个甚至整体建筑空间提供服务，多作为建筑空间的核心、高潮来处理；而后者则是在某一室内开辟（可设于空间中心、角隅或一

侧），专为该室使用和欣赏的小型庭园，它们可以与室内空间直接相通，也可以使用玻璃等通透材料加以分隔，甚至可以通过借景于室外庭院的方式来满足设计要求。

二、从在建筑中的伸展方向来看，可分为落地式庭园和空中庭园

落地式庭园位于建筑底层，便于栽种大型花木和处理水景，多与中厅等交通枢纽相结合；空中庭园出现在多层、高层建筑中，结合建筑的楼板、栏板等构件在垂直方向设置，在构造、防水等方面要相对复杂。

三、从造景形式上，无非两种主要倾向，一是自然式庭园，一是规则式庭园

自然式庭园，模仿、概括自然界山水景象，成自然之趣，少人工痕迹，将大千世界、天下美景，通过艺术加工移入室内；规则式庭园多以严谨均衡的几何形为主要特征，强调自然景物的人工化特点，容易与建筑造型协调统一；现代室内造景也可采用兼有自然式和规则式庭园折中特点的混合式庭园。

设计要素与原则

elements and principles in Design

室内空间环境的艺术创造，须从实际形态要素出发，以空间中的实体为媒介，才可以使空间有形化，形成不同的空间氛围及风格意境，达到各种艺术效果，并因此引起使用者、观者大致相同的感受和情绪。空间环境的形式问题涉及空间和实体元素的形态、色彩、质感、照明（空间与照明内容另设章节专门介绍）等要素，还涉及空间和实体元素间的构成、组合关系（如比例、尺度、节奏、对称、均衡）等诸多问题。研究、运用形式原理与法则，对环境设计工作具有十分重要的意义，不但可以使我们理解和掌握空间环境能够使我们产生愉悦的根本原因，也使我们具有了设计结果成功与否的一种操作与评价标准，同时，我们也不应该过分刻意地遵循、依赖于这些清规戒律，如果仅仅按照条例便可以获致完美的设计，那么杰出的艺术家也不过是凡夫俗子，事实上，现时的许多传统设计理论、审美观念正不断受到时代的挑战，一些出色设计往往由于有意识地突破、违背既有原则，寻找新的创作途径和模式而取得巨大的成功。

■ 设计要素

一.形态

"形态"是事物在一定条件下的表现形式，包括"形状"和"神态"、"姿态"两个方面。实体的"形"是客观存在，具体、可感的，体现于物体的内外轮廓和表面起伏；"态"则依附于形，寓于形中，属于内在的、抽象的心理现象，有什么样的形便会有什么样的态，所谓"心意之动而形状于外"。建筑元素的形的生成除了出自功能、效用、结构等要求，还是审美以及感情符号的载体，可以传达复杂的视觉效果和心理感应，如轻巧活泼、庄严肃穆、华丽高贵、清新淡雅等。

如果将建筑实体的形进行概括、抽象可得到点、线、面、体等基本构成元素，它们在造型设计中具有普遍性意义，同一形状采用不同的形质来处理，其表情效果是不同的。室内空间中的点、线、面、体的特征只是相对而言，并非截然分开和固定不变，包括观察的位置、它们自身的尺度与形状比例、与周围背景和物体的对比关系，以及它们在造型中所起到的作用等诸多

因素都会使其发生改变。另外，虽然构造规则有序的抽象几何形几乎主宰了今天的建筑和室内设计，作为模拟自然物的〝仿生〞形以至自然形也正日益受到人们的青睐。

(一)点

点是最小的视觉元素，一定数量的点通过排列还会形成线、面和体块。室内环境中，相对于周围背景而言，足够小的形体都可简化认为是点，空间中既存在实点也存在虚点（如墙面的门、窗孔洞）。点因为有集聚性而容易成为视觉中心和重点，处于环境中心的点，呈现稳定、静止状态，若偏离中心，就会产生视觉上的力动、紧张关系；点的秩序排列具有简洁、安定感，无序排列则会产生复杂、运动感；通过点的大小、配置疏密等因素，还会在平面造成深度感以及凹凸变化。

（二）线

长度远远超过其宽度的形体都可视为线。线可以表明长度、方向、运动等概念，界定物体的形状、轮廓，连接、联系其他视觉元素。室内空间中作为线的视觉现象很多，有些是实线（如柱子、悬索等受力构件，形体的线脚、外轮廓等），有些则为虚线（如拉宽的凹槽、重复排列的点元素），线材的密集还会形成半透明特征的面或体块，呈现出空灵、轻巧的体态特征。

线所表达出的种种表情、气势，有助于室内空间风格特点的形成，这有赖于它在长度、宽度、曲直以及方向的变化。在物体表面通过线条的重复组织还会形成种种图案和肌理，可用来加强或削弱物体的形状，改变或影响它们的比例关系。

（三）面

面具有二维的形体特征，其长宽远远大于其厚度，通常会具有轻盈的表情。面是分隔、限定空间的积极要素，常出现在墙面、地

面、天花等建筑空间的界限、边缘，以及门窗、楼梯、家具等处，既可能本身是片状的物体，也可能存在于各种体块的表面。其形状、尺寸、质感、虚实的变化，在空间中的伸展、组合关系会影响到它们对空间的限定程度及空间的视觉特征。

(四)体

体具有长、宽、厚三种向度，感受体块，需要依靠不同角度的视觉印象进行迭加综合。建筑空间中既有实体，也有空的虚体，这往往取决于我们观察事物的角度，实体厚重、沉稳，虚体相对轻快、灵动。方体和矩形体清晰、明确，而且由于其测量、制图与制作方便，在构造上容易紧密装配而在建筑环境中

被广泛应用；曲线体或球体圆浑、饱满，但与其他形体的结合一般较为困难；三角、锥形体块通过方向调整可形成紧张动感或坚实稳定的表情，并会给人深刻印象。体还可通过切削、变形、积聚等手段衍生出其他复杂形状，丰富表现语言，满足建筑空间的各种复杂功能要求。

二.量感

量，通常是指由体积或容积引申出的大小、厚薄、轻重、多少等的感觉。立体形态，尤其是复杂的形体，没有固定不变的轮廓，往往要通过量感去感知，量感是物理量和心理量的综合，物理量客观存在、可量可测，心理量源于物理量却又与之不同，如厚重感、结实感、紧张感，虽然可以感受却无法测量，是对形态本质的心理感悟。量感是物体内力运动变化引发形体表现的心理感应，是使抽象形态具象化的核心，内力与外力的紧张冲突，使形态具有膨胀感、与外力抵抗感、自在生长感，犹如生物在生长过程中需要克服外部环境的阻挠，从而在外力与内力对抗矛盾中形成千姿百态的形态，人为形态也应考虑这种形态内在力的存在，并以此作为操作语言，是提高作品艺术

表现力、创造生命活力的手段。

三.色彩

色彩是室内造型手段中最活跃、最生动的因素，人们观察外界事物时，色彩往往会先入为主，首先引起视觉的反应，色彩还会对人的生理、心理、行为甚至健康方面引起相应的影响。了解色彩设计原理，对于设计工作的开展尤为重要，恰当的色彩

使用不仅可以引起美感情绪，强化设计风格、营造气氛情调等作用，还具有提高工效、减轻疲劳、减少事故等功能意义。鲜亮的颜色或醒目的对比颜色（如红白、黄黑相间）常常用于危险和警告标志；若作业是有颜色的，我们常常使用补色作为其背景的颜色，如医院中手术室四周的墙面，以及工作服常会做成墨绿色以抵消血液的红色余象⑩，并可使眼睛获得平衡和休息，减轻视觉疲劳。

色彩的来源归因于光，光照亮了空间中的各种物体，不同物体对照射其上的色光选择性地加以吸收和反射（或透射），我们的眼睛只会识别反射（或透射）光的颜色并将其视为物体的颜色。如红色物体之所以呈现红色，是由于它吸收了照射其上的除了红色光以外的其他色光而只反射红色光，吸收的其他色光转化为热能。颜色越亮反射的光越多，白色物体理论上是反射全部色光，而黑色物体理论上是吸收全部色光。

（一）色彩的属性

⑩余象：长时间凝视一种色彩，转而凝视其他地方时我们会觉得看到了那种色相的补色。这是由于视觉中色彩感受器的敏感度部分地降低，正常的眼睛产生暂时性的部分色盲而形成的色彩现象。

绝大多数色彩具有色相、明度和纯度三方面的属性，改变色彩任一属性的同时往往会引起其他属性的改变。另外，照射光线的色彩、强弱、环境对比，以及表面的光滑程度也会对这些属性或多或少地形成影响。

为了能够精确地说明、描述与应用色彩，人们将千变万化的色彩以色相、明度、纯度三种属性为基本构架，科学地进行整理、排列、分类，并加以命名，在最初一维关系体系基础上，逐渐形成以数学坐标方式对色彩进行表述的三维关系体系——色立体，最具代表性的有美国教育家、色彩学家、美术家阿尔伯特·亨利·孟塞尔建立的孟塞尔色立体，德国物理学家、化学家弗里德里希·威廉·奥斯特瓦德建立的奥斯特瓦德色立体，日本色彩研究所研制的PCCS色立体，这种色彩体系的建立，给色彩的使用和管理、研究探索带来很大的方便，为更全面地应用色彩、搭配色彩提供根据，可以丰富色彩词汇，帮助我们开拓色彩思路，指示科学的色彩对比、调和规律，对于色彩的标准化、科学化、系统化具有重要价值。

1. 色相

即色彩相貌，是一种颜色明显区别于其他颜色的表象特征，色相差别是由于其反射（透射）光波波长的不同而产生，我们常以自然界中类似物的色彩对其加以命名，比如玫瑰红、土黄、象牙白等。大多数主要色彩自有人类以来就被赋予一定的情感和象征意义，虽然这种意义又不可避免地受各种传统与文化背景等因素的影响而产生不同甚至是相反的内涵。

2.明度

即色彩的明暗程度，由色彩反射光线的能力决定，黑白是色彩明度的两个极端，每种色彩只有在纯度最高状态才会呈现它们的正常明度。明度对于区别形状，判断深度起至关重要的作用，尤其对于视力有问题的人或婴儿、老人，在光线不足的前提下，明度对比的作用最为强烈。色彩明度还有助于调节室内光线的强弱，需要有效利用光线的场合可通过高明度颜色以提高照明的效率。高明度色彩的室内空间开朗、振奋，处理不当也容易冷漠、严肃；低明度色彩的室内空间会呈现沉静、私密，同时也容易阴郁、沉闷。明度对比弱的室内空间朦胧、含蓄；明度强对比的室内空间醒目、清新，过强的明度对比又可以通过中间明度的介入来加以缓解。空间的视觉尺度、开敞性往往与其明度高低成正比。

3.纯度

即色彩的纯净程度，或称彩度、饱和度，是指颜色所含该色成分的比例。高纯度色彩兴奋、活跃，引人注目，但过多的鲜艳颜色也容易造成心理的厌烦；低纯度色彩因为稳重、安定而往往使人感到舒适、放松，同时容易平庸、沉闷。

(二)色彩的心理效应

德国现代建筑师和建筑教育家沃尔特·格罗皮乌斯曾引用引述一位色彩工程师的话："紫色引发忧郁和伤感，黄色是一种鼓励的颜色，促进交往，提高脑的机能和舒适的感觉。一间涂刷黄色油漆的教室对于落后的儿童有利。但一间黄色的儿童室却明显地干扰孩子的睡眠。蓝色不是导致忧伤而是放松——老年人有时候追求蓝色。对于红色的心理反应是促进智力、脉搏和食欲；一只红色的椅子和一只蓝色的椅子，当它们离开观察者的距离相同时，看起来似乎前者比后者近一些。绿色产生冷却的作用，因此女打字员在绿色的办公室中，心理上产生冷的感觉，而在一个有橙色窗帘和家具的室内，尽管其中的温度保持不变，男人却会脱下穿的毛衣。在一个明亮的蓝绿环境中，慈善事业的募捐活动比在一个白色的环境中，更能赢得人们的博爱之心。一个深蓝色10kg重的箱子在感觉上将会比一个黄色的重。电话铃在白色的电话亭中响起来时，感觉上比在洋红的亭子里更尖锐。最后，人们在黑暗处吃一只桃子，不如在能辨认桃子颜色的地方香。"我们对色彩印象相当主观化和情绪化，虽然由色彩引起的审美趣味和复杂感情会因为年龄、性别、受教育程度、性格气质以及种族、社会风气、文化背景、气候等众多不确定因素而存在差异，但是由于人类生理构造方面和生活环境方面存在着共性，因此，对大多数人来说，无论是单一

色彩，还是多个色彩的组合使用，在心理方面还是会引起大致相同的情感和共鸣，色彩本身无所谓表情，是我们根据记忆、既有经验及联想赋予其性格及特点，色彩的心理效应通过实验心理学的研究主要表现为如下几方面：

1.温度感

不同色彩会产生不同温度感，如红、橙、黄等色多呈温暖感，绿、蓝、紫等多呈冷感，这种冷暖感觉并无明显的标准，而是相对而论。如：同是冷色，绿色要暖于蓝色；不同冷暖背景也会改变其冷暖感受。温度感还与明度有一定关联，一个低明度颜色的房间往往要比高明度颜色的房间使人心理更温暖。

2.性格感

不同色彩会使人产生不同心理感受，其中，纯度因素影响最大，一般来讲，高纯度色、高明度色、暖色容易使人兴奋和热烈；低纯度色、低明度色、冷色则沉静、庄重。另外，色彩各方面的强对比容易使人产生明快以及喧闹感，而弱对比则相反。

3.距离感

色彩会影响到人们对环境要素的空间位置感觉。对于空间的界面而言，适当地使用颜色会有助于空间尺度以及比例关系的改善。色彩距离感与色彩间的对比程度有关，强对比要比弱对比具有明显的前进感；除了对比的强弱，色彩的纯度、冷暖也会使距离产生错觉，低纯度的冷色具有收敛感、后退感，高纯度的暖色具有扩张感、前进感。用于空间围合时，低纯度的冷色会增长实际距离而使空间开敞扩大，而高纯度的暖色则可以缩短房间或其某一部分尺寸，减少空旷感。至于色彩明度对空间距离的影响，不同的资料往往呈现矛盾结论，普遍持有的观念是：高明度色会使空间趋于扩大，即围闭空间界面的视距会随明度增加而增加，而实验的结果却是相反，一个物体表面的视距会随它的颜色明度的增加而减小，较深的颜色表面会使空间倾向增大，尽管这同时容易造成空间的压抑和沉闷。

4.华丽与朴素感

华丽与朴素与色彩纯度关系最大，纯度较高时会显华丽，反之朴素；对比强烈的色彩显华丽，反之朴素；选用有光泽感的金色、银色，同样也会产生华丽感。

5. 重量感

色彩的轻重感主要受明度影响，低明度色往往要比高明度显得重些，低纯度也要比高纯度色重。因此，室内色彩一般多会遵循上浅下深的原则来处理，这样稳定性会好些。

6. 尺度感

暖色、高明度、高纯度色有膨胀、扩张感，反之具有收缩感。因此，暖色调房间会因色彩膨胀而显小，冷色调房间反倒觉得大些。

7. 软硬感

颜色会因为明度的降低和纯度的升高以及对比程度的加强而变得更加坚硬。

8. 混合感

不同色彩混合交错布置，远处看去它们会在我们的视觉中发生光学混合而获得新的色彩，这一概念是由法国画家乔治·修拉发展起来并运用于他的点彩派绘画作品，马赛克镶嵌就是利用这一原理来构成多种图形。

(三)室内环境的色彩设计

室内环境色彩主要来自界面、家具、织物等室内物体（对于开

敞空间，还包括室外环境色彩的影响）的表面色彩，室内设计师应运用明度、纯度、面积配比等手段，细心组构整体空间色彩基调及色块间的分布、搭配状况，调节色彩的和谐关系，恰当地使用色彩来修饰空间及各组成元素，突出重点部分，抑制、削弱次要部分，同时还应预见到这些色彩如何在光线照射下达到相互映衬的效果。

为一个空间制定色彩方案，一方面应满足使用要求，以其使用性质、活动类型及使用时间长短等因素为出发点，对于短期行为，可根据要求强调对比，而长期行为，过分的对比则容易导致视觉等方面的疲劳；另一方面，还应兼顾空间及使用者的视觉美感、个性心理需求以及流行时尚等因素，来决定是应该营造热烈华丽还是淡雅朴实的氛围，应该使其丰富跃动还是单纯平静。

色调是色彩的意境，室内色调是由室内环境中各物体色彩相互配合所形成的总的色彩倾向，根据色彩的比例、位置关系，室内色彩可分为背景色彩、主体色彩和强调色彩三部分：背景色主要是室内的墙面、地面、顶棚等界面的色彩，这一部分色彩面积很大，往往会构成室内环境的色彩基调，对室内色彩关系会起统摄、支配作用，决定空间基本形象，对于空间中这种大面积的表面，一般情况应尽量采用较沉静的中性色彩，避免过度的视觉刺激，以便能充分发挥陪衬烘托作用；主体色指中等面积的色彩，如地毯、窗帘等各种织物，往往是室内色彩的主要效果媒介；强调色指室内家具、陈设配饰等小面积、小尺度的物体、构件，它们往往会采用较为强烈突出的对比性甚至补色色彩，以求得变化。

调和的色彩方案，可以用某种单色作为整个室内的主调或背景色，使用单一色相的空间会造成强烈统一感，以及加强空间的视觉冲击力、认知性和可识别性，也可以用类似色组合形成基调，同样容易取得和谐的效果，但应注意过于接近的色彩关系也可能产生的单调、乏味感。使用背景的对比色甚至补色，可以用来制造空间中心、焦点，强化空间形式，而对比强烈的色彩又容易因缺少控制的变化而产生散漫、杂乱感，可通过加强色彩间的过渡衔接和渗透呼应关系避免搭配的生硬与孤立。

由于物体所显现的颜色是由其表面反射（或透射）光线的不同波长或频率决定的，照射光源光谱成分的变化，必然会对物体颜色产生影响。带有某种特定色相光线，将会提高同色相的色彩纯度，还会使其补色变成灰黑色，如中国古建筑的配色，墙、柱、门窗多为红色，而檐下阴影中的额枋、雀替、斗拱等构件多为青绿色，这会使其不致过于灰暗，青绿的深远效果还可增加立体感；提高照度会提高色彩明度，但同时又会降低其纯度。由于光线会以微妙的方式改变室内色彩，因此，室内色彩方案的设定不仅要考虑白天的自然光还要兼顾夜晚人工照明造成的色彩变化。

四. 质感

质感是由于材料的表面属性以及组织结构而产生的视觉、触觉方面的感受，是对材料表面光滑程度、密实程度、孔隙率的大小及纹理图案等特征而产生的粗细、软硬、轻重、冷暖、透明等感觉的描述。

建筑实体是由具体材料组成，每种材料都会有不同的质感特征，这有助于加强、丰富空间视觉效果，激起不同的情感反应，避免空间单调乏味。

人类是通过触觉和视觉感受材质的质地特征，触觉和视觉是复

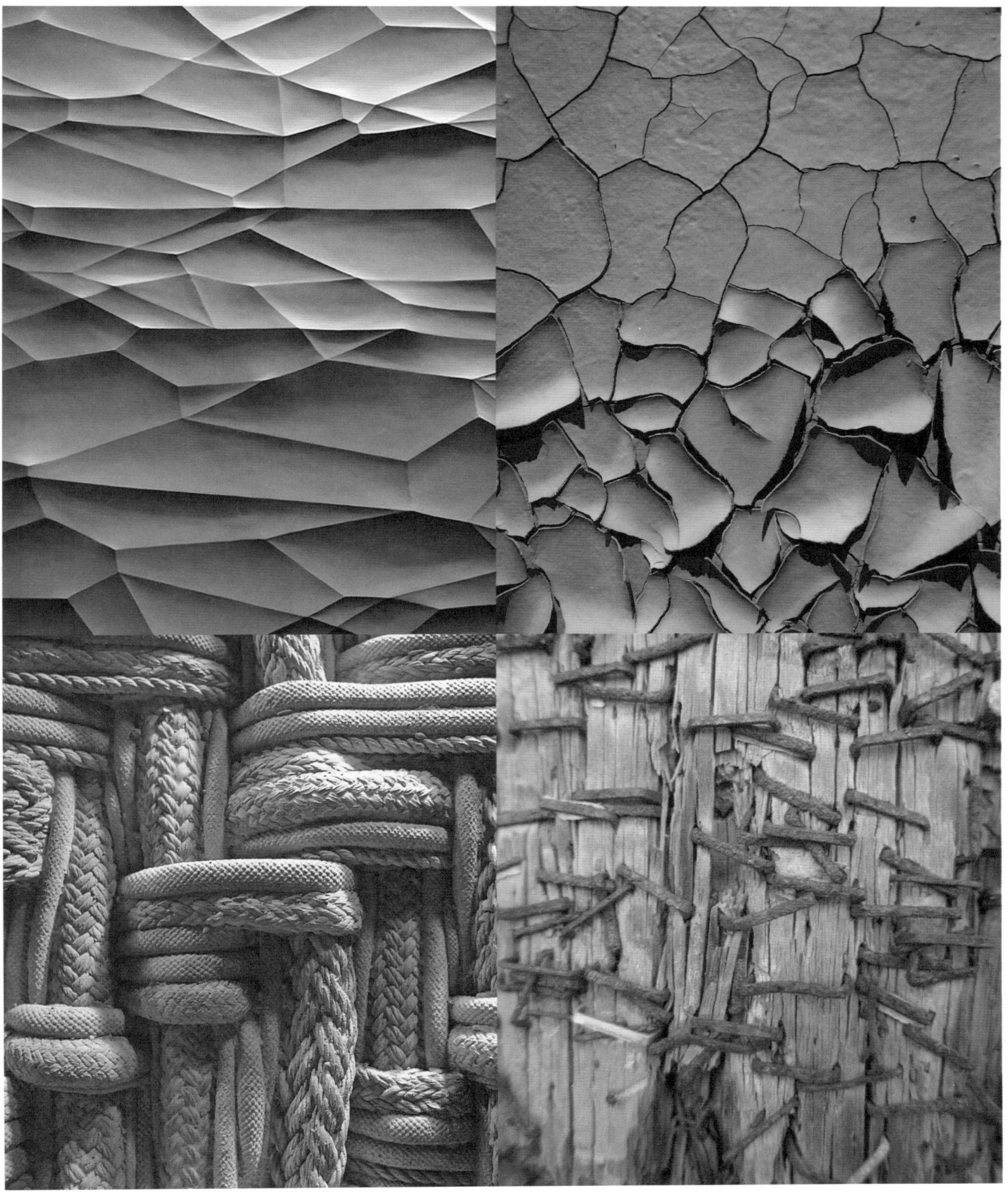

合、交织在一起的，触觉质感真实存在，可通过触摸感受，如凹凸、软硬、冷暖等；而许多情况下，单凭视觉渠道就可感受物体表面的触觉特征，如透明度、光泽度，美国摄影艺术家本·克莱门茨称之为“视觉质感”。这主要是基于我们对过去相似事物、相似材料的回忆联想而得出的反应，视觉质感有时是真实的，有时则可能是触觉无法感受到的幻觉。质感是对质地和肌理的感受而形成的概念，也许与质感关系最密切的当属肌理，肌理既可由物体表面的介于立体与平面之间的起伏产生，也可以由物体表面的无起伏的图案纹理（也有人称其为模拟肌理）而产生，当物体表面的重复性图案很小，以至于失去其个体特征而混为一团时，其质地感会胜过图案感。肌理包括材质本身的“固有肌理”和通过一定的加工手段获得的“二次肌理”：固有肌理是以材料本身内在特征或由生产工艺形成的“原肌理”展现，如木纹、石纹、织物的编织方法、砖石的砌筑方法等；而在结构层的表面进一步加工出新的起伏或纹饰，如雕刻、印刷、敲打、贯孔、褶皱等手段，便又会使材料呈现另一种肌理效果，即所谓的“二次肌理”。

肌理不只影响到被覆物体的触感、观感等性质，还会影响到我们对其所覆表面的感觉判断，如重量感、坚实感、温度感、空间感、尺度感等。肌理的配置除丰富材料表面观感等艺术作用外，还应服从使用条件，发挥情报意义和识别功能，如黑暗中的仪器旋钮、按键以及盲道的设置都应具有明显的触感区别。

光影、视距远近亦会影响我们对质地的感受，光线的不同方向以及强弱都会夸大或削弱质地特征，小入射角光线照射到有实在质地的表面时，会形成清楚的光影图案而强调、夸张它的视觉质感，而垂直照射的光线则往往会削弱、模糊其起伏特征，还应根据视距远近选择适合不同距离观看的材质。

设计原则

一、比例

所谓比例，就是物体的部分与部分、部分与整体以及整体与整体之间存在着的一种数学关系。良好的比例是获得形式完美统一与和谐的基本条件之一，可在环境各元素间建立“一套有连贯性的视觉关系”，也许人们最熟悉的比例系统是黄金分割比①，大约4000~6000千年前建造的位于英格兰威尔特郡索尔兹伯里平原的巨石阵，以及埃及的金字塔就运用了黄金分割比，此后的古希腊人以及文艺复兴时期的艺术家、建筑师都热衷于通过黄金分割比探求美感产生的数字化规律，这种自然界中同样普

①黄金分割比，如果被分成两部分的一条线段，短段与长段之比等于长段与全长之比，这个比例就是黄金比，比值约为0.618。

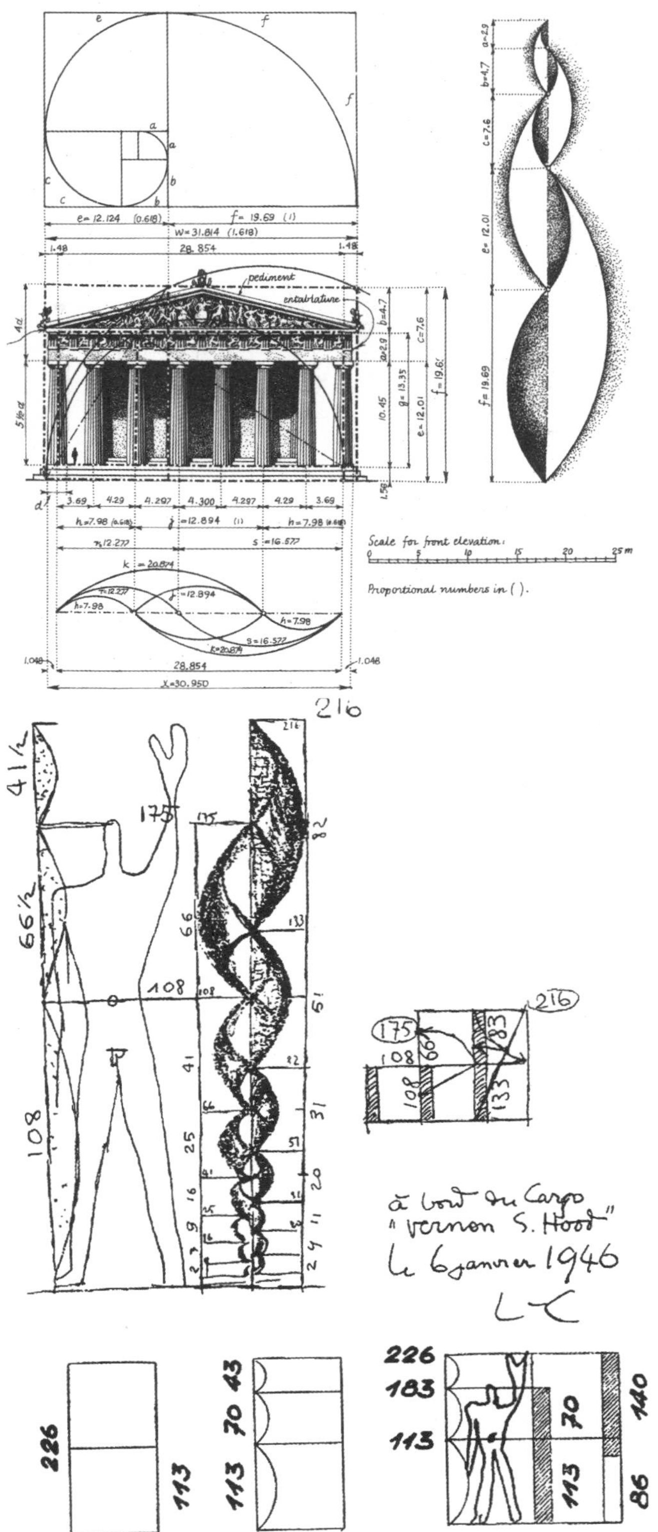

遍存在并具有重复模数的比例被赋予设计中的权威地位而沿用至今，并作为一种理想依据对绘画、雕塑、音乐、诗歌以及设计领域产生了巨大影响。而处理多个比值，还可以使用基于一定法则产生的数列，如等差数列、等比数列、调和数列、费波那齐数列、佩尔数列等，它们都会产生和谐完美的"理想"比例。

作为反任意性的一个保证，勒·柯布西耶还强调运用计算设计美学的"基准线"来作为调整建筑比例、图形构成的最有效手段，"希腊人、埃及人、米开朗琪罗或勃隆代使用基准线来校正他们的作品，满足他们艺术家的感觉和数学家的思维。"美国建筑师、建筑史学家及评论家肯尼斯·弗兰姆普敦在《现代建筑：一部批判的历史》一书中认为"这是一种对建筑立面维持比例控制的古典手法，它表现在诸如用黄金比例设置窗口等。"还有与度量和统一有关的模数系统，具有秩序感美学优点的同时，也更利于各组成单元的配合、复制，日本传统住宅就是以固定尺寸的榻榻米作为模数来确定空间比例关系，在这方面，勒·柯布西耶将其作为一种重要的设计工具并在实践中加以运用，包括马赛公寓、昌迪加尔、圣迪埃工厂、朗香教堂，模数系统都不同程度地发挥了比例控制的作用。

当然，所谓"理想"的比例系统作为一种审美判断，难以做到完全客观和十分精确，透视、距离、经验都会影响我们对尺度、比例的知觉，更何况环境的使用功能、结构形式、建造材料等复杂的因素还制约着形式的创造，使我们不能随心所欲地运用或遵循这些比例系统。

二、尺度

尺度与比例是非常接近的概念，它们的区别也许仅在于比例具有严格的比率，而尺度更多时候仅仅强调一种对比关系及其给人的感觉，比例是理性、具体的，而尺度则是感性、抽象的。建筑空间的尺度对使用者深具影响，尺度选择不仅涉及功能好用与否，而且随着物体尺度规格与我们之间的关系发生改变，我们对其心理反应也会发生改变，秘鲁南部纳斯卡地区大地上生动精准的神秘图画，让我们印象深刻的除了莫衷一是的种种猜测，还有就是难以置信的巨大。超乎寻常的尺度可以吸引注意力、强调空间重点，甚至歪曲

我们正常的尺度判断，而大小适当的尺度才会使空间中的我们看上去不是巨人或侏儒。

空间环境的尺度应从两方面来分析：

（一）物理尺度
由标准度量衡器测出的物体实际、客观的尺寸。空间环境的物理尺度往往取决于人体尺度及功能要求，以及材料、结构方面的限制，不会因周围事物而受到影响或发生改变。

（二）视觉尺度
与比例一样，指的是室内各部件之间的相对关系，是一种〝心理尺度〞，而并非实际的物质性尺寸。空间环境中，门窗、楼梯、家具等人们熟知的线索，物体表面的肌理、图案等都会影响视觉尺度的建立，并能使空间看上去空旷开阔或拥挤不堪。

有人将建筑尺度分为三种类型，即〝自然的尺度〞、〝超人的尺度〞和〝亲切的尺度〞，所谓〝自然的尺度〞，〝这是试图让建筑物表现它本身自然的尺寸，使观者就个人对建筑的关系而言，能度量出他本身正常的存在〞。〝超人的尺度〞，〝它企图使一个建筑物显得尽可能的大，而且用这样一个方法使个人不致因对比而感觉建筑物小了，它将使建筑物增大了，拓阔了，设法使一个单元的局部显得更大、更强、比个人本身更有威力些〞。〝亲切的尺度〞〝希望把建筑物或房间做得比它的实际尺寸明显地小些〞。

三、节奏与韵律

节奏和韵律是由于形态、构造等元素在空间与时间上的重复而产生，每个元素都是旋律中的一个节拍，这种重复既可以是完全不变的简单重复，也可以通过些许的变化（如渐变、循环交替变化）以增加其复杂性。节奏和韵律往往相互依存，互为因果，节奏是韵律的条件，韵律是节奏的深化，并被认为是有一种变化的节奏。节奏和韵律是表达动态感觉的重要手段，相同、相似的元素有规律地循环出现，或按一定规律变化，如同利用时间间隔使声音规律化地反复出现强弱、高低变化一样，便会使人的心理情绪有序律动，这种律动或急促、或平缓，使空间充满动感和生机。

四、对称与均衡

心理学家发现，人类观察物体时，有一种追求稳定、喜欢平衡的趋势，缺乏平衡是和我们的秩序感相抵触的，并会引起不安或不满的情绪。德裔美籍心理学家、美学家鲁道夫·阿恩海姆提出了物理平衡和心理平衡的概念，前者指物体在实际物理重量方面达到平衡，后者是指眼睛所经验的平衡。设计中，心理平衡或者说视知觉的平衡才是我们真正关心的。室内空间中均衡的取得很大程度有赖于室内物体的配置与安排，对比强烈的造型、鲜明的色彩、大尺度、超常比例以及精致的细节等手段都会因吸引人的注意力而加强其视觉分量。

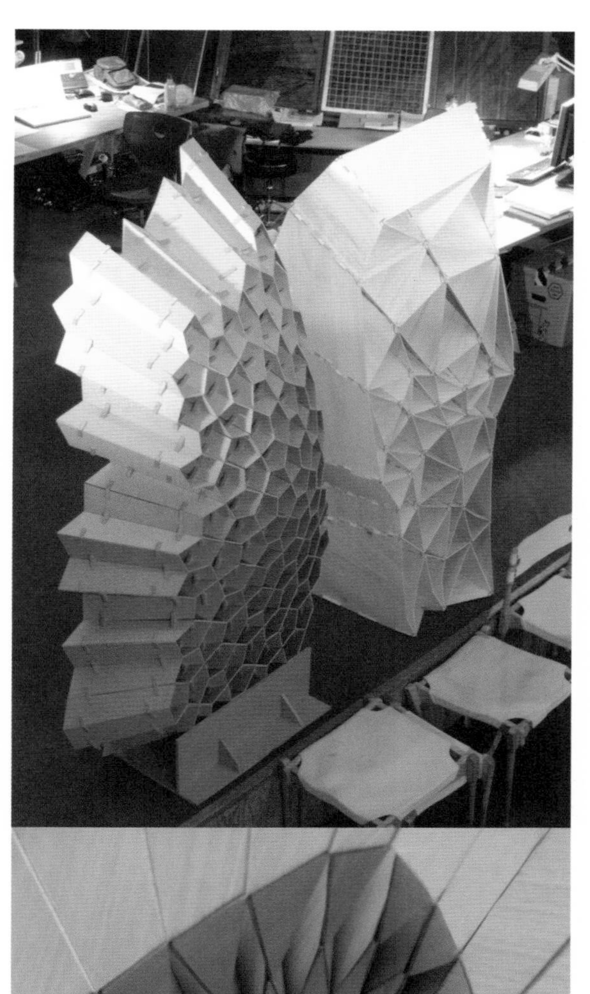

有两种总体平衡类型，对称平衡和不对称的均衡。对称是最简单、最基本的平衡形式，沿一条垂直轴，相同或相似的要素在垂直轴两边的同样位置重复出现便可取得轴对称，轴对称很容易获得，且视觉效果简单明了，宁静、秩序、稳固、永恒的感觉使其持久流行，其轴线位置往往作为强调重点，此处宜安排视觉中心或空间高潮。然而，虽然通过细微变化也可使其具有生气，对称式平衡还是存在刻板、浅显、拘谨等缺陷，并且由于功能和环境条件以及形式的多样性要求，一个完全的对称通常没必要也难于做到。对称平衡还包括放射对称、平行移动对称和扩大或缩小的对称。

现代设计师们更多的还是喜欢均衡美而不是容易平板的对称美，这种微妙的视觉平衡就像杠杆原理的平衡关系，可通过调整视觉分量与支点的距离而达到一种平衡、稳定关系，其构图元素无论是尺寸、形状、色彩还是位置关系都不追求严格的对应关系，这种平衡的运用较为复杂，虽然不如对称式平衡那样明显，但它比对称形式更加自由、含蓄和微妙，避免了单调与平庸，可表达动态、变化和生机感，而且更容易因地制宜，适应不同的功能、空间和场地条件。

五、对比与统一

突出表现形式要素间的差异性即为对比；寻求形式要素间的共性即为统一。统一是由设计中视觉特征的一致性造成的，要素间若存在整体的倾向性，无论是形状、色彩、质感、材料或是尺度、位置，以及通过建立强有力的视觉中心或对称轴，靠拢组团、赋予空间的重点和高潮等手段，都会有助于统一纷乱的构成元素，即可获得条理感、和谐感。重复是最简单的创造视觉统一的手法，但当过分地强调要素的相似时，统一就会变得千篇一律，这种无支配要素的空间容易流于单调、呆板与平庸，这时，人们希望通过些许对比变化，以求得生动活泼与趣味感，视觉兴趣、主题、重点都能通过对比而得以体现，而当这种求变手段过激时，又将会带来视觉上的混乱和涣散，于是，又要通过统一的寻求来重新建立秩序感。对比与统一永远是一对儿矛盾的统一体，相同或不同特征之间的平衡会给艺术与生活带来趣味，也带来活力，统一与变化的取舍和是非，有时仅一线之隔。

六、重点与一般

作品为突出主题或中心，必须选择其中关键部分加以强调，称重点表现。通过造型、色彩、肌理、尺度、位置、照明等手段，可以使一个重要的元素或视觉特征成为空间重点，而作为从属元素则要弱化和有所节制。这种重点在空间中是相对而言，重点与一般应能够容易辨别而引起注意，没有一般也就不会形成重点。重点的强调不但可以形成空间的高潮，还可以打破平淡，加强变化和多样性，没有重点的空间会像钟表一般的单调和乏味，而过多的支配要素则会杂乱无章、喧宾夺主。另外，也应避免重点过于突兀，设计中应注意必要的平衡与呼应关系。

采光与照明

daylighting and illumination

光对人类视觉功能的发挥极为重要，没有光我们无法感知形状、色彩、质感、立体、空间等信息，也无法正常、舒适地生活和工作。光是来自太阳或月亮、星星等其他天体，以及火焰、电光源的一种电磁波，电磁波的波长范围很广，但只有大约在380~780nm（纳米，1纳米相当于十亿分之一米）间的极窄范围能够引起人类视觉感知，称为可见光。此外，还有其他不能为肉眼直接感知的红外线、无线电波，紫外线、X射线、γ射线等不可见光，虽然不能为肉眼所察觉，但有些不可见光却会对人和环境带来一定的影响，比如过量紫外线会伤害人类皮肤、眼睛和免疫系统，还会引起地毯、窗帘等织物以及涂料的老化、褪色，红外线会使室内空间和被照物过热、干裂等，在照明设计中，也应顾及这些问题带来的不良后果。

光（包括由光产生的影）不仅是摄影、电影、电视以及各种舞台艺术的关键因素，也是建筑环境中不可或缺的重要组成部分，法国建筑师勒·柯布西耶说过"建筑物必须透过光的照射，才能产生生命"。光不仅具有单纯的照明功能，能够提高工作效率，保护视力，保障使用者健康、安全，也是具有美学意义和心理效应的重要设计元素，通过强弱、方向、颜色等方面的变化，光可用来定义空间、塑造主题、烘托气氛、营造意境、平衡情绪，"……能加快商店商品的销售、减少学校学生的不轨行为和提高学习质量、提高办公人员和工人的工作效率、帮助医生治疗那些单靠医疗手段难以奏效的疾病（特别是精神病和心理变态者），并可融洽人与人之间的关系、和谐社交生活、扩展文娱场所的精神境界。”建筑环境中，对光环境的主动、积极把握是满足功能和情感双重需要、提升设计质量的重要手段。

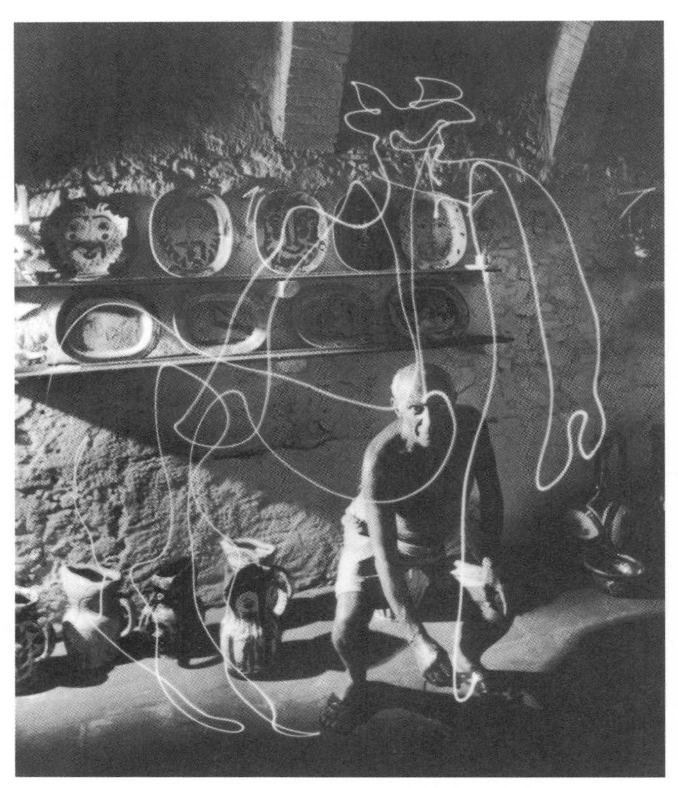

室内空间的光线源于自然采光和人工照明两种途径，自然采光来自日光、月光、星光，人工照明则以各种电光源为主。虽然光在空间中无处不在，但却是一种最容易被我们忽略和熟视无睹的环节，在室内设计工作中，光往往被当作一种次要元素加以对待，我们在精心设计天花、墙面、地面，煞费苦心地选择材料、家具、艺术品的同时，却很少真正关心用什么方式去照亮它们。随着人们对环境认识的深入及设计要求的不断提高，照明正从单纯技术角度的设计出发点，更多地转向对使用者视觉及心理感受的关注，以增进空间的表现效果及氛围意境的营造。

照明设计师这一职业在欧美、日本等发达国家确立较早，照明设计行业已有四五十年的历史，其专业价值已被普遍承认。我国是在 2006 年，照明设计师

职业得到劳动保障部批准，成为国家认可的一个“新兴”职业，他们可以进行照明工程的技术设计并绘制图纸，对照明电器产品选型，制定照明设施的安装、供配电和照明控制系统设计方案，以及对施工、安装、调试、验收、维护进行技术指导和建议等方面的工作。尽管分属不同工作范围，作为最终空间效果的决策者——室内设计师还是应对其有一定程度的了解，应熟知各种性质空间对照明的具体要求，不同的照明灯具和光源性能，以及人的视觉生理、心理特征等诸多因素，这同时也有助于工作中与照明设计师合作交流的顺利进行。未来的工作，要求室内设计师与照明设计师、建筑师更多地交流沟通与密切协作，使工作更加专业和完善，更容易达到预想的设计效果，而非仅仅出自室内设计师或建筑师单方面的主观臆想和难以预测的最终偶然效果。

一、照明设计原则

光是整体空间环境中的重要组成部分，光的设计既是一门科学、技术，也是一门艺术，合理的光线不仅可以满足使用要求，提高工作效率，保护使用者的健康与安全，对于人们在环境中的生理及心理反应亦至关重要，适度的光能激发和鼓舞人心，或是令人轻松而心旷神怡，而失当的光则会使人精神不安、心情烦乱，甚至心理机能失调并引起各种疾病，如荧光灯的频闪效应会使人眼的调节器官，如睫状肌、瞳孔括约肌等处于紧张的调节状态，导致视觉疲劳，从而加速青少年近视。

（一）功能性原则

良好的光照条件，应满足视觉功能需要，力求使人看得清楚，减少眼部负担，减少分散注意力的不相干信息干扰，这包括合适的照度、良好均匀性和稳定性，以及人工光源显色性、眩光、频闪等问题的有效控制等内容。设计中应根据不同空间场合的具体使用要求以及建筑的基础条件，依据照明设计技术标准与相应的设计规范来进行操作，有时还要通过精确计算来达成这一目的。

（二）艺术性原则

光不仅仅具有简单的照亮功能，也是建筑空间的一种重要表现手段，在影响到人类视觉能力的同时，也会影响到人们的心理和情绪，光可以夸大、缩小空间体量、尺度，增加空间层次，可以对被照物体的材料、质感、色彩、形状、立体感等因素进行恰当表达，创造趣味中心，并会进一步赋予空间不同的氛围和意境，如烛光因浪漫感人的品质常常被用来创造一种独特情调，这不仅表现在光的强弱、色彩、构图和空间分布，照射方向、位置、角度，还表现在灯具本身的点缀（造型、尺度、排列、布置方式）及装饰美化作用。

（三）经济性、节能性原则

包括设备投资、安装、运行及维护成本等问题。首先尽可能充分利用日光，其次应选择发光效率高、节能、易维护、长寿命的照明光源，如紧凑型荧光灯、LED 灯，增加照明质量并降低能耗。

（四）安全性原则

灯光照明设计要求绝对的安全可靠。一般情况下，线路、开关、灯具的设置都需有可靠的安全措施，电路和配电方式要符合安全标准，不允许超载，在危险地方要设置明显标志，以避免触电、短路引起的伤亡、火灾等意外事故的发生。

二、基本的光度单位

严格性质的照明设计须进行详细的测算以保证、估量设计的质量和效果，在对光的处理过程中，通常会涉及光度学的常用量，如光通量、发光强度、照度及亮度。

光通量表示光源在单位时间内发出光能的多少，用符号 Φ 来表示，单位为流明（Lm）；光源在给定方向的单位立体角内发出的光通量为光源在该方向的发光强度（简称光强），也就是光源向空间某一方向辐射的光通密度，用符号 I 来表示，单位为坎德拉（cd）。

光源落在单位被照面的光通量密度叫照度，用符号E来表示，单位为勒克斯（lx），照度的大小，不仅取决于发光强度，还同光源距被照面距离有关，照度能够在一定程度上决定室内环境的明亮程度；亮度是指发光（反光）表面在给定方向的发光（反光）强度与垂直于给定方向单位面积之比，用符号L来表示，单位为坎德拉／平方米（cd/m²），亮度取决于很多变量，包括照度、物体的表面材质、观察角度、周围环境对比以及视敏度等，某些灯具还可以通过变阻式调光器对亮度进行调整。

三、照明的质量

照明的质量涉及多种基本要素和评价标准，主要包括照度，亮度，照明均匀性、稳定性，眩光，光色，显色性，光的方向性和立体感、阴影等，不同的应用场合对质量要求的重点可能会存在差异。

（一）照度

虽然人眼具有的调节能力使其有可能在非常低的照度下也能看清周围环境与物体，但显然高照度会更利于视觉能力的发挥并

有效地完成各种复杂工作，在长时间进行视觉工作的场所，如精密仪器制造、手术、阅读、烹饪，以及某些危险区域，设计中应主要从功能角度加以考虑，根据工作的难易程度和视功能水平提高照度（照度也并非越高越好，还应考虑到视觉生理的适应程度与经济性问题），而像交通区、休闲活动及休息场所，能够达到视觉基本满意度、舒适度即可。选择高照度会使空间光彩耀目，同时也容易单调乏味，低照度空间则会安静朴素，同时也容易沉闷、压抑。

（二）亮度

高亮度的空间开阔、轻盈，使人精神振奋；低亮度的空间则有亲切、神秘甚至压抑、阴森恐怖感；明暗对比强烈的空间，具有紧张、力度、响亮、刺激感；明暗弱对比的空间则整体、沉静、含蓄甚至沉闷。通过亮度分布变化还可创造主次、重点，丰富、活跃气氛，增加空间层次感。空间中需表现的主体，亮度应适当提高，以吸引注意力，如展示空间为突出展品，往往会用方向性较强的光线对其加以强调，其亮度往往要比一般照明高出3~5倍，使整个空间层次分明，重点突出。

（三）照明均匀性、稳定性

空间环境布光的不均匀及亮度分布差异过大，会使人眼在视线转移的过程中频繁地进行适应性调节，这容易引起视觉的疲劳和视觉灵敏度下降，可以通过控制距高比（见358页）、加强环境照明等手段来加以改善，而不同空间之间可通过设置过渡照明等手段来加以缓解。长时间进行视觉工作、对视觉质量要求较高的场合，像办公空间，就应选择照度较高、亮度均匀的照明方式，当然，过分均匀的亮度也容易造成空间视觉效果平淡及增加能源的浪费；而有些场所为突出空间或结构的形象特征，则会以差别较大的照度渲染环境气氛或是强调某种装饰效果，这类光环境亮度水平的选择和亮度图式的设计也要考虑视觉的舒适和愉悦感。稳定性是指视野内照度或亮度保持标准的一定值，不产生波动，光源不产生频闪效应，以及保证灯具安装稳固、防止因气流发生摆动。

（四）环境的影响

除了直射光，室内的光线相当数量是源自各界面及物体

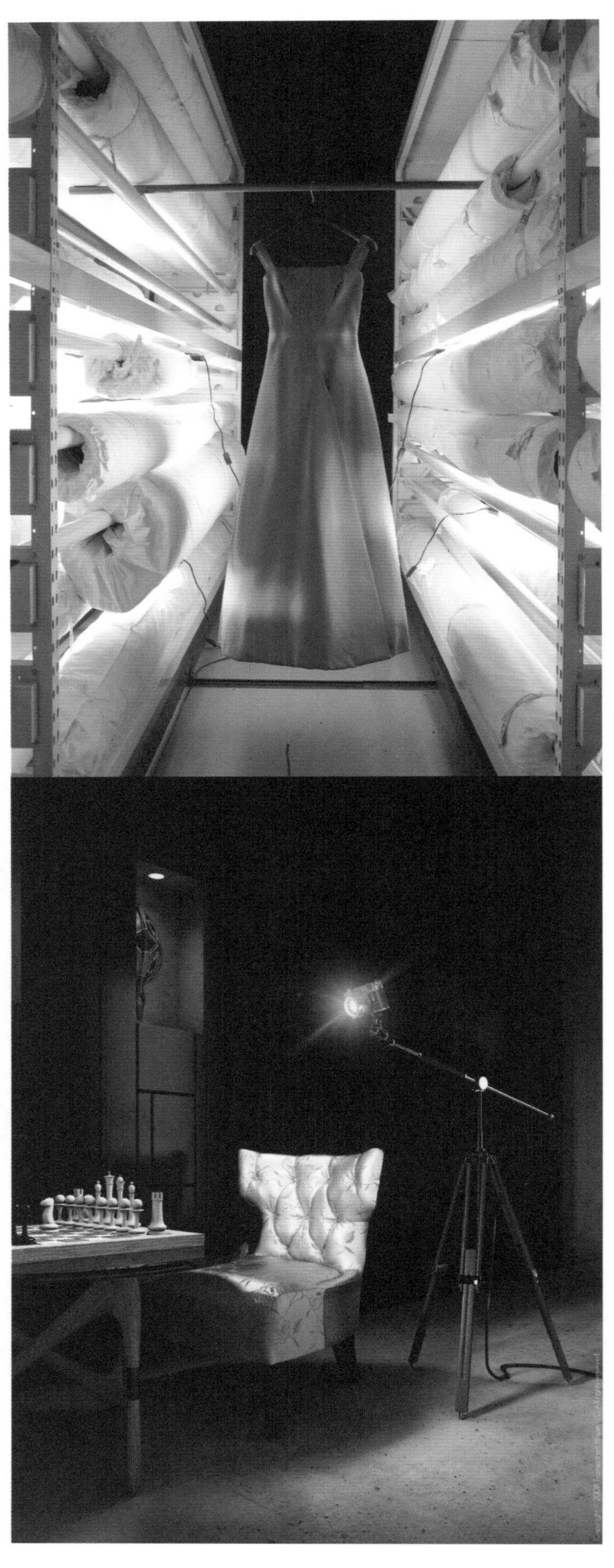

的透射、折射和反射，因此，它们的物理性质（包括透明程度、反光系数、颜色、质地等）会很大程度地影响甚至决定整个光环境的质量和效果。天花、墙面、地面等主要边界用材的反光能力越强，室内的光线也越明亮，选用清玻璃来为室内采光，光直接照射部分较亮，其余部分相对较暗，容易阴影强烈，而选用毛玻璃作为透光材料，整个空间亮度则相对均匀。

（五）眩光

当视野内存在大于眼睛适应水平的高亮度或强烈的明暗对比时，便会产生眩光现象。眩光的分级评价标准比较复杂多样，眩光会降低人眼的视敏度，使物体细部模糊不清，并产生残像而分散注意力，影响工作效率和生活质量，严重的甚至还会引起瞬间失明，造成恶性事故。

根据成因，眩光可分为直接眩光和间接眩光。直接眩光是由直接进入视野的过亮裸露光源或强烈明暗对比引起；间接眩光（或称反射眩光）是由玻璃、水面，抛光金属、抛光石材等光滑材料表面反射的强光引起。直接眩光可通过灯罩、格栅形成保护角⑫来隐蔽光源或降低光源与周围亮度对比来避免；间接眩光

⑫保护角：光源边沿和灯具出光口的连线与水平线的夹角叫保护角。当灯具、眼睛连线与水平面夹角小于保护角，眼睛看不到灯具时，可避免眩光。另外，当该夹角大于保护角时，虽然也能看到光源，但只要该夹角足够大，也会使眩光程度大大降低。

可通过调整光源的安装位置、悬挂高度与投射方向，减少光滑表面材料的使用来避免。另外，提高背景照明，增加室内各表面的亮度来减少过强的亮度比，都会有效地降低眩光的可能性。

有时眩光也可能会成为有利于设计的一个因素，如眩光能够创造出五彩缤纷的视觉效果，给人闪烁感、华丽感、欢乐感，利用眩光还可以隐蔽不想让人看到的细部，如格栅顶棚设置的灯光就利于掩饰其内部的结构、管线等内容。

（六）光与色彩

1、光色

光的色彩取决于其波长范围，1666 年，英国物理学家埃萨克·牛顿透过三棱镜，把太阳白光分为七个光谱色，波长最长的是红色光，接下来是橙、黄、绿、蓝、靛、紫（实际上，整个光谱范围内光的颜色是连续过渡的，颜色数量也可以说是无穷的），来自正午的太阳光看似白色或无色，这正是光谱中所有颜色均匀调和的结果。

色彩来源于光，光源的颜色当然会对被照物的色调产生很大影

响，当光照射到一个不透明的物体上时，物体表面会吸收大部分可见光，并将其余部分可见光反射出来，反射光的颜色即是物体的本色。白色物体几乎反射所有的颜色，而黑色物体则几乎吸收所有的颜色，带有明显色彩倾向的高纯度色光会提高同色相被照物体的色彩纯度并会歪曲其他颜色的真实性，同时容易导致视觉疲劳，使人感到单调和烦躁，因此正常照明中很少使用，多用于舞台和展示照明。

瑞士美术理论家和艺术教育家、包豪斯色彩构成与基础理论创始人约翰内斯·伊顿在他的《色彩艺术》一书中记录了这样一段关于光与色的轶事："一位实业家准备举行午宴，招待一批男女贵宾。厨房里飘出的阵阵香味在迎接着陆续到来的客人们，大家都热切地期待着这顿午餐。当快乐的宾客围住摆满了美味佳肴的餐桌就座之后，主人便以红色灯光照亮了整个餐厅。肉食看上去颜色很嫩，使人食欲大增，而菠菜却变成黑色，马铃薯显得鲜红。当客人们惊讶不已的时候，红光变成了蓝光，烤肉显出了腐烂的样子，马铃薯像是发了霉，宾客个个立即倒了胃口，可是黄色的电灯一开，就把红葡萄酒变成了蓖麻油，把来客都变成了行尸，几个比较娇弱的夫人急忙站起来离开了房间。没有人再想吃东西了。主人笑着又开了白灯光，聚餐的兴致很快就恢复了。"

不同色光照射下的物体，不但会令其外观颜色发生变化，产生的环境气氛及效果亦会不同，清冷黯淡的月光与热情温暖的火光会带给我们全然不同的空间体验。同一空间，一般不宜选择较多颜色的光源，以免显得杂乱、琐碎。另外，光的强度也会影响到人们对色彩的感觉，如红色在弱光照射下会更加鲜明，而橙黄在弱光下可能会呈褐色。

光源颜色也可用色温来表示和量度，所谓色温是指光源发光的颜色与黑体在某一温度下辐射的颜色相同时，黑体的温度就称为该光源的颜色温度，低色温光源的红辐射相对来说要多些，通常称为"暖光"；色温提高后，蓝辐射的比例会相对增加，通常称为"冷光"。国际照明委员会（CIE）将室内照明光源色按色温可分成三类：3300K（开氏温度）以下的暖色光，适合于住宅、宾馆、餐厅等空间；3300K～5300K 之间的中性色光，适合于商店、医院、教室、普通餐厅等空间；5300K 以上的冷色光，适合于设计室、办公室、阅览室等空间。

一般来说，照度水平较低的空间，采用暖色的光感觉要舒适些，

而高照度的空间，选用冷色光照明可获得舒适效果。高色温照射的空间恬静、淡雅；低色温照射的空间温馨、热烈。小空间使用较高照度的冷色，还能够在视觉上扩大空间；大空间采用低照度的暖色，有助于减少其空旷感。

2、显色性

显色性是评价光源对被照物体颜色显现所达到的真实程度，通常用“显色指数”（Ra）来评价。虽然正常照明中我们很少使用带有明显颜色倾向的光，而且人工光源的颜色失真现象已得到很大改善，但这并不能保证我们日常使用的照明光源都是理想的平衡白色，而且即使是白色的平衡光源，室内不同颜色表面的反射光也会破坏这种平衡而或多或少地影响、改变被照物体的颜色。

人类是在自然环境中进化的，因此我们本能地相信自然光下所看到的颜色是物体的真实颜色，虽然它的色调因昼夜、季节的交替也一直处于变化之中。我们常把中午日光作为鉴定人工光

源显色性好与坏的参照光源，显色指数非常高时，才能使物体颜色达到可靠程度，光谱组成较广的光源较有可能提供较佳的显色品质，当光源光谱中缺乏物体在基准光源下所反射的主波时，会使物体色彩产生畸变。需要对色彩做出准确判断的场所，如化妆室、画室、博物馆、医院等，对光源的显色性会有较高的要求。

大量研究表明，显色性好的光源往往光效较低，因此，从节能角度出发，对颜色还原要求不高的场所，应合理选择光源的显色性指数，并且在实际运用中，也不意味高显色指数的光源就能达到视觉感受的理想程度，"暖色"物体在"暖光"的照射下要比在"冷光"下的效果更理想，如低色温光源对肤色的显现就要比其他更高显色指数的光源要好。

（七）光的方向与阴影

1. 光的方向

光线的投射角度和空间分布会对被照物产生很大影响，并有助于形成不同的空间形象，美国雕塑家丹尼尔·切斯特·弗伦奇的林肯塑像首次放在华盛顿林肯纪念堂中，就由于角度较低的自然光线照射使得林肯的面部呈现出与最初构思相去甚远的奇怪表情，最后通过雕像头顶强度较大的人造光线才得以缓解。

由于光线的方向、角度的变化，可形成水平的顺光、侧光和逆光、以及垂直的顶光和底光等不同照射方式。

（1）顺光照射（光源与观者在同一位置）

能够突出、强调被照物体的轮廓，同时容易抹杀物体的立体感和起伏感，并使空间感、深度感消失，被照物平淡、缺乏影调层次。

（2）侧光照射（光线与观者视线存在夹角）

利于表达深度、立体感和质感。尤其与被照物表面小角度或平行的掠射光会使被照物具丰富影调，便于显示其细微结构和纹理，著名的伦勃朗布光法即属于此类照明方式。

（3）逆光照射（相对观者而言，光源在被照物的后方）

被照物在背景上会形成剪影效果，轮廓清晰但细节表现模糊，具有独特的神秘、虚幻、魅惑、梦境感。

(4) 顶光与底光照射

室内的照明多数情况会使用顶光，底光因为与我们生活中习惯的下射光的方向不同而惹人注目，并会改变空间形象。底光还会使被照物体具有悬浮感，并可创造轻盈及空透效果。

2. 光与影

影子伴随实体而产生，实体在光线下会产生微妙复杂的明暗变化，尤其是方向性较强、面积较小的集中光线可形成不紊乱的影调，利于显示和突出被照物的轮廓、转折、体量、质感、深度等因素，而在工作面出现的阴影则容易造成视觉上的错觉现象，增加视觉负担，影响工作效率，在设计中应予以避免，散乱的光线则会抑制阴影，使这些特征趋于消失，并容易使空间丧失生动性和流于平淡。

光与影本身就是一种特殊的艺术形式，散布在空间中的扇形光斑、投影，都会交织形成特有的装饰语言，并可避免空洞与沉闷。中国古建筑的创作语言中，漏窗、雕栏、挂落等构件，以及月影、花影、水影都曾作为演绎光的道具，丰富了建筑空间的视觉形象，营造出诸如“疏影横斜水清浅”、“月移花影上栏杆”等独特意境。

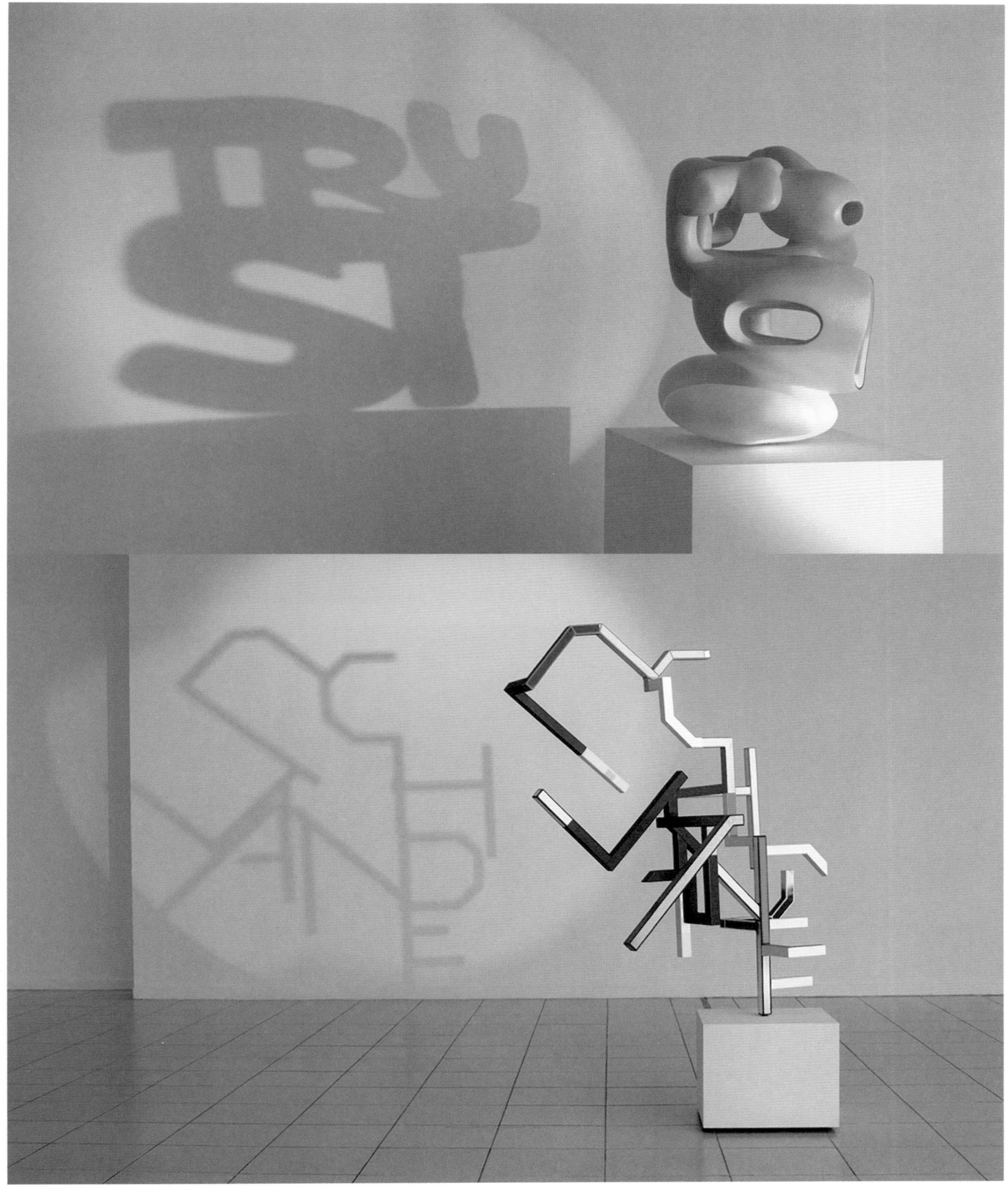

自然采光

自然光是最适合人类（包括其他动、植物）的光线，有利健康并满足人类亲近自然的心理要求，自然光的强弱、方向和颜色，随着昼夜阴晴和四时节序交替变化，其丰富多样的表情和语言，为人们提供了愉悦的、动态的外部环境信息，自然光拥有完整的光谱颜色，多数时间接近白色，这使得自然界中充满了动人的绚丽色彩，使我们在视觉上更为习惯和舒适。

建筑空间中，自然采光应是首选的采光方式，良好采光也是提升建筑品质，创造宜居环境的重要组成内容，当今日益拥挤的城市空间里，拥有充足的自然光线已渐渐成为一种奢望，在倡导低碳节能、绿色环保的背景下，这一问题显得更具有重要意义。自然光主要靠设置在建筑墙体和屋顶的洞口来获取，采光效果主要取决于采光口的位置、面积、形状，覆盖洞口的透光材料性质以及邻近建筑、树木的遮挡程度等因素。较大的采光口会使空间呈现出勃勃生机，较小的采光口则幽暗神秘并富于戏剧效果，对采光口附加的镂空构件还会形成光影交织的效果，应结合空间的使用功能、风格特点、当地光气候等因素加以选择运用。近年来，采光效果更好的光导照明系统（用导光管传

输阳光技术）越来越多地受到人们的关注和应用。

自然光的光源主要是日光，包括直射光和天光。晴朗天气条件下，阳光穿过大气层，直射到地面即为直射光，直射光暖色会使室内空间光线充足，并产生强烈的光影变化，随时间变化的光线与阴影还会使静止的空间产生动感，但也容易因照度不均引起不适的眩光和室内温度过热等问题，强烈的直射光还有使塑料制品老化、纺织物褪色等破坏作用，可用窗帘、镀膜玻璃，以及遮阳板、遮阳棚、各种格片及扩散材料等来进行缓解。阳光经大气层中的水气、尘埃等微粒反射和扩散后称天光，天光多数情况下倾向蓝色，光线均匀、稳定、柔和，不易产生阴影。

按所处位置的不同，采光口可分为侧窗和天窗两种形式。

一、侧窗采光

侧窗采光是建筑物最常见的一种采光方式，侧窗采光的光线不均匀，尤其进深过大的空间，深处的采光量会降低，可采用双向侧窗、高侧窗、加设中庭等手段加以缓解。

在法国巴黎阿拉伯世界研究所南立面的玻璃幕墙后面布满了整齐细密的金属窗格，每一个窗格按图案方式安排了大大小小的几何孔洞，每一个孔洞如同一个照相机的光圈，通过光敏传导器的控制，孔径会随外界的光线强弱而变化，室内采光得到了调控，整个立面也变得活跃。法国建筑师让·努维尔将其设计成一个精密的科学产品，象征着万花筒般神秘的阿拉伯世界。

二、天窗采光

天窗是在建筑空间顶部开设的采光口，天窗引进的顶光照度分布均匀，并且较为稳定。透过天窗，可见天光云影，能为室内带来变幻丰富的动态光影效果，空间生机盎然，光线自上而下由明到暗，富于层次感、生动感，极具感染力。但也容易造成眩光、室内升温过高等问题，须采取适当遮光措施。

人工照明

室内空间中必须有充足光线，才可以满足舒适、安全、高效的生活和工作要求，尽管现代建筑多会充分考虑自然采光，然而单靠自然光并不能满足所有的照明要求，由于昼夜轮回、阴晴叠替以及空间的形状、大小、朝向、相邻环境遮挡状况等因素的影响，自然光不可能随时都能满足需要。所以，人造光源在多数情况下会扮演重要角色，补充不足的光线，取得亮度平衡，另外，人工光又具有自然光所没有的优点，可冷可暖、可强可

Exhibition Tickets

弱、可聚可散、容易控制，灯具本身的造型、布置方式，还可为空间增色。因此，在现代建筑空间中，人工照明的主要目的已不仅仅局限于〝照亮〞的功能作用，还是空间中不可缺少的一种特殊装饰元素。

一、光源

早在石器时代，人类便通过火山、雷电取得火种，并开始使用火光（点燃的松明、浸渍动物油的火把）作为照明光源，驱赶由于黑暗带来的恐惧与不安。后来，人们又通过蜡烛以及油灯产生光亮，可是黯淡的光线、点燃后冒出的黑烟、令人不快的气味，以及时时存在的火灾隐患使得人们难以满足现状。1792年，英国人威廉姆·默多克发明了更为明亮的瓦斯灯（也叫煤气灯、电石灯），然而，因操作不当而引起的爆炸事件时有发生。18世纪末，当意识到电也可以发光后，人类又将注意力转移到用电进行照明的尝试。1808年英国化学家汉弗莱·戴维发明了〝电弧灯〞，但高成本，刺眼的过强光线，呛人的气味和黑烟却阻碍了它的发展和普及。终于，1879年，美国发明家托马斯·阿尔瓦·爱迪生受英国化学家约瑟夫·威尔森·斯旺等

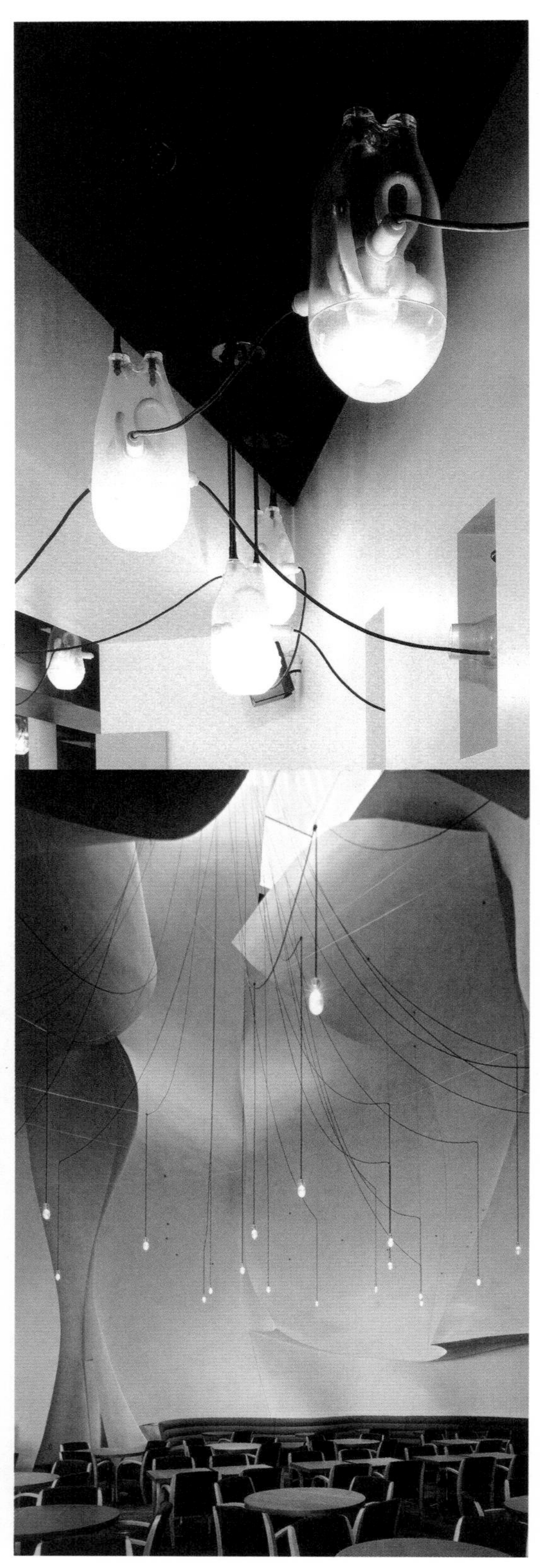

人的启发，发明了竹碳丝（后来又改为更加耐用的钨丝）的真空电灯泡，即白炽灯，这种光源安全、明亮，而且寿命相对较长，因此迅速普及，人类从此开始从漫长的火光照明时代进入到电气照明时代。20世纪初，发光原理与白炽灯完全不同的气体放电光源产生了。20世纪30年代初，低压钠灯研制成功；20世纪30年代末，发明了荧光灯，高压汞灯进入实用阶段；20世纪50年代末，体积和光衰极小的卤钨灯问世；20世纪60年代，开发了金属卤化物灯和高压钠灯；20世纪80年代，出现了细管径紧凑型荧光灯、小功率高压钠灯和小功率金属卤化物灯，使电光源进入了小型化、节能化和电子化的新时期。近年来，低能耗、高光效的新光源，如LED发光二极管又为照明方式带来改头换面的变化。这些光源今天还在被使用和改进，大大影响和改变了我们的生活，目前电光源品种已超过3000种，规格达5万多种。

（一）电光源的种类

照明光源品种很多，按其工作原理可分为固体发光光源和气体放电光源两大类，固体发光光源又包括热辐射光源和电致发光光源两类。

1. 热辐射光源

通过电流流经灯丝使之产生高温并辐射光能的光源。热辐射光源包括白炽灯和卤钨灯两种，有显色性优良、体积小、构造简单、价格便宜、无频闪和噪音，能瞬时点燃，可用调光器调节亮度等优点，但由于电能大部分转换为热能，因此发光效率并不是很高。

（1）白炽灯

由耐热玻璃制成密封泡壳，内装钨丝等配件，利用电流将钨丝加热到白炽状态而发出可见光，壳内充入氮气、氩气等惰性气体，以减慢灯丝的蒸发，延长使用寿命。白炽灯耗能高、发光效率低、寿命较短，因此，欧美等国早已开始逐步用节能的紧凑荧光灯取代能耗高的白炽灯泡，以减少温室气体排放，到 2016 年，白炽灯也将基本从中国人的生活中消失。

（2）卤钨灯

又称卤素灯、石英灯，是一种改良的白炽灯，分双端、单端、反射式三种，泡壳使用耐高温的石英玻璃或硬玻璃，由于壳内充填含有的卤素或卤化物的气体（如氟、氯、碘、溴），可阻止灯丝的腐蚀，同时避免泡壳发黑，延长其使用寿命，包括碘钨灯、溴钨灯。与白炽灯相比，卤钨灯体积小，利于光线集中，发光效率

高，寿命期内光维持率几乎 100%，可使被照物光彩夺目，但由于光源集中，使得被照物体的明暗反差尖锐粗糙，耐震性、耐电压波动性要比白炽灯差，同时发热量高，易发生火灾，应谨慎使用，另外，价格较高，易损坏，更换难度较大。适合用在要求照度较高、显色性好或要求调光的场所，如商场、展厅、体育馆、会堂、宴会厅、舞台照明等。

2. 气体放电光源

利用泡壳内气体（惰性气体或金属蒸气）的原子被电子激发和电离而产生光辐射。这种光源发光效率非常高，寿命较长，但也存在诸如频闪、噪音干扰，这会对健康有影响（如会引起眼睛紧张、头痛），还可能造成错觉，发生事故（如使运行的机器产生静止感觉），而且有些光源发出的紫外线对于使用者和室内物品具有损害，一些光源在熄灭后还不能马上启辉，但这些缺陷正在被逐渐改善。

按放电形式的不同，气体放电光源可分为弧光放电灯和辉光放电灯。照明工程广泛应用的是弧光放电灯，弧光放电灯按管内气体（或蒸气）压力的不同，可分为：低气压气体放电灯、高气压气体

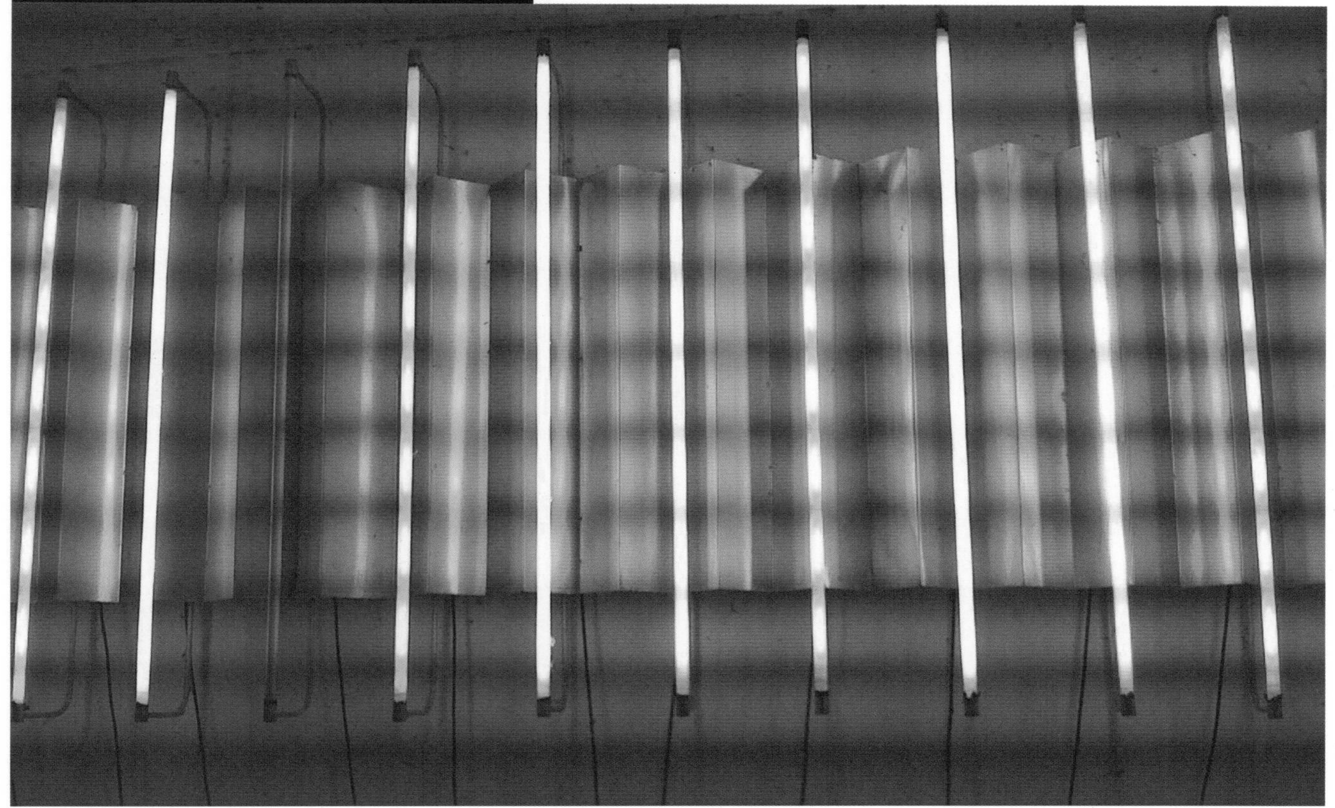

放电灯、超高气压气体放电灯；霓虹灯、氖灯属于辉光放电灯。

(1) 低气压气体放电灯

1) 荧光灯

即低压汞灯，是应用最广泛、用量最大的气体放电光源。荧光灯管内充满低压状态的汞蒸汽和氩气等气体，管内壁涂有荧光粉，可把电极与汞蒸气产生的紫外线转化为可见光。荧光灯发明于 1938 年，这或许是电光源技术上的一大突破，宣告了"气体放电灯时代"的到来，荧光灯发光效率高，耗电量小，发热量小，寿命长，产生漫射光，光线柔和，但阴影表现欠佳，同时不适于频繁开关的场所。荧光粉成分会很大程度决定荧光灯的光效、颜色和显色指数，早期的荧光灯大都采用卤磷酸钙（俗称卤粉），光效低，显色性很差。1974 年荷兰飞利浦公司研制成功新型的稀土元素三基色荧光粉，大大改善了显色性和光效，一般照明用荧光灯的光色有日光色、冷白色、暖白色等。

作为一种重要的照明光源，荧光灯一直被不断完善和改进，有很多种类：

①直管型荧光灯

细长直管状的双端荧光灯，即带有两个独立的灯头，是照明工程常用光源，按管径大小可分为：T12、T10、T8、T6、T5、T4、T3 等规格。

②环形荧光灯

外形为环形的单端荧光灯。结构紧凑，主要给吸顶灯、吊灯等做配套光源。

③紧凑型荧光灯

使用细长荧光管弯曲或拼接而成（D 形、U 形、H 形、螺旋形等）的光源，单端供电，相比其他荧光灯，体积小，发光效率高、寿命长、节能（国内也称"节能灯"）、光色较多，显色指数较好。

一般分为两类：自镇流荧光灯，灯管、镇流器和灯头紧密地联成一体（镇流器放在灯头内），装有螺口式、卡口式或插脚式灯头，是可用来取代白炽灯的一种绿色照明光源；单端荧光灯（PL 插拔式节能管灯），有两针和四针的区别，镇流器与灯管是分体安装，两针的灯头中含有启辉器和抗干扰电容（内启动），四针的灯头中没有任何电路元器件（外启动）。

2）低压钠灯

低压钠灯的光效最高，但仅辐射单色黄光，色表和显色性不好，主要用于道路照明、安全照明、公园、庭院照明及类似场合的室外照明。

3）电磁感应无极灯

无极灯是 20 世纪 90 年代后期发展起来的新型电光源，它取消了传统荧光灯的灯丝和电极，依靠电磁感应和气体放电的基本原理而发光，分高频无极灯（内置耦合器）、低频无极灯（外置耦合器），有结构简单、寿命长、光效高、显色性好、可瞬间反复启动等诸多优点，特别适合于维修、换灯困难以及对安全要求高的场所使用。

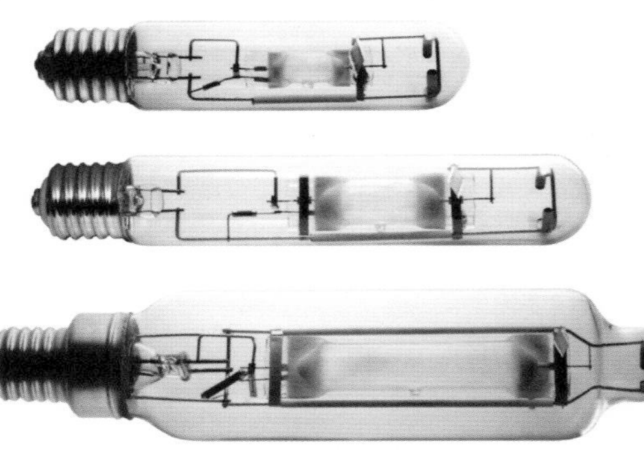

（2）高气压气体放电灯

作为一般照明用的高压放电灯主要包括高压汞灯、高压钠灯、金属卤化物灯，还有一些特种气体放电灯如氙灯、氪灯等，其中，高压汞灯光效相对较低，显色性差，寿命较短，已逐步被高压钠灯、金属卤化物灯所替代，适用于大型会场、商场、展厅、体育场馆、厂房车间等空间场所的照明。金属卤化物灯是 20 世纪 60 年代在高压汞灯的基础上发展起来的一种新型高效光源，因灯泡中填充了金属卤化物而得名，一般具有光效高、显色性好、多种色温、寿命长等优势而成为当前一种非常理想的照明光源。高压气体放电灯熄灭后再启动点燃往往需要数分钟的时间间隔。

（3）超高气压气体放电灯

有超高压短弧氙灯、超高压汞灯等，多用于电影放映光源、投影机光源，印刷制版、复印机、光学仪器等领域。

3. 电致发光光源

简称EL，是固体发光材料在电场激发下产生发光现象的电光源，可将电能直接转变为光能。包括多种类型的发光面板和发光二极管，其中，发光二极管灯，即LED灯，是一种半导体固体发光器件，可制成LED球泡灯、日光灯管、灯条等多种光源，由于具有光效高、节能环保、亮度高、寿命长、光色丰富（目前显色指数一般）、体积小、耐震动和冲击、耐低温等优点，适合苛刻和恶劣的场合使用，使其逐渐取代一些传统光源产品而成为未来照明的发展趋势。

（二）电光源的选择

不同电光源在光通量、光通维持率、光效、色温、色表、显色指数、使用寿命、尺寸及启动特性、频闪等方面各有特点，应根据使用环境条件、照明对象、投入与运行成本等多种角度加以选择。

1. 根据空间的使用要求（如照度、显色性、色温、启动等方面）选择光源

办公室、教室避免使用点光源，因为容易造成生硬的阴影和不舒适的眩光；博物馆、美术馆的展品照明适合高显色性光源，同时不适合紫外线、红外线辐射多的光源；办公室、阅览室适合更有效率感的高色温光源，休息场所则适合具有温馨、放松感的低色温光源；机床设备旁的局部照明不宜选用频闪现象明显的气体放电灯；需要调光的场所，适合卤钨灯，配有调光镇流器时，也可选用荧光灯。

2. 根据环境的具体条件选择光源

低温场所不宜选用电感镇流器预热式荧光灯，以免启动困难，并且在环境温度过低或过高时这种荧光灯的光通量会下降较多；空调房间不宜选用发热量较大的光源，如卤钨灯；有震动和紧靠易燃品的场所不适合卤钨灯；频繁开关的场所适合LED灯，要求瞬间点燃的照明装置不能采用HID灯；要求防射频干扰的场所对气体放电灯的使用要谨慎；电源电压波动急剧的场所不宜选用容易自熄的高压气体放电灯，电压变化对电光源光通量输出影响最大的是高压钠灯，影响最小的是荧光灯。

3. 选择更高光效、低污染、使用寿命更长、性能价格比好的光源，达到节能、环保要求

光源的光效对照明方案的灯的数量、电气设备费用、材料费用及安装费用等都有直接影响。如低压钠灯、高压钠灯和金属卤化物灯的光效较高，LED灯的使用寿命较长，同时要合理选择与光源配套，节能效果好的电器附件。

二、灯具

灯具是固定、支撑、悬挂、保护光源，以及控制光线分布状况的器具。包括灯罩、灯架、杆、线、底座，以及与电源连接所必须的线路附件等（不包括光源）。其中灯罩是灯具的关键部件，包括具有遮光、聚光、配光以及防眩、防触电、防尘、防潮、防爆等作用的防护壳体、反光罩、（使光聚焦、扩散或平行）

透镜、格栅、散光罩、散光板等部件；灯架、杆、线、底座起结构、支撑和连接作用。灯具并非只是简单的照明技术装置，也有装饰、美观作用，灯具的造型、尺度、隐显关系以及排列方式对空间影响很大，有些灯具简洁而朴实，可凸显被照目标的造型特点，而有些灯具则具有强烈夺目和夸张的视觉效果而成为空间中的主要元素甚至是点睛之笔。根据空间具体需要，灯具可单独或搭配、组合使用，其安装、排列方式可呈点状、线状，可平面或者立体，可强调均匀、规律性的对称平衡以及整齐一致，或是强调随机性的变化。

（一）灯具的种类

灯具的分类方法很多，可从安装方式、使用功能、配光方式等方面加以区分。

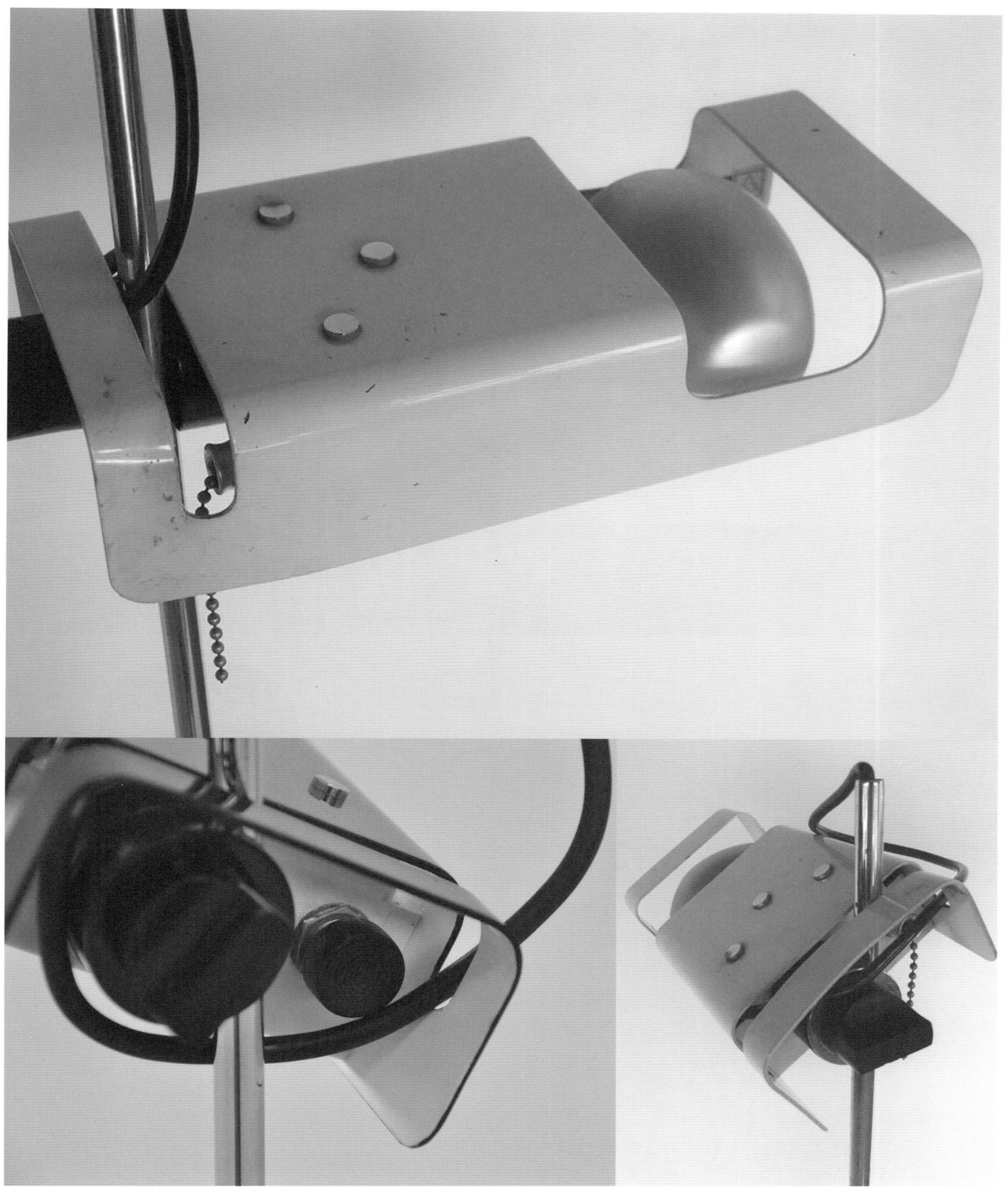

1. 从安装方式区分

从安装方式区分，灯具可分为固定安装灯具和非固定安装灯具。

(1) 固定式灯具

1) 顶棚安装灯具

①筒灯

筒灯是 20 世纪 20 年代美国开发的产品，在工程建设中用量最大，多用卡簧或弹片嵌固在顶棚吊顶的开孔内（灯具结构不外露，称嵌入式筒灯，也有半嵌入或外置于顶棚表面的明装式、悬吊式筒灯），装卸比较方便。筒灯外观简洁，体积小，可保持顶棚的整体、统一感，筒灯内部有铝制的聚光杯，避免眩光的同时有助于提高照度，光线的方向性强，被照物体明暗对比强烈，多使用紧凑型荧光灯或 LED、HID 灯作为光源，而防水筒灯是在灯口加装了一个防水玻璃罩。

②格栅灯

多用于高照度的整体照明，外形多为正方形、长方形，安装方式分为嵌入式、吸顶式和悬吊式，底面有铝制反光罩，表面配

有铝制格栅或 PS、PMMA、PC 等材料的扩散板，可以控制眩光、柔化光线，多采用荧光灯、LED 灯作为光源使用。

③吸顶灯

直接固定、安装于室内顶棚表面的一种灯具，多作为整体照明使用，形状多样，通常有亚克力、塑料或玻璃灯罩，多以荧光灯或LED灯作为光源，发出漫射光线，可展现明亮、简洁的特点，一般适合家居使用。

④吊灯

以线、链、杆等形式垂吊于顶棚下方的照明灯具。可产生各种不同的光线分布，吊灯由于下垂，且多安装于天花的中心位置，其造型对室内空间的风格形式具有很大影响，并会影响室内天花的高度。

⑤光纤灯

光纤灯由光源、反光镜、滤色片及若干细长的圆柱形导光光纤组成，按光纤成分，一般有塑料光纤或玻璃纤维、石英光纤，光纤本身不发光，它的作用是传导光，通过光纤输出的光，不仅明暗可调，而且颜色可变，可分为端发光（即末端发光）、体发光（即侧面发光）两种。

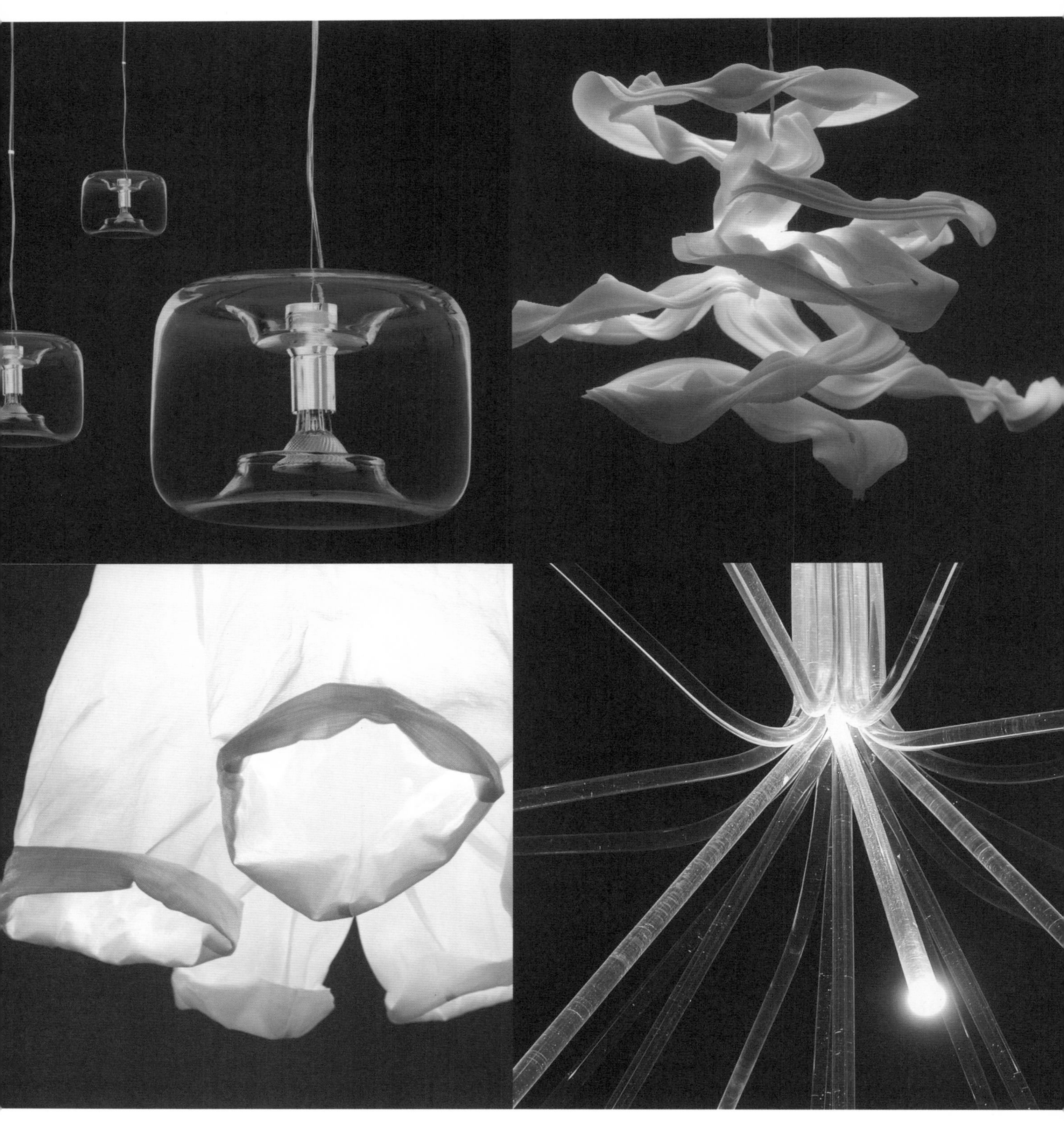

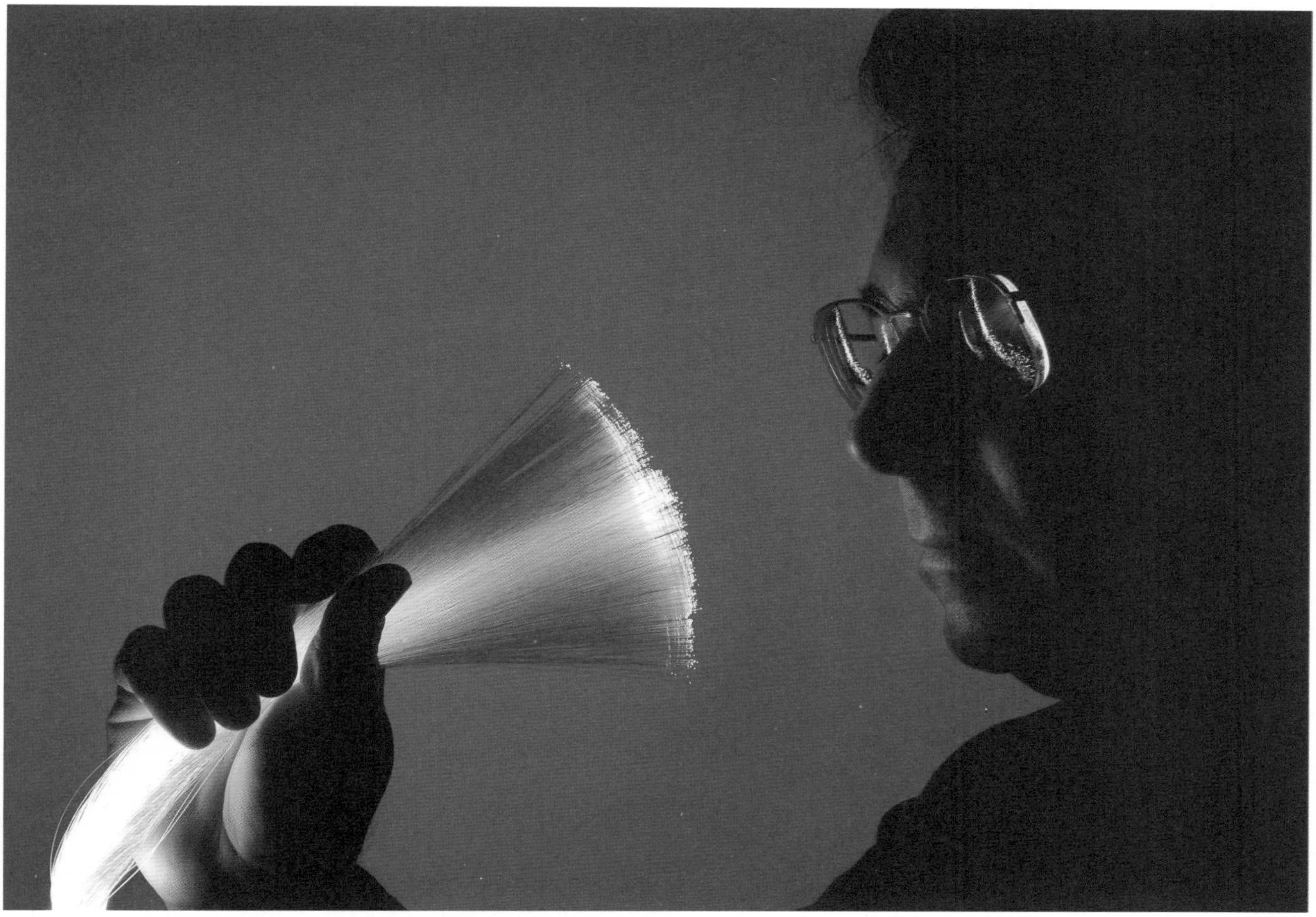

2） 墙壁安装灯具

①壁灯

安装在墙壁、柱身上的照明灯具，多作为辅助性的补充照明或装饰照明与其他照明方式配合使用，可用来缓解明暗对比，改善光环境，由于安装于墙面，光容易进入视野，应注意眩光控制，其自身造型、光线也可作为墙面造型的组成部分而加以综合考虑。

②地脚灯

是一种嵌墙安装的灯具，一般距地面高度0.2~0.4m，主要是对影剧院、医院病房、宾馆客房等空间以及走道、楼梯、台阶等部位进行局部照明，便于人员行走，同时可减少灯光对他人的影响。

3） 地面安装灯具

是埋在地面向上照明的灯具，如地埋灯。

4）建筑化照明

光源或灯具安装、隐藏于建筑构件（墙体、顶棚、地面、梁柱、门窗、窗帘盒等）以及家具中，并与其结合为一体（而不是额外的附加物），由这些构件、家具透射或反射光线，使空间光彩夺目、空透、轻盈的照明方法。光源一般较为隐蔽，不易引起眩光；其光效往往不高，一般不作为室内的主要照明，与其说是增加亮度，还不如说是用来塑造、渲染空间气氛；能有效减少甚至消除室内的阴影，所得到的光环境平和而安静，还会使整个空间显得开阔、敞亮；照明设备与室内其他构件容易取得整体统一，干净利落的效果。要注意适宜的光源间隙以避免亮度分布不均。

①发光照明

顶棚表面（或墙面、地面、梁柱）采用透光材料，或穿有孔洞、

镂刻透空图案的不透明材料，并在其内部均匀设置光源，称发光顶棚（或发光墙面、发光地面、发光梁柱）。室内的照度均衡、柔和，处理不当也容易造成空间单调、空洞并缺乏立体感。

②反光照明

可改变灯光的投射方向，使室内得到间接光线的照明装置。多设于天花、墙面，也可用于台阶、楼梯踏步、家具等处的凹槽中，主要起加强层次等装饰作用，并可突出构件的轮廓、外形，使被照构件能产生空透、轻盈、悬浮效果，如用于照亮顶棚或墙壁、窗帘的光檐以及光带、光龛等。光源多采用荧光灯、LED 灯等。由于灯具的照射角度很小，容易显示被照面的凹凸不平等瑕疵。

（2）移动式灯具

台灯、地灯

EXIT

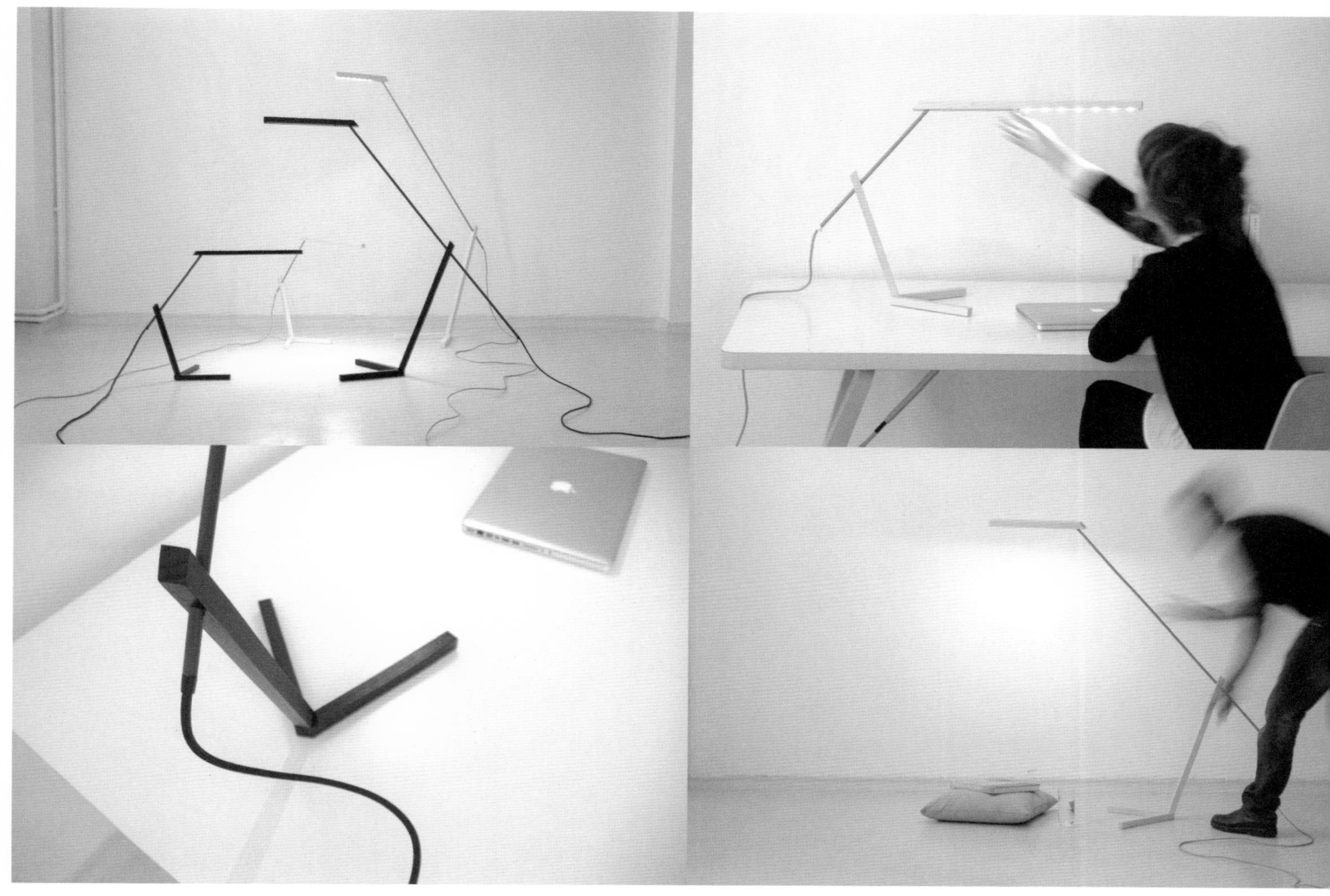

用于桌台、地面等处，主要用于提高局部照明的灯具。可根据使用要求自由移动，但活动范围仍受电源线的局限，需要多设插座加以缓解。灯具本身材质、造型多样，具有很强装饰作用，可提供多种类型光线，既可作为功能性照明，也可作为渲染气氛的装饰性照明，以增加、丰富空间层次。

2. 从使用功能区分

除了为满足工作、生活所需的普通照明灯具外，还有一些特殊用途的专用灯具。如舞台灯具、消防应急灯、手术灯、水下灯等。

(1) 射灯

是一种出于突出、强调等目的用于局部照明的聚光灯具，可向某一方向投射集中的、高强度的光线，使被照对象比周围环境更加明亮，使空间摆脱枯燥和乏味。

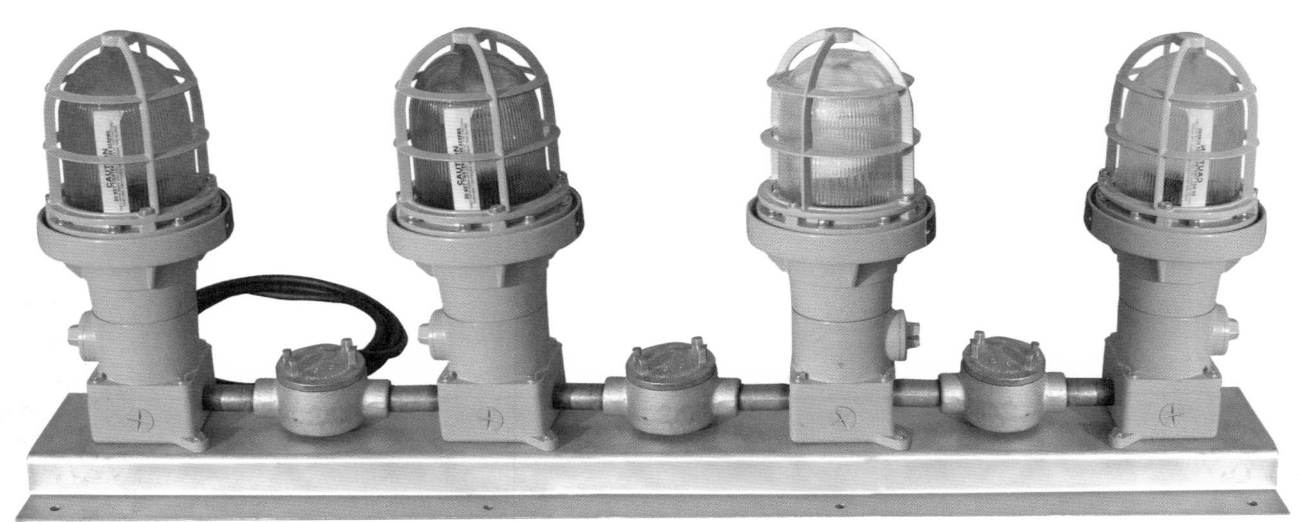

射灯一般可以分为暗装的内嵌式射灯和明装的挂式、夹式、轨道式射灯等，光源多为 LED 灯、卤钨灯。内嵌式射灯可以装在天花板内，如格栅射灯（斗胆灯）、牛眼灯，可任意调节照射方向，轨道式射灯还可沿轨道移动位置。尤其适用于商场以及美术馆、博物馆等展示空间使用。

(2) 消防应急灯

是在正常照明系统因电源发生故障或无法提供正常照明的情况下，由应急照明电源（如蓄电池）供电，为人员疏散或消防作业持续提供照明和指示的一类灯具。包括为疏散通道提供必要照度的应急照明灯、为指示和标志安全出口之用的疏散指示灯、标志灯。

(3) 庭院灯

又称园林灯，安装于庭院、园林中，为夜间观赏户外景观，提高人们户外活动安全性而设的灯具。应具有防水、防尘、防腐、防爆等功能，在室内空间中多作为点缀与绿化、小景结合使用。

3. 从配光方式区分

配光指灯具（或光源）发出的光强在空间各个方向的分布状况。不同材质和构造的照明装置和设备，可以对光线进行聚焦和引导，改变光线的方向和性能，改善空间的照度分配和亮度比，利于光的效能发挥以及特定氛围的营造。出于功能考虑，室内空间中多数灯具的光线向下照射，也有一些灯具侧面溢光、向周围漫射光线，或直接向上照射，这有益于减轻整体环境的亮度对比，以及避免过多昏暗造成的沉闷。

根据国际照明委员会（CIE）推荐，按总光通在空间的上半球和下半球的分配比例可将灯具分为五类：

（1）直接型灯具

灯具发射光通量的90%~100%直接投射到下方，光的工作效率很高，容易突出重点和中心，是工作环境首选的照明方式。但单一使用直接照明灯具易发生眩光，配光均匀度差，严重阴影也容易使人产生视觉疲劳和忽略细节。

（2）半直接型灯具

灯具发射光通量的60%~90%直接投射到下方，其余射向上方，可使周围环境得到一定照明，空间的亮度比可得到一定程度改善，光环境相对柔和。

（3）漫射型灯具

也称扩散照明，光线通过半透明灯罩或格栅均匀地向多方向扩散，光线柔和，亮度分布均匀，无明显阴影，可有效避免眩光，但光线不集中，不利物体外形、体积的刻画，且容易平淡。

（4）间接型灯具

灯具发射光通量只有不到10%直接投射到下方，其余射向上方，因此室内顶棚等表面的反光系数对照度影响较大，光线柔和，几乎无阴影，一般多用作提高背景亮度的环境照明来使用。

（5）半间接型灯具

灯具发射光通量的10%～40%射向下方，其余射向上方，与间接型灯具类似，没有强烈的明暗对比，光环境相对柔和。

三、灯具的选择与布置

照明工程中灯具的选择与布置方式，应结合其效率、利用系数、配光特征、遮光角，使用环境的功能（如视觉工作特点，家具、设备的摆放位置）和形式要求、使用环境的具体条件（如空间的结构、装饰特点等内容）、运行维护、投资标准等内容综合考虑。

直接型的、不带遮光附件的开启式灯具能使出射光通最大限度

落到工作面，可避免光输出下降，要比其他配光方式的灯具有更高的光利用系数，适合生产、工作空间使用，而一般生活用房多采用半直接型、半间接型、漫射型灯具，整个空间照度分布较均匀；有些特殊空间如舞厅、剧院、影棚、医疗机构等对灯具还会有其他不同的特殊性要求，如手术室应选用不宜积灰、易于擦拭，同时应有足够亮度，不会产生明显本影的灯具；潮湿或有灰尘、爆炸隐患的场所，应选择相应的防潮、防水或防尘、防爆灯具；有机械碰撞的地方，还要选用带防护罩的灯具。

空间中有些顶棚有着起伏的结构、装饰构件，以及风口、扬声器、烟感、喷淋等其他设备，灯具的选择和安装也较为复杂，而有些顶棚则通过成熟的一体化、模数制设计能够与灯具等设施结合为一体，施工方便快捷，视觉上也容易取得整洁美观的效果。

灯具的间距、位置、悬挂高度、组合方式还应按灯具类型而定。高空间宜安装窄光束灯具，矮空间宜安装宽光束灯具；光照均匀性来自灯具悬挂高度和悬挂间距的适当比例，即通常所谓的距高比——L/h值，它随灯具配光不同而异，在悬挂高度h已定的情况下，灯具的悬挂间距L越小，L/h值越小，所需灯的数量越多，照度均匀性好，技术指标高，但投资大，经济性差；相反L/h值越大，灯具的间距L越大，所需灯的数量越少，照度均匀度，技术指标难以保证，但投资少，经济性好。实际照明设计中，必须在技术性和经济性中找到平衡点，实际采用的灯具距高比L/h值不大于最大允许距高比L/h值，都可认为照度均匀度符合要求，而且比较经济合理。

四、灯具的照明方式

（一）一般照明

是为照亮整个空间场所而设置，所以又称"背景照明"或"环境照明"，通常由规则分布于被照场所的若干光源来提供，可使室内空间各表面处于一种大致均匀照度，为空间提供一个普遍性的基础照明，空间使用的灵活性较大，

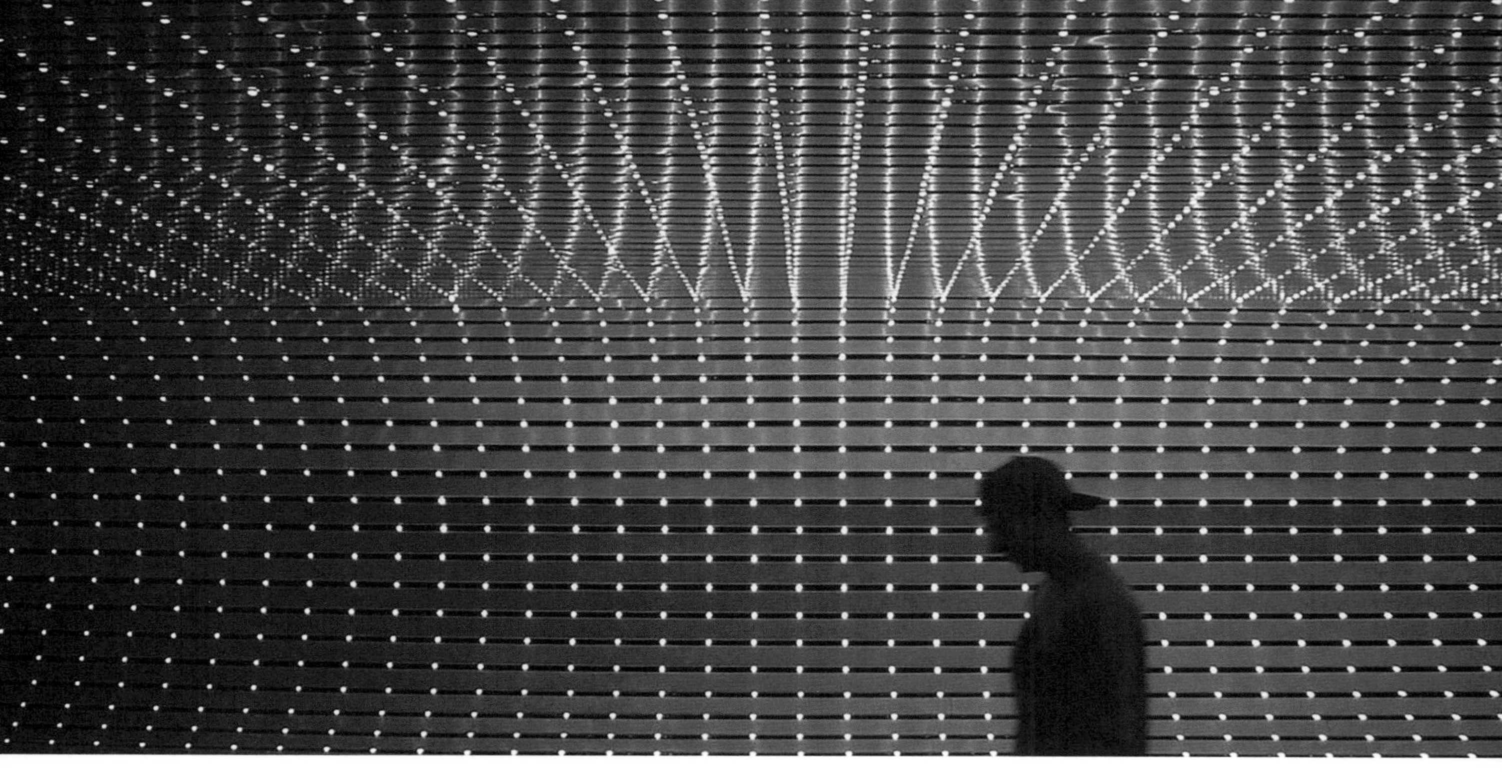

但过于均匀的灯光分布，也容易使空间阴影微弱，平淡、沉闷和呆板。这种照明方式适合于无较高照度要求的空间和一些不讲求细节的活动，当空间尺度较大，照度要求较高时，单独采用这种照明方式容易造成投资和能源浪费，经济性不好，可结合实际情况采用分区一般照明方式，即通过把灯具集中或分组集中设置来解决问题。

（二）局部照明

配合特定需要，只对局部空间进行照明的方式，根据使用目的，可分为任务照明和装饰照明，使用时应注意避免局部与整体间的亮度对比过大造成的视觉不适。任务照明常设于需要高照度要求（如读写、化妆、组装零件、烹饪、用餐等）的局部工作区域，光线集中投射于工作面，保证其有足够照度，便于工作更加容易地完成；装饰照明是出于强调、烘托、点缀等目的而进行的局部重点照明，可充分展现被照物的形体、结构、质地和颜色等特征，容易与背景形成较强反差，空间可形成强烈对比和戏剧化视觉效果，用于强化空间特色或突出建筑细节、室内重点陈设等内容，并可缓解空间的平淡与枯燥。

（三）混和照明

同一空间中既有照度均匀的环境照明，也有满足某一局部特殊需要的局部照明，是较常用的照明方式。

实际运用中，应认真分析场所的功能和可能出现的行为，以及整体的气氛与格调，确定用何种方式进行照明，是采用整体环境照明，还是局部照明，亦或是二者的结合。单纯设置一般照明，空间难以形成重点，单纯设置局部照明，容易对比过度，导致视觉疲劳，伤害视力，同时也不利于对物体细节的分辨。

人体工程学
Ergonomics

“人体工程学”是以人为研究主体和核心的关于人的科学，关于人体工程学的定义有许多说法，“国际工效学协会”（IEA）的会章将其定义为：“这门学科是研究人在工作环境中的解剖学、生理学、心理学等诸方面的因素，研究人——机器——环境系统中的交互作用着的各个组成部分（效率、健康、安全、舒适等）在工作条件下，在家庭中，在休假的环境中，如何达到最优化的问题。”其中，“人”指作业者、使用者，人的生理特征、心理特征及人适应机器和环境的能力是主要的研究课题；“机”指与人体直接接触的各种器物及设施，如室内空间中的家具、门窗、栏杆、楼梯等；“环境”指工作、生活的环境因素，如温度、湿度、空气质量、声响、振动、照明、色彩等物理环境，以及社会秩序、人际关系、组织作风、文化观念等社会环境。

人体工程学是一门涉及范围很广的综合性边缘学科，它以自然科学和社会科学等多种学科为基础和依托，如人体测量学、生物力学、劳动生理学、环境生理学、工程心理学、时间与工作研究等，以观察、实测、模拟、实验、统计、分析等为基本研究方法，通过对人体的尺寸、姿势、动作、运动能力、生理机能、心理效应等进行精密的测定和分析，以研究人所处的空间环境和使用的机具如何适应人的要求和数据，寻找人——机——环境的最佳协调关系，为设计提供依据，现在，人体工程学在设计过程中已成为设计者自觉考虑的一个重要因素。

由于研究目的和侧重的方向不同，这门学科具有很多不同的名称。如欧洲国家普遍采用“工效学”[13]（Ergonomics）来命名这一学科；美国则采用“人类工程学”（Human Engineering）、“人因工程学”（Human Factors Engineering）、“人的因素”（Human Factors）等加以命名；日本使用的是“人间工学”。

人体工程学发展于应用之中，自人类文明开始，由于制造工具、营造房所等改进生活质量、提高工作效能的目的要求，人类就已经自觉不自觉地运用人体工程学的原理。石器时代的人类已懂得处理工具与手的契合关系，早在二千多年前的《考工记》中就记载了我国商周时按人体尺寸设计制作各种工具及车辆的论述：“轮已崇，则人不能登也，轮已庳，则于马终古登阤也。故兵车之轮六尺有六寸，田车之轮六尺有三寸，乘车之轮六尺有六寸，六尺有六寸之轮，轵崇三尺有三寸也，加轸与轐焉，四尺也。人长八尺，登下以为节。”即马车的车轮结构及尺寸应按人的尺寸设计，以保证其宜人性，同时使马的力量得以发挥。五代末、北宋初建筑工匠喻皓所著的《木经》中还提出以抬轿者的动作、姿势作为建筑台阶的设计依据，“阶级

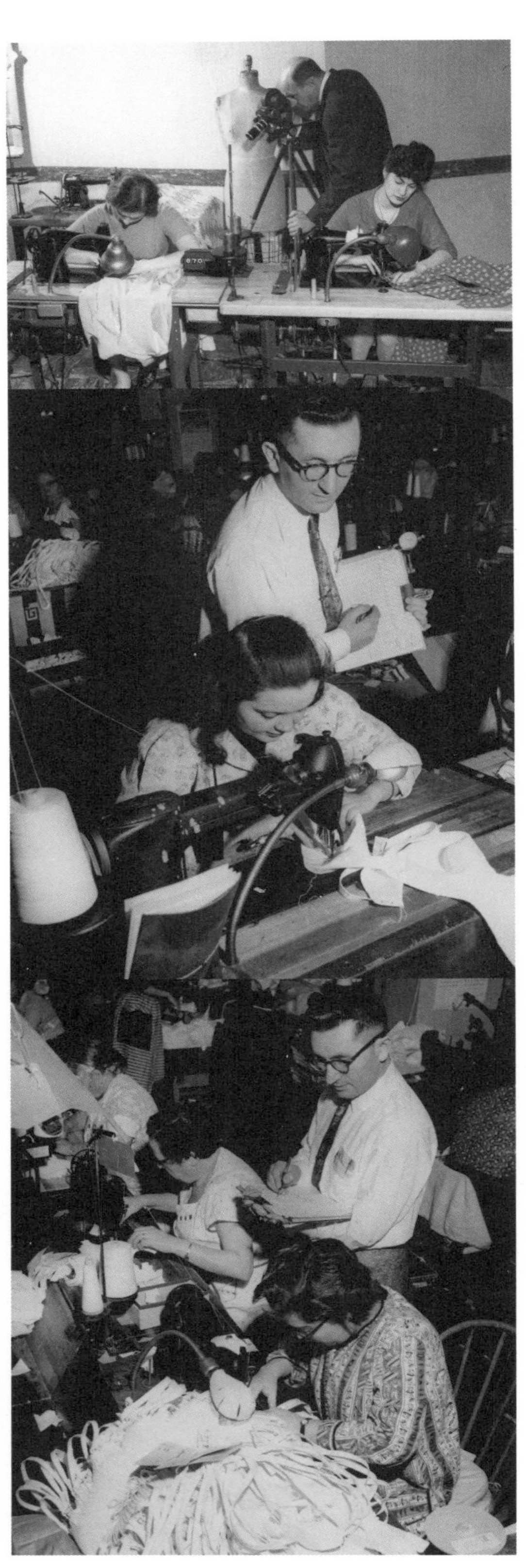

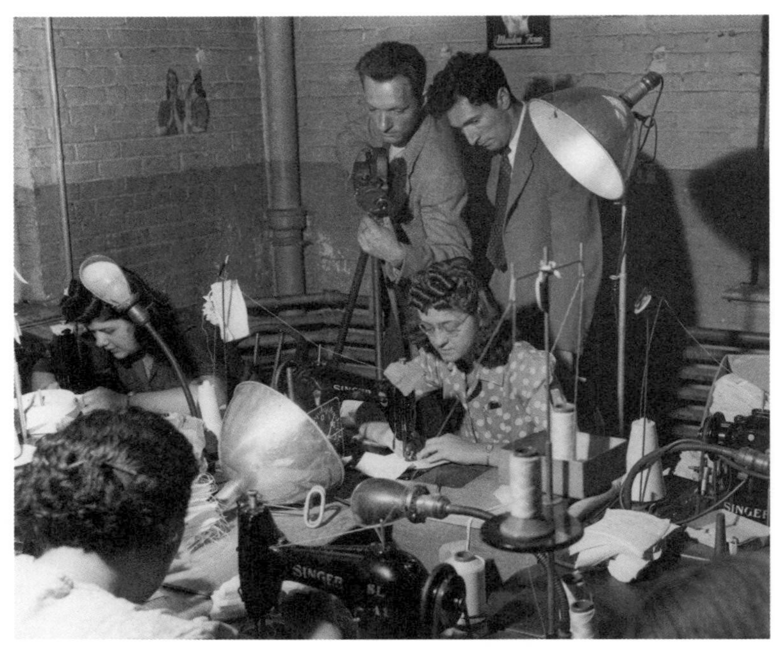

[13]工效学：1857年由波兰教育家、科学家沃捷赫·雅斯特莱鲍夫斯基提出，它是由希腊文词根“Ergo”（指工作或劳动）和“nomos”（指规律或规则）复合而成。

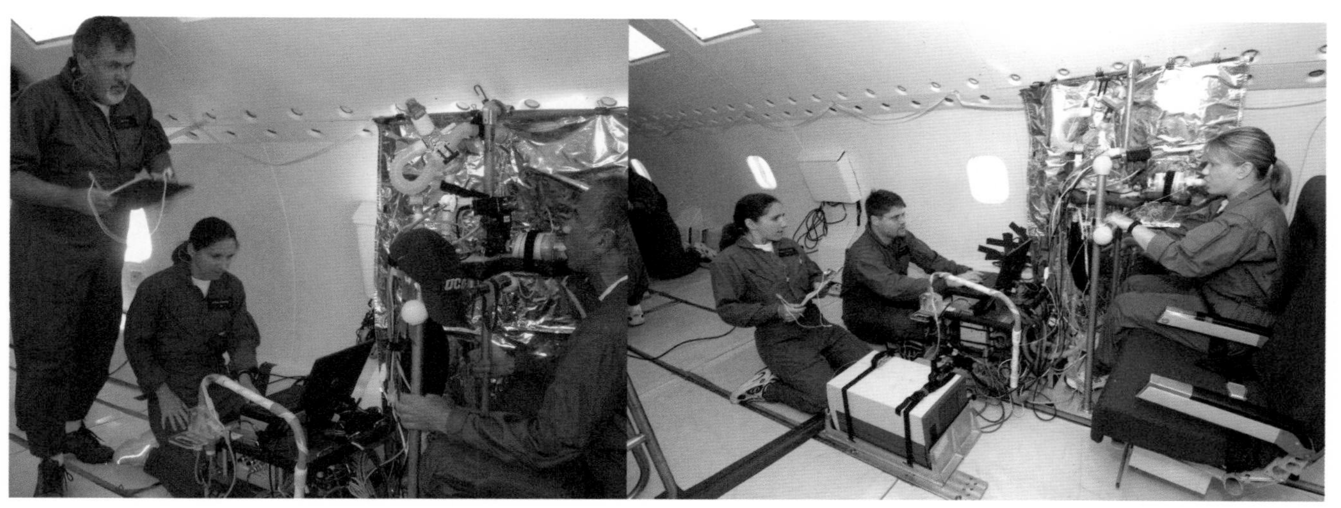

有峻、平、慢三等，宫中则以御辇为法：凡自下而登，前竿垂尽臂，后竿展尽臂，为峻道；……前竿平肘，后竿平肩，为慢道；前竿垂手，后竿平肩，为平道。"

真正采用科学的方法对其进行系统研究则始于19世纪末，工业革命以来，改良工具、改善劳动条件、提高生产效率已成为人们共同关注的问题，对于人与工具之间的协调关系，人们一直进行着各种积极的探索，如意大利人安吉洛·莫索的"肌肉疲劳试验"，以及美国人弗雷德里克·温斯洛·泰罗的"铁锹作业试验"，弗兰克·邦克·吉尔布雷斯和丽莲·穆勒·吉尔布雷斯夫妇的"砌砖作业试验"等。

与此同时，对工业生产中人机关系的研究也从心理学的角度展开。与泰罗同一时期的德国心理学家和哲学家刘易斯·威廉·斯腾1903年首次提出"心理技术学"这一名词，尝试将心理学引入工业生产。德国现代心理学家雨果·M·闵斯托博格则是最早将心理学应用于工业生产的心理学家，他于1912年前后出版了《心理学与工业效率》等书，将当时心理技术学的研究成果与泰罗的科学管理学从理论上有机地结合起来。

人体工程学一个重要的发展时期是20世纪的两次大战，战时为提高工效、减轻疲劳，以及基于对复杂的武器、军事工具和设备达到最大效应等要求，使得此时的人体工程学倍受重视，战争结束后，人体工程学从较集中地为军事装备设计服务，转入为民用设备、为生产服务，并渗入到人类工作和生活的多个领域（飞机、汽车、机械设备、建筑设施及生活用品），许多国家也先后成立了相关的专业研究机构和学术团体，1961年，"国际工效学协会"（IEA）成立，自此，人体工程学逐渐形成了国际性

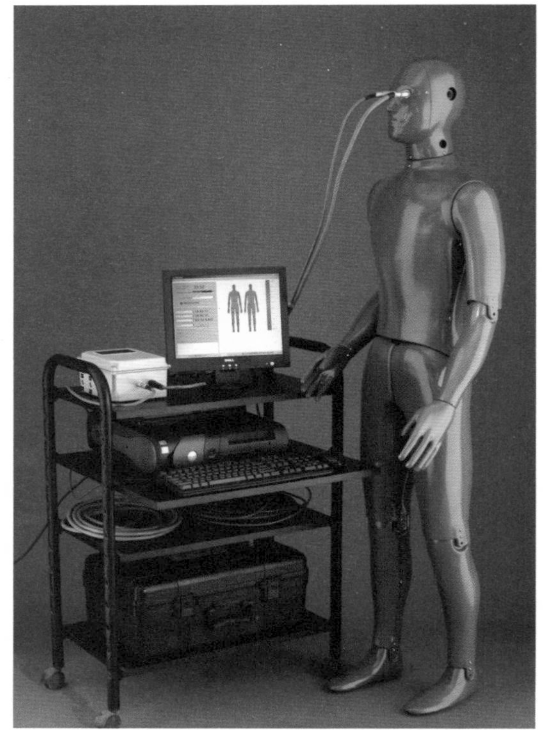

的比较完整的研究组织和学科体系。人体工程学在20世纪六七十年代有了显著的发展，对设计的进步起到很大的促进作用。

在我国，与此相关学科的名称较多，如“人类工效学”、“人机工程学”、“人类工程学”、“人机环境工程学”等，分别是从各自专业领域来命名，其研究重点略有差别。1989年，“中国人类工效学学会”（CES）成立，并于1991年成为“国际工效学协会”的正式会员，“人类工效学”这一名称逐渐被广为接受。而在建筑、室内与家具设计领域则普遍使用“人体工程学”来命名这一学科。我国在人体工程学方面的研究起步较晚，目前与先进国家相比还有很大差距。

至今，人体工程学的研究内容仍在发展和变化之中，由于各学科研究领域的不同，差异较大，概括起来主要包括以下内容：

生理学：研究人的感觉系统、血液循环系统、运动系统等基本知识。心理学：研究人的心理现象发生、发展规律的科学。包括认识、情感、意志等心理过程以及能力、性格等心理特征方面的知识。

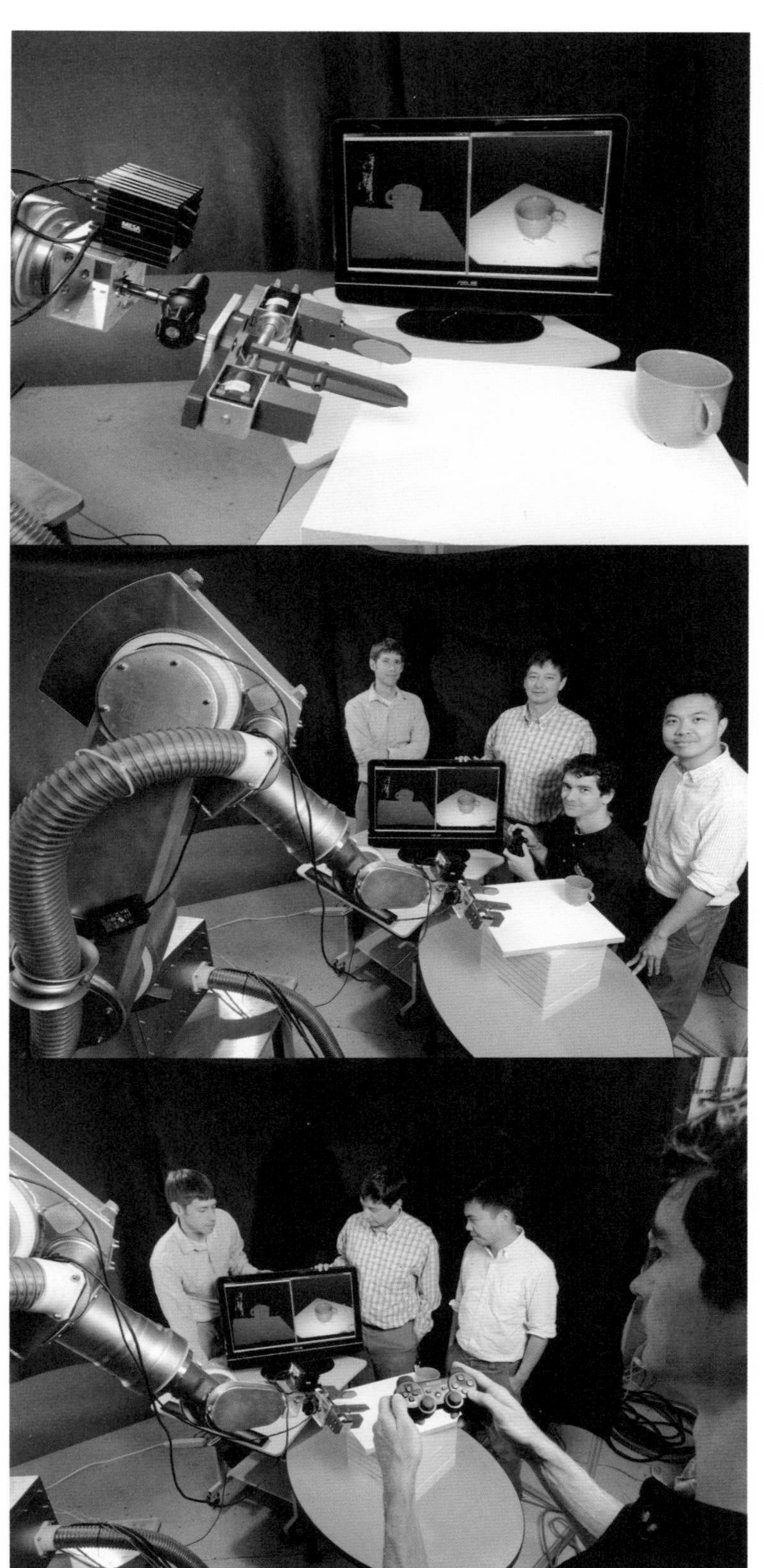

心理学：研究人的心理现象发生、发展规律的科学。包括认识、情感、意志等心理过程以及能力、性格等心理特征方面的知识。

环境心理学：研究人和环境的交互作用，刺激与效应，信息的传递与反馈，环境行为特征和规律等知识。

人体测量学：测定人体尺寸、体积、体重、体力、耐力、动作范围等内容及其在工程设计中的应用知识。

由于人体工程学是一门新兴的学科，人体工程学在室内环境设计中应用的深度和广度，有待于进一步开发，目前已有开展的应用方面包括：确定人类各种活动和人际交往所需的空间范围；确定家具、设施的形体、尺度及其使用范围；提供适应人类生活、工作的室内物理环境的最佳参数；为室内视觉环境（照明、色彩设计、视觉最佳区域）设计提供科学依据。

感觉、知觉与室内环境

感觉和知觉是人类认识周围环境的重要手段，是由于外界环境的刺激信息作用于人的感官而引起的各种生理、心理反应。眼、耳、皮肤等感觉器官觉察到外界刺激，传至大脑并产生感觉意识即是感觉，感觉是人脑对直接作用于感觉器官的客观事物个别属性的反映，是高级、复杂心理活动的基础和前提；知觉是在感觉基础上形成，是经过大脑统合作用，对感觉讯息加以选择、组织并做出解释的心理活动过程，是对外部世界更为整体、深入的反映，知觉很大程度与主体的知识经验及理解、把握的愿望、动力等主观因素有很大关系。

人类的感觉系统由感觉器官和神经系统组成，与环境直接作用的主要感官是：眼、耳、舌、

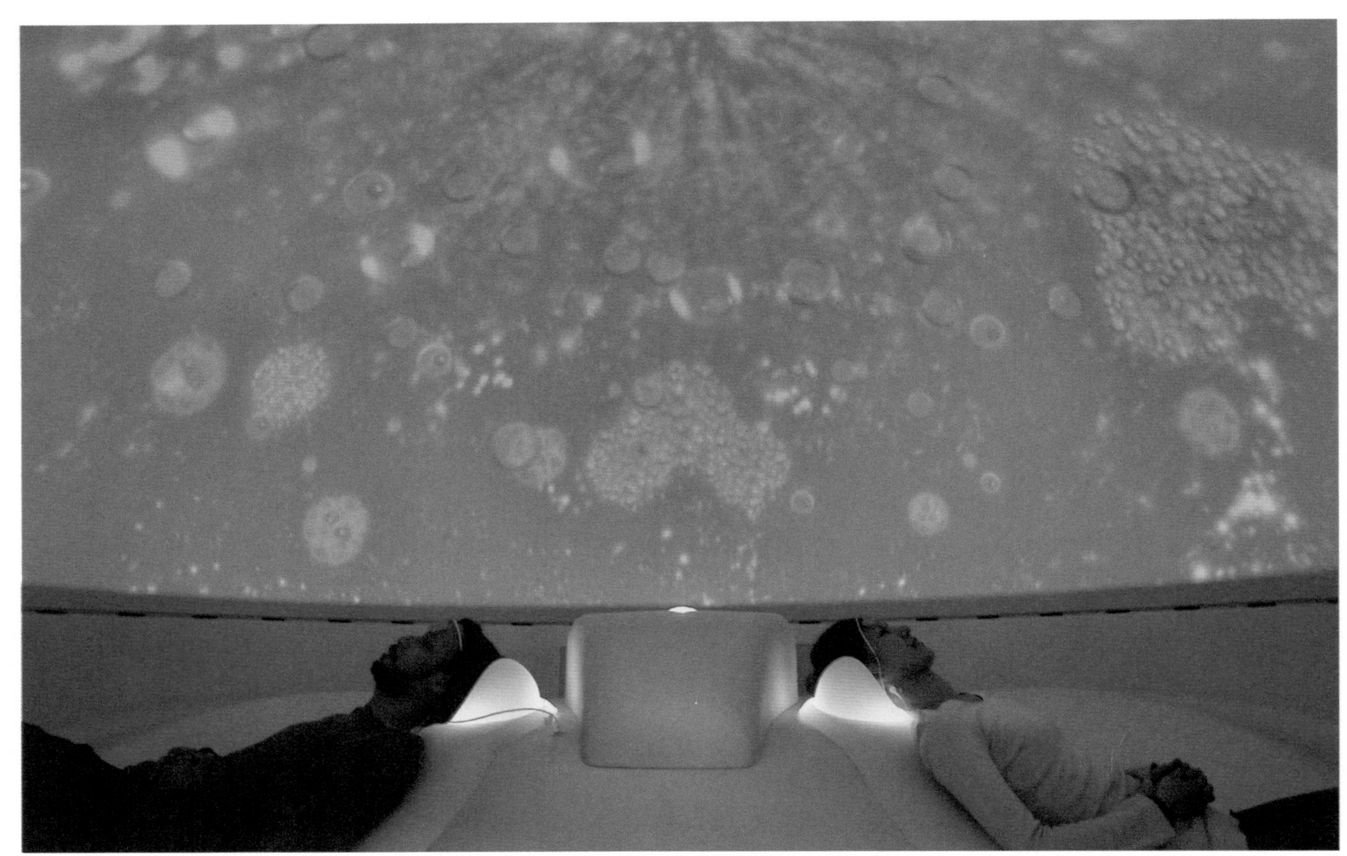

鼻、皮肤，由此而产生视觉、听觉、味觉、嗅觉和肤觉等五种感觉（此外，还有运动、平衡、内脏感觉），各种感觉可以相互联系、影响和补充，以及注意、记忆、思维、想象等心理过程，通过这些渠道我们来观察、倾听或触摸外界事物，据此判断外界状态，获取外界信息。

室内环境的温度、湿度、光线、色彩、声音、气味等因素对人的感觉和知觉都具强烈而直接的影响。了解感觉、知觉特征，对室内设计具有很大的指导意义，不但有助于了解人的生理、心理现象，还可为室内环境设计确定适应于人的标准，如适宜的光线和温度、空气质量以及噪音问题等，有助于我们根据人的特点去建立环境与人的最适宜关系，提高工作效率，改善生活质量。

一、感觉途径

（一）视觉

我们的感知绝大部分由视觉来支配，据说人类获得的外部环境信息有80%以上来自视觉。通过视觉，我们可以觉察物体的形状、大小、色彩、肌理、运动等多种信息，还会辨别空间、立体和距离的远近，"百闻不如一见"就反映了视觉的优势，根据后天经验，人的视觉还可替代触觉的一些功能，多数时候无须经由触摸，视觉便会告知我们空间中各种材料摸起来的感觉，如粗细、软硬等，尽管这些感觉不一定都正确。

人无须转动头部和眼球就可以观察到的空间范围称视野，一般以角度表示，其范围大致为扁形椭圆锥体，两眼所能看到视角的范围，水平约为180°，垂直约为120°（由于头部和眼球可以转动，实际的视野范围要大得多），视角越小，视力敏锐度越高，分辨细节能力越强，由于感光细胞在视网膜的分布情况以及脸部其他部位的妨碍，视野的上下左右是不均匀的，并且因人而异。

视距是指观者眼睛与被视物之间的观察距离，视距过远或过近都会影响认读的速度和准确性，视距过小容易目眩、看不完整，视距过大又会影响细节的分辨，视距合理与否是由视角决定的，因此，视距大小和被视物的大小成正比，一般情况下，视距应该为被视物高度的1.5~2倍，通常情况下不应小于1.5倍，同时应根据具体任务的精细程度来选择最佳视距。

人类的眼睛有着非常惊人的适应性，日光比月光要强大约25万倍，然而我们在日光下看到的物体，在月光下也能看到，有可能这种适应性的最大缺陷是当眼睛被低效光线伤害时，却不能及时地向我们发出警告。人由较暗环境进入较明亮环境大约需要1min左右的适应时间来看清周围，而由较明亮环境进入较暗环境则大约需要10~35min的时间，尽管人眼可调节入射光量，也应尽量避免或缓和环境中过强的明暗对比，以使视觉更为舒适。

（二）听觉

听觉是除视觉以外人类第二大感觉系统，同视觉一样，听觉只能感知到一定范围内的声波频率振动（人耳可听声音频率范围在20~20000Hz之间，频率超过20000Hz的超声波、低于20Hz的次生波不能被听到）。人耳听到的声音是由于声源引起物体（主要是空气等介质）的振动而引起，声音同光一样，遇到障碍物也会有反射、吸收、透射现象，室内空间中的声音，除了经空气传来的直达声、透射声，还有一部分是经建筑结构、设备的

振动传递而引起。环境中的声音对人的生理、心理影响很大，利用对声音的记忆和联想，能够营造空间的特定氛围和体验感，如潺潺水声、鸟鸣虫叫，会使人仿佛置身于室外自然环境，丹麦建筑批评家斯蒂恩·埃勒·拉斯穆生在《体验建筑》一书中写道："我们可以听到建筑物反应的声音，并且从它的声音中，亦有获得形状与质料之印象。形状不同质料不同之房间，其反应之声音亦不相同。"利用声音还可掩蔽其他声音的刺激，如公共场所的背景音乐可缓解嘈杂和喧闹。

室内环境的声学问题主要包括提高室内音质和消除、控制噪声两方面内容。通常会采用反射、隔音（减少透射声）、吸声（减少反射声）等主要手段。

1.对听闻要求较为严格的空间，如音乐厅、影剧院、会堂，以及录音棚、播音室等专业用房，建立最佳音响效果是最重要的设计课题，这方面的处理和评价也较为困难和复杂，设计前应根据空间的具体使用要求和相应规范来确定声学指标，保证声音有合适的响度，较高的清晰度，足够丰满度，良好空间感，避免声缺陷等，这涉及音响系统的配置，合理的空间容积和形状，同时还涉及反射、吸声材料和结构的设计选择。

2.消除、控制噪声。广义地说，除了能传播信息或有价值的声音外，一切声音均为噪声，美妙音乐对于专心读书的人也会转为噪声，噪声对人的健康、情绪以及工作绩效都有影响，尤其对思维活动的影响较大。环境噪声在30~80dB（分贝，表示声音强弱的声压级单位）。能为多数人接受；到120dB会使人烦躁，过强的声音还会造成暂时甚至永久性的听力损失；而30dB以下由于过于安静，也会使人产生孤独、寂寞，甚至有种恐怖感。

控制室内噪声方法很多：建造隔声罩、隔声间或隔声屏障进行声源降噪；对墙体、门窗的材料、构造，以及穿透墙面的通风设备、水管、电梯设备等进行隔声、降噪、减振、隔振处理；利用吸声材料和吸声结构吸收声能来降低噪声强度；合理调整空间布局，声音传播距离越远，强度衰减就越大，因此，像办公室等脑力作业空间及客房、卧室等休息空间，应尽量远离噪声源，中间还可设置缓冲区，减小噪声影响。

（三）味觉、嗅觉

目前来看，室内环境对味觉几乎没有要求，而嗅觉虽然不是室内设计的主要考虑元素，却会对室内环境的空气质量、气氛产生很重要的影响，空间中的木制品、皮革、鲜花、食品等都会散发出不同的气味，气味会影响到人的情绪及作业效率，甚至会影响环境质量、人体健康，如熏香疗法，主要是通过气味刺激嗅觉神经及大脑细胞，来舒缓情绪、缓解疲劳、振奋精神，使人的心理及生理状况得到改善。室内环境可通过通风换气来保持室内空气洁净和新鲜，适当变换空间气味能够引起人们的新鲜感觉，气味还会划分空间，为我们带来回忆，使我们产生联想，渲染环境气氛，甚至会帮助我们识别一个地方，美国建筑学者史坦利·亚伯克隆比在《室内设计哲学》中写道："餐厅总不能充满机油的味道；车库也总不会有烤面包的气味；弹子房不会闻起来像花店；董事长办公室也不会闻起来像啤酒屋。更不用提使用者不能接受室内散发出难闻的气味。"利用嗅觉的掩蔽效应还可缓解环境中的不愉快气味，如卫生间投放的芳香球。气味在有些国家已成为一种产业，研究人员对于气味对人的种种影响正进行着许多的研究。

（四）肤觉

皮肤对于人体具有防卫、保护功能，皮肤内遍布感觉神经和特殊构造的感受器，是人体面积最大的感觉器官，肤觉也是人体很重要的一种感觉，人体肤觉主要有温度觉、触觉、痛觉、振动觉等。

1.温度觉

温度觉是由冷觉和热觉两种感受不同温度范围的感受器感受外界环境中的温度变化所引起的感觉，身体不同部位温度觉的感受性也不相同。人类可通过皮肤感知对外界的冷热变化，并会在一定程度上通过自律性功能根据外界的冷热变化加以调整和适应，维护身心健康。环境温度对人们的健康、精神状态及作业、休息效率有很大影响。关于合适的环境温度条件，很多人做了大量的研究和实验，而实际上，人种、性别、年龄、成长环境、着装、活动方式、气流速度、季节、停留时间等因素都会影响到对冷热的判断，而不太容易获得客观的综合性数据。

热舒适性是居住者对室内热环境的主观满意程度的一项重要指标，关于人体热舒适和热环境之间的关系研究从20世纪初

便开始了，各国学者针对各自不同的目的提出了许多用于评价人体热感觉和热舒适的指标。目前，《人类居住热环境条件》（ANSI/ASHRAE标准55—2013）和《中等热环境PMV和PPD指数的测定及热舒适条件的规定》（ISO 7730—2005）是各国普遍采用的评价和预测室内热环境热舒适程度的标准，我国可依照的相关标准包括《中等热环境PMV和PPD指数的测定及热舒适条件的规定》（GB/T 18049—2000）、《民用建筑供暖通风与空气调节设计规范》（GB 50736—2012）等，同时，由于我国疆域广阔，民族众多，气候多变，还应结合具体条件对舒适性指标进行分别的修正和改进，以便得出适合本地区的舒适性指标。

室内空间在设计、选择与人体皮肤经常接触的家具和装饰材料时，也要考虑人体温度觉的生理现象，尽量选择导热系数小的材料，以提高接触时的舒适感。

2.触觉

根据刺激的强度，触觉可分为触摸觉和触压觉：触摸觉是轻微机械刺激触及皮肤浅层感受器官而引起的；触压觉是较强的机械刺激引起皮肤深层组织变形导致的感觉。触觉对盲人尤为重要，盲文、盲道是他们获取外界信息的重要渠道。

人体的触觉敏感度因部位而异，手指对于触觉反应尤为敏感，是我们的主要触觉器官，利用触觉我们可以判断物体的形状、大小、轻重、温度、光滑、粗糙及软硬等特征，各种材料的不同自然属性和人为加工手段都会带给我们不同的触觉感受，并

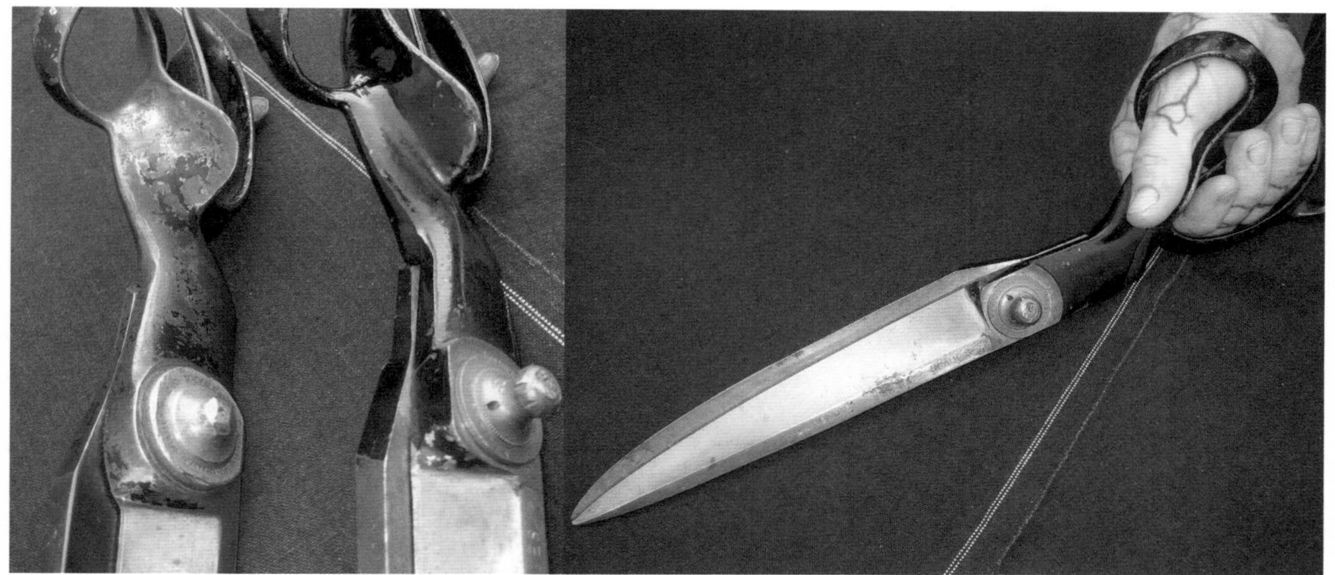

能唤起人们不同的情绪和心理变化。

3.痛觉

痛觉有很重要的生物学意义，是人体防卫本能的体现，可提示人们避开危险和伤害。痛觉产生的原因多样复杂，不仅限于皮肤，人体各种器官与环境交互作用过程中的过强刺激都会引起痛觉，如过强光线会引起眼痛，过强声音会引起耳痛等。皮肤痛觉实际上是由过冷、过热即身体承受太大压力等原因产生的极限反应和感受，这要求室内的扶手、拉手、开关等构配件，凡直接接触皮肤的部位应尽量保持光滑，避免硬面的凹凸材料，无蹭、划伤危险，应根据出力大小设计其尺度、形状，防止局部压力过大使人产生不适，还应根据体压分布状况来设计家具与人体的接触部位，改变受力面不适合造成的体压分布的过于集中，变“集中荷载”为“均布荷载”，增加使用时的舒适感。

20世纪50年代，原捷克斯洛伐克雕塑家和工业设计师曾内科·科瓦对引起工厂里工人手上的老茧、水泡和刀痕的原因感兴趣，并利用他们的手在裹有柔软灰泥的工具上留下的压印开发新的把手和柄，1952年他在中国传统剪刀基础上设计出符合手握特点的剪刀把手，受其影响，芬兰工业设计师奥拉夫·贝克斯特罗姆于1961年为菲斯卡斯公司设计出更为出色的剪刀。

二、感觉的特征

（一）感觉阈限和感受性

感觉是由刺激影响感受器所引起，刺激强度必须达到一定程度，才能引起感受器的感应，例如人们觉察不到皮肤上尘埃的重量，能引起感觉的最小刺激量称感觉阈限，而刺激过大，不但无效，还会引起感觉器官的损伤。

感受性即感觉器官对刺激的敏感程度。不同的人对同等强度刺激的感觉能力是不一样的，据说有经验的品酒师可以分辨的葡萄酒气味超过1000种，而常人则很难做到这一点，感受性高低不是一成不变的，同一个人在不同条件下，对同一刺激物的感受也会发生高低变化。

（二）感觉适应

"入芝兰之室，久而不闻其香，入鲍鱼之肆，久而不闻其臭"，人的感受性可因强度保持恒定刺激的持续作用而发生提高或降低的改变现象，通常，强刺激可以引起感受性降低，弱刺激可以引起感受性提高，如暗适应会使视觉感受性提高，明适应则相反。因此，刺激的程度不但在于绝对性，还在于相对性变化，跳跃色彩、阵阵清香由于加强了环境刺激的变化性反而会比持续刺激更能引起人们新的感觉。

除了痛觉各种感觉都有适应现象，如"熟视无睹"属于视觉适应，还有听觉适应、触觉适应、温度觉适应等，各种适应的表现和速度各不相同，如触压觉、温度觉的适应相当明显，听觉适应一般约需15min，而味觉适应只需要30s左右。

（三）感觉对比

感觉对比是同一刺激因背景不同而产生强度和性质的差异现象，如"蝉噪林愈静，鸟鸣山更幽"。感觉对比可分为同时对

比和继时对比：同时对比是指几个刺激物同时作用于同一感受器产生的感受性变化，如同一空间中的亮度、材质对比属同时对比；继时对比是指刺激物先后作用于同一感受器时产生的感受性变化，如不同空间的尺度、色彩变化属继时对比。

（四）余觉

刺激消失后，感觉不会马上消失，仍可存留一段时间，如电影以每秒24帧的速度放映就可以使静态画面产生连续动态的视觉效果，每秒闪烁100次的荧光灯给人感觉是连续的光源，而手术室的墨绿色服装和墙面可以避免红色血液产生的幻象。

（五）联觉

心理学上对一种感官的刺激作用触发另一种感觉的现象称为"联觉"现象，如人们常说的"甜蜜的声音"、"冰冷的脸色"等。不同个体的联觉在触发途径、强度等方面差异很大，联觉可牵涉到各种感觉，几乎任何两个感官和知觉模式都可能发生联觉，如低音会引起深色反应，高音引起浅色反应，红、橙、黄色会使人感到温暖，蓝、青、绿色会使人感到寒冷，在绘画、设计等活动中可利用联觉现象以增强相应的（非视觉反应）表现效果。

三、知觉的特性

（一）整体性

知觉对象往往由许多不同部分组成，各部分具有不同的属性，但我们并不把它感知为许多个别的、孤立的部分，而总是把它知觉为一个统一的整体，例如砖与泥加以位置和数量的概念便是墙。格式塔心理学家在这方面曾做过许多研究，如接近性、相似性、连续性等规律的总结。知觉的整体性可使人们在感知熟悉的对象时，只根据其个别属性或主要特征就可以知道它的其他属性或特征，从而整体地知觉它。

（二）理解性

知觉不仅依赖于刺激，也依赖于感知主体本身，人们在知觉事物过程中，总是以既有经验为依据来加以理解、修正，这会使知觉过程更加地迅

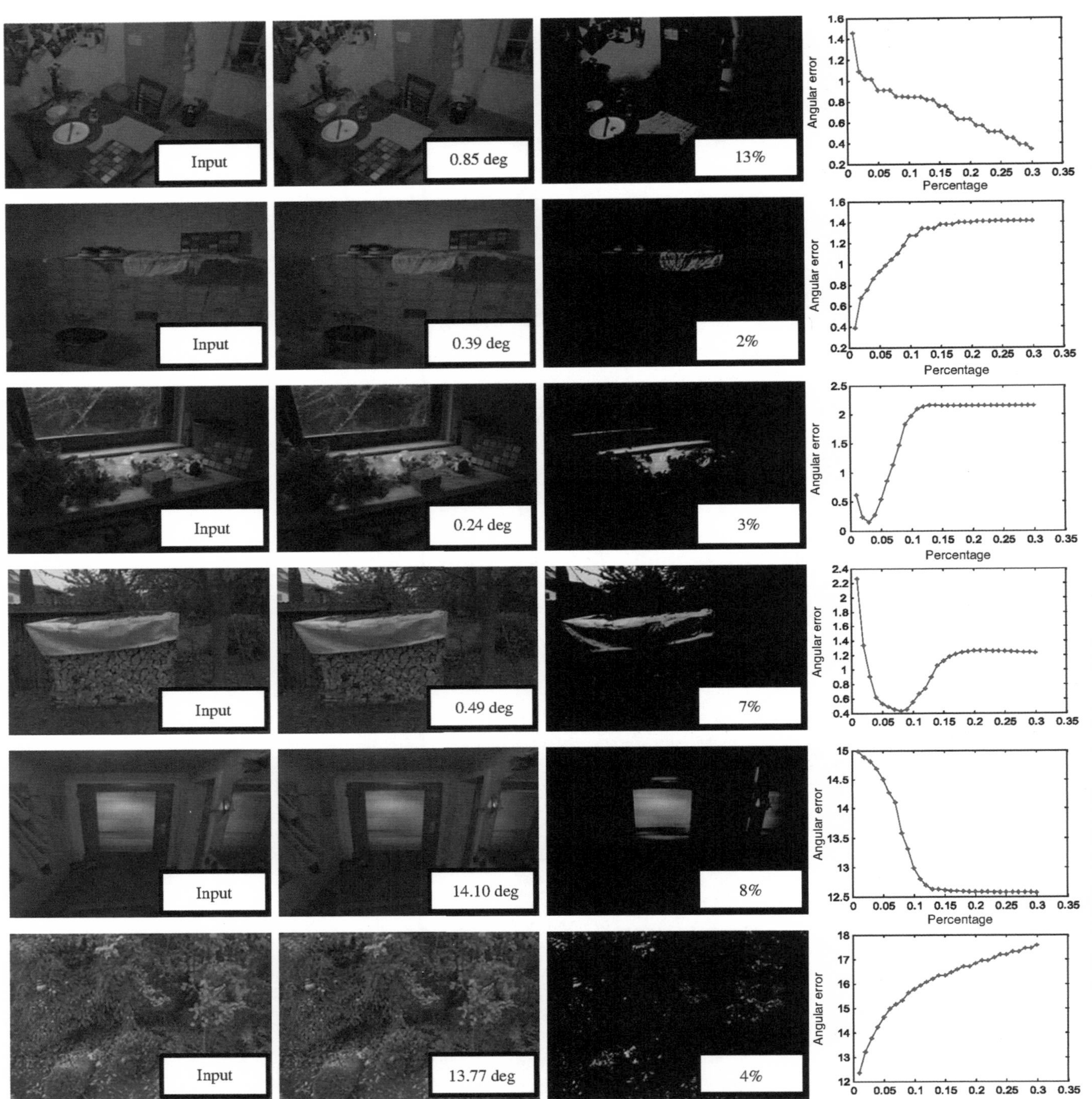

速、完整和准确。

（三）选择性

环境中充满着各种刺激，然而引起我们注意的仅是其中一部分，这除了取决于我们自身的主观因素，如期待、兴趣、情绪、动机、目的、经验，还取决于外界刺激的强度和可辨性等客观因素，如刺激的清晰度、形式的新颖度，以及与周围环境的对比度等。

（四）恒常性

人们在知觉事物的过程中，知觉的效果往往不会因为知觉条件的改变而改变，这主要是由于过去的经验作用以及观察者对刺激条件主观加工造成的，知觉恒常性使人们在变化的条件下仍能获得近似于客观实际的知觉映象。

视知觉的恒常性主要有大小恒常性、形状恒常性、方向恒常性、明度恒常性、颜色恒常性、距离恒常性、位置恒常性。如：方形桌子反映在视网膜上多呈菱形或不规则四边形，我们却仍认为它是方形；正圆形反映在视网膜上是椭圆形，但知觉却仍是正圆形；正午阳光下的煤炭为黑色，黄昏的白雪仍为白色。

（五）错觉

即与物理性事实不相符的知觉。错觉的成因相当复杂，既有生理方面因素，也有心理方面因素，关于错觉的研究已有100多年的历史，但到目前为止，许多错觉的成因仍不清楚，错觉在各种知觉中均有可能出现，最常见于视觉方面。设计中，对待错觉现象应辨证地看，有时需要避免错觉，如柱子的收分处理是为纠正其顶端的扩大感，有时则需要利用错觉，如利用图案可改变物体视觉上的尺度感等，而意大利巴洛克建筑家弗朗西

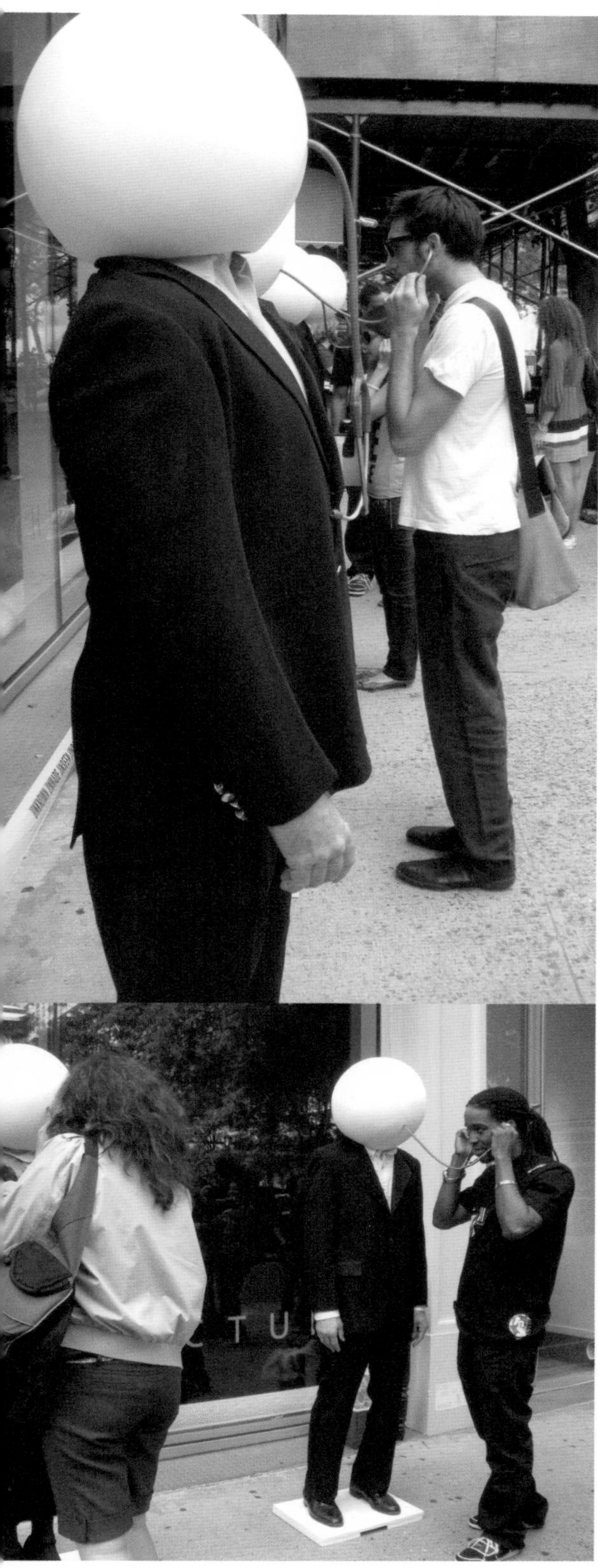

斯科·波洛米尼在一位数学家的帮助下，利用缩减柱间距、抬高地面等手法产生透视上的错觉，成功地使一个只有8米的拱廊看上去有37米长。中国古典园林中的"先抑后扬"、"小中见大"也都属错觉的应用。

行为心理与空间环境

环境心理学是研究环境（主要指物理环境，也包括社会环境）与人类心理、行为之间相互作用、相互关系的一门学科，着重从心理学和行为学角度探讨人与环境的最优化关系，进而达到调整、提高、改善环境质量的目的。

虽然有关环境与心理及行为之间关系的研究内容很早就引起人们的重视，环境心理学直到20世纪六七十年代才成为一门独立学科，环境心理学最初产生于美国，主要代表人物有人类学家爱德华·特威切尔·霍尔，心理学家罗杰·加洛克·巴克、威廉姆·霍华德·伊特尔森、哈罗德·米尔顿·普洛尚斯基、罗博特·萨默，城市规划师凯文·安得烈·林奇等，而后在英国、法国、瑞典等欧洲国家展开，并逐步扩大到世界其他国家，亚洲各国中对于环境行为的研究，20世纪60年代最先在日本发展起来，我国则于20世纪90年代才正式展开这方面的研究工作。

人类的行为是心理活动的外在表现，人类的行为与环境处于一个相互作用的动态系统中，人类会主动选择、利用、调整环境，同时，环境反过来又会不同程度地引起人类的生理和心理效应，并且不可避免地影响人类的行为，这种行为表现就是环境行为，环境行为是人类对外在环境刺激做出的反应，或者说是一种适应环境的本能，它具有一定的内在规律性和倾向性，环境虽然不是行为产生的直接和唯一原因，但对于行为却可起到限制、鼓励、启发和暗示等作用。长期以来，"建筑决定论"的观点在建筑设计领域中占主导地位，不少建筑师缺乏与使用者的沟通和对他们特有的生活方式、行为习惯的尊重，认为建筑决定人的行为，使用者将按设计者的意图去使用和感受环境，这实际上过于夸大物理环境的作用，低估了人类的社会、文化因素，忽视了环境的间接作用和一些环境变量间的交互作用，以及人与环境间的互动关系等内容。1972年，位于美国中部城市圣路易的“普鲁蒂·艾戈”⑭的最终炸毁就标志着设计师一厢情愿的局限和环境决定论的彻底失败。了解使用者在特定环境中的行为对于建筑的空间环境设计具有重要意义，可以避免设计者只凭经验和主观意志进行设计的缺陷。今天，许多科学家、心理学家及人类学家运用各领域的研究方法去了解人类的生活经验和行为，试图从人类环境知觉和环境认知探讨不同类型使用者的本能需求与活动模式，不同情况下的心理状况与喜好，并透过使用者参与评估与回馈程序，来建立设计适宜的、满足人们需要的生活环境的参考准则，为建筑设计、室内设计及其评价提供理论依据。

一、心理需求

美国社会心理学家欧文·奥尔特曼在《环境与行为》一书中，根据空间行为方式中的四个行为概念：私密性、个人空间、领域和拥挤，分析了人们怎样利用环境来影响同他人的社会交往。根据奥尔特曼的理论，我们可以看出私密性、个人空间、领域和拥挤是彼此关联的，私密性是这些概念的核心，个人空间与领域是人们为达到理想私密性的行为机制，而拥挤与孤独则是机制没能有效发挥作用而导致的失败结果。

（一）私密性

私密性是个人或群体对人际界限的选择性控制过程。私密性并不意味着离群索居、自我孤立，而是一个能动的过程，是通过有控制、有选择地决定与他人或环境的开放、封闭程度，来寻求人际关系的最适化过程，通过独处、与他人亲密相处、匿名和保留等表现形式，脱离人群、控制领域或私人信息。私密性也会由于不同个体差别（如性别、个性、年龄、角色）以及情境因素而存在很大差别。

心理学家认为环境的私密性可加强我们对空间的控制感，使我们能够按照自己的愿望、想法支配空间，保护正常的社会交流，可加强我们的自尊感和认同感、价值感，充分宣泄感情、反省行为、修养身心，并有助于降低外界干扰，使我们舒适自然，集中精力，提高生活品质和工作、学习效率。

减少或隔绝视听侵扰是获得场所私密性的主要方式，除了利用

⑭普鲁蒂·艾戈：美籍日裔建筑师米诺儒·雅马萨齐的作品，因为其单调冷漠无情和极端的功能主义，长期无人入住。

语言、动作行为以及文化上的某些习惯、规定和准则可形成私密性的调节机制，在设计中，我们更多的是通过有形的物质环境来达到这一目标，如利用墙体、隔断、门窗、帘幕等建筑及装饰构件来控制空间开合程度，通过妥善布局（内外有别、动静分区）而形成〝私密—半私密—半公共—公共〞等不同的私密梯度，满足对空间的多样化要求。此外，暗淡的光线、柔和的质地也会有助于空间私密性的加强。

（二）个人空间

个人空间是直接围绕在每个人身体周围的心理上最小空间范围，是针对来自情绪和身体两方面潜在危险的缓冲圈，通常有着气泡状的看不见的边界，边界内不喜欢他人进入、侵犯和干扰，否则将会引起焦虑和不安，美国心理学家罗博特·萨默把这个气泡称为〝个人空间〞，个人空间具有灵活的伸缩性，并会随人的移动而移动，多数情况下，个人空间只有在受到侵害时我们才会意识到它的存在。史坦利·亚伯克隆比在《室内设计哲学》中说道：〝事实上，一张三或四人座的沙发，在情况允许下，往往只有两头各坐一人……即使这沙发真的挤得下四个人，因为局促的关系，通常对话也会乏善可陈。〞在图书馆、公共汽车上或公园里，我们总是想找一个与其他人不相干的分开座位，在人行道上行走时也会尽量与他人保持一定距离。

就像德国哲学家亚瑟·叔本华的寓言故事中冬天的豪猪既要相拥取暖又要避免彼此扎痛一样，个人空间中，距离的控制很重要，人们用距离来调整与他人的交往程度。美国人类学家爱德华·特威切尔·霍尔将人际距离概括为四种：亲密距离的范围是0~18in（大约0~450mm），是一种表达温柔、爱抚以及激愤等强烈感情的距离；个人距离的范围从18in~4ft（大约450mm~1200mm），是亲近朋友或家庭成员之间交往的距离，家庭餐桌上人们的距离就是一个例子；社交距离的范围从4ft~12ft（大约1200mm~3650mm），是社交聚会和公务场合的常用距离，这一距离不需要过分的热情或亲密；公共距离在12ft以上（大于3650mm），这种距离通常出现在较正式的场合，是用于单向交流的演出、演讲，或者人们只愿意旁观而无意参与这样一些较拘谨场合的距离。

心理学家经过观察、实验发现影响个人空间的主要因素有：个人因素，如年龄、性别、性格、职业、文化背景、种族等；人际因素等，即人与人之间的亲密程度、社会地位等，如与陌生人在一起时，个人空间会比较大；情境因素，包括活动性质、环境气氛、空间布置形式均有关系，如在公共汽车、地铁、电梯中，人们可以允许他人比其他情况靠得近些。这要求设计师对人和环境有充分理解，综合地加以考虑，因人、因事、因时、因景地确定使用者个人空间大小，通过窄小或巨大的尺度控制，使空间不至于拥挤阻塞或空旷冷漠。

（三）领域性

领域是指个人或群体为了某种需要而暂时或永久地占据和控制的一定空间范围，并对其加以人格化和防卫的行为模式。放牧的牛群和海鸟在休息时和进食时总是在群体占有地带中均匀散布开来，以减少对食物的竞争，占有和控制领域是所有动物的行为特征，也是人的特殊需要。

领域性行为受个人、社会、文化等因素影响而存在差异，领域可能是一个物体或场所，如一个座位，或是一间房子，也可以是一幢房子，甚至一片区域，领域占有者，总会用一些特殊方式将其进行特别界定，以表明对领域的控制和自我认同，它可以有围墙、隔断等具体边界或某种标志物（如阅览室中学生们为在占座在桌上放置的衣物、书本等个人物品和城市中的涂鸦），容易为他人识别，也可能仅有象征性的空间范围，甚至是一个眼神或行为的暗示。

REMO
OLHAGARAY
SACHAROW
СРЕДИ ЭТОЙ СМЕРТНОЙ ЛЮБВИ
MEIN GOTT. HILF MIR, DIESE TÖDLICHE LIEBE ZU ÜBERLEBEN

根据私密性、重要性以及使用时间长短等方面的差别，可将领域进一步分为主要领域、次要领域、公共领域，主要领域由个人或具有亲密关系的小群体控制和专用，次要领域、公共领域则只表现出某种程度的控制权甚至与别人共享或轮流使用，这种控制是不完全的，临时的、间断的。

关于领域的研究，可帮助设计者合理确定空间环境的界限，以减少冲突、增进控制，提高整体环境的秩序感、安全感和归属感。

（四）拥挤

拥挤在物理学范畴是指高密度，即占有单位空间的实际人（或物）的数量较多；而在心理学范畴则是一种主观反应，是由于个人空间和私密性受到干扰而产生的一种消极心理情绪。有些拥挤会带来紧张、烦躁、压力和敌意，影响工作绩效，甚至会引起生理上的不良反应；有些拥挤我们则可以容忍，甚至还能够从中获得乐趣，如挤满人的舞池和运动场。

密度在导致拥挤上扮演重要角色，不合适的过近人际空间会使人不舒服，围合严密、布置杂乱、刺激过度（噪声、难闻的气味）的空间也容易使我们产生拥挤感。但拥挤也并非完全由于

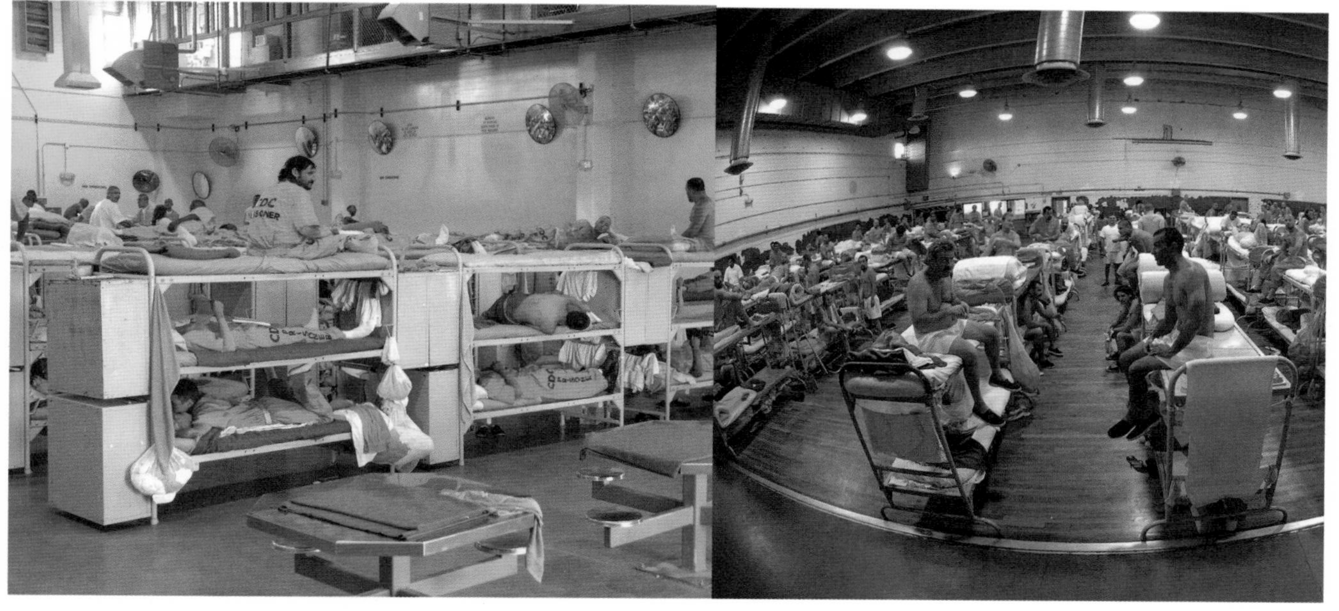

高密度引起，还与社会、文化、个人和情境因素相关，如过热的空间会使人感觉更拥挤，窄小的房间会使陌生人感到拥挤，而对于熟悉的人却可能会亲切、安静，因为前者的个人空间要小于后者。

提供足够宽敞的空间是解决拥挤的有效手段，但这同时也意味着更高的投资，通过空间分隔手段、降低信息输入量等手段也可缓解拥挤带来的负面影响。

二、行为习性

（一）抄近路

人们在清楚地知道目的地所在位置时，穿越某一空间总是趋向于选择最短路径。人们对交叉路口天桥的评价是不佳的，总感觉不但要被迫绕远到指定位置，而且上下天桥的楼梯还要消耗能量，所以，交叉路口的人流动向与交通管理者的意愿总是相违背。进行建筑和室内设计时，出入口的位置、家具的摆放方式等与交通有关的细节，也应顺应人的习性来进行设计，否则会给人带来烦恼和不便。

（二）识途性

人们对于不熟悉的环境，既会摸索前进，又会沿原路返回，特别是遇到危险、慌乱之际，人更表现出识途习性的本能而寻找原路返回，大量火灾事故现场调查发现，许多遇难者因找不到安全出口而倒在进来时的电梯口。因此，室内安全出口应尽量设于入口附近，并且还要在明显的位置设方向指示标记。

（三）左侧通行

人群密度较大的室内和广场、街道上行走的人，一般会无意识地趋向于选择左侧通行，这可能与人类的右侧优势而保护左侧有关，这种习性对商场及展厅的展示陈列有重要参考价值。受交通模式的影响，中国人似乎更习惯右侧通行。

（四）左转弯习性

人类有趋向于左转弯（反时针）的行为习性，在公园散步、游览人群的行走轨迹都可显示这一习性，并且有学者研究发现，左转弯所用时间比同样条件下的向右转弯时间短，这也许因为人们右撇子较多。很多运动场（田径、滑冰跑道、棒球跑垒等）都是左向回转，这种习性对于建筑室内的避难通道、疏散楼梯的设计具有一定指导作用。

（五）非常时的行为特征

1.从众习性

假如在室内出现紧急危险情况时，人们会有追随多数人流行动的倾向，这就是从众习性。室内避难口疏散的设计，诱导非常重要，可采用安全照明，或用声音引导疏散。

2.向光性

向光性是人类本能的视觉特征，室内环境中，人们首先会注意相对光亮的物体，利用人类的向光性特点，提高局部照度，可吸引注意力，这同时还会产生一种诱导作用，对于室内人流的动向起到引导与暗示。

(六) 人际空间定位

荷兰社会学家德克·德·琼治曾提出"边界效应"理论，他指出森林、海滩、树丛、林中空地等的边缘都是人们喜爱逗留的区域，而开敞的旷野或滩涂则无人光顾，除非边界区已人满为患，他在"餐厅和咖啡馆中的座位选择"的研究中发现，有靠背或靠墙的餐椅以及能纵观全局的座位比别的座位受欢迎。其中靠窗的座位尤其受欢迎，在那里室内外空间尽收眼底。餐厅侍应生也证实，许多客人，无论是散客还是团体客人，都明确表示不喜欢餐厅中间的桌子，希望尽可能得到靠墙的座位；通过对车站以及剧场、门厅人群的观察研究，也可以看出人们总是设法站在柱子附近等视野开阔而本身又不引人注意，并且不至于受到行人干扰的地方。因此，空间设计中，应尽量创造垂直实体边界，使每一区域至少有一侧可依托的实体，以适应人的这种心理需求。

此外，罗博特·萨默在一系列的研究中发现，人们之间的关系对于座椅位置的选择也会有很大影响，如竞争者会选择面对面就坐，而合作者则会选择肩并肩。

(七) 其他动作、行为习性

人们在生活、工作中形成了许多习惯性的动作、行为，这些动作、行为具有共通性的特点，其原因尚不明确。如开门时多会先下意识地去推门，机器旋钮多是通过右转输出变大，西方使用锯子、刨子时是推，而在日本则是拉，多数人会选择脚朝门而不是头朝门入睡，有必要在空间设计中充分考虑人的这种习惯特性。人的习惯特性也会因生活习惯、文化背景的不同而存在差异，如日本人喜欢面墙、面窗而坐，而西方人则相反，喜欢背墙、背窗就座，使用时还应注意其适用性。

■ 人体的基本尺寸

尺度问题是人体工程学最基本的内容，也是最早开始研究的领域，古埃及在公元前3500~前2200年之间，就有类似人体测量的方法存在，公元前1世纪罗马建筑师马尔库斯·维特鲁威·波利奥从建筑学角度对人体尺度进行了较完整的论述，虽然人体尺寸的研究断续地进行了几个世纪，但早期的人体尺度大多是从美学角度来进行研究，强调典型化、抽象化，重比例多于功能与实用，并没有太多考虑人体尺寸在工作、生活中的作用及影响。中国在两千多年前的《黄帝内经—灵枢》中，对人体测量也有较详细而科学的阐述。

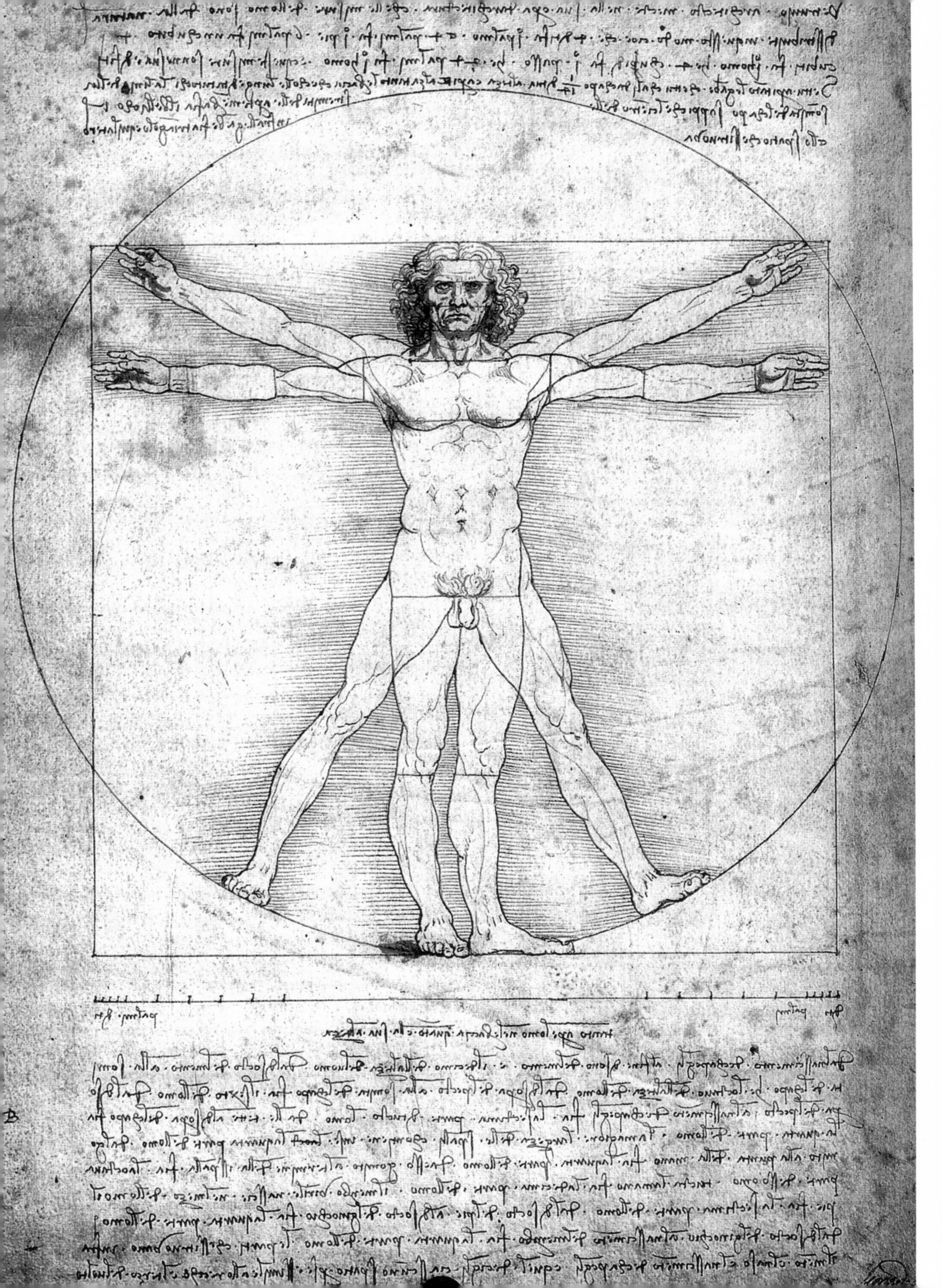

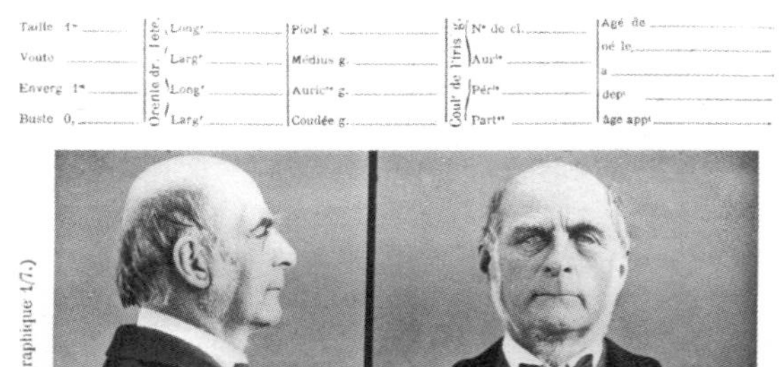

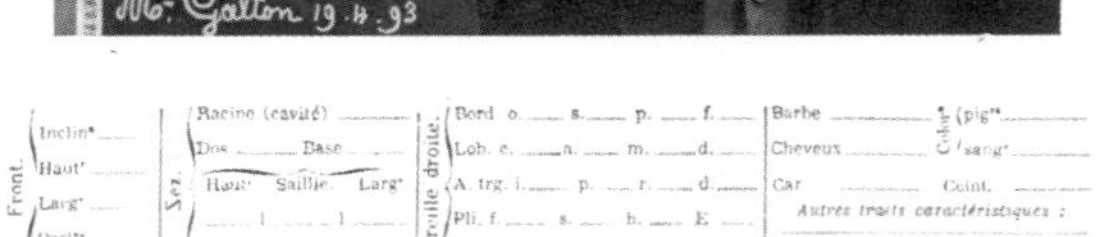

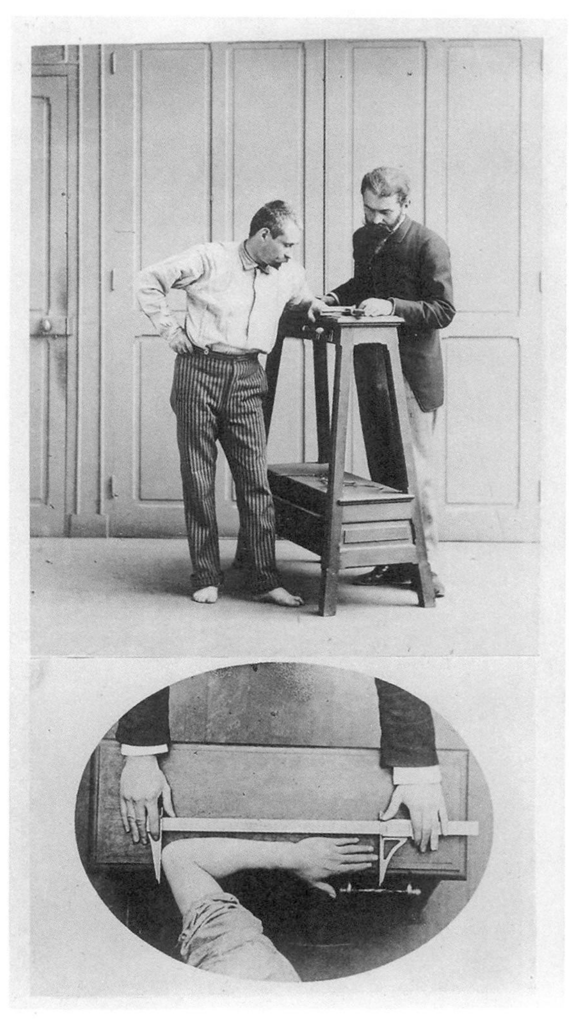

1870年比利时数学家拜伦·奎特里特发表了《人体测量学》一书，创建了“人体测量学”这门学科；1912年日内瓦第14届国际史前人类学与考古会议，规定了人体测量学方法的统一国际标准，标志人类测量学步入科学化和规范化的轨道；1914年，德国人类学家鲁道夫·马丁编著的《人类学教科书》中，详细阐述了人体测量学的方法，为沿用至今的各国人体尺寸测量方法奠定了基础。

20世纪40年代前后，工业化社会的发展和战争等原因使得人们对其有了更新的认识，并推动了它的进一步研究和发展，目前，人体尺寸测量已形成一整套严密、科学、系统的测量方法，并积累了大量的尺寸数据可供参考使用。

由于种族、地区、性别、年龄、职业、生活环境等因素的不同而造成人体个体、群体间的尺寸差异，以及人体本身始终处于持续不断的缓慢变化而造成的世代差异，使得人体尺度无法做出四海皆宜的统一标准，各个国家只能根据自己的国情、人口状况、地区差异，制定出符合本国本地区的人体尺寸规范。1962年，中国建筑科学研究院根据我国人体测量值发表过《人体尺度的研究》，1988年我国发布了第一部人体尺寸的国家标准——由中国标准化研究院制定的《中国成年人人体尺寸》（GB10000—88），为我国人体工程学应用提供了基础数据。此后，根据全国成年人人体尺寸数据库的计算和分析，结合不同的使用目标，又制定了以下与其相关的人体尺寸数据标准：《在产品设计中应用人体尺寸百分位数的通则》（GB/T 12985—1991）、《工作空间人体尺寸》(GB/T 13547—1992)、《人类工效学工作岗位尺寸设计原则及其数值》(GB/T 14776—1993)、《坐姿人体模板功能设计要求》(GB/T 14779—1993)、《人体模板设计和使用要求》(GB/T 15759—1995)、《成年人手部号型》(GB/T16252—1996)、《成年人头面部尺寸》(GB/T 2428—1998)、《成年人人体惯性参数》(GB/T17245—2004)。同时，基于2009年对我国未成年人人体尺寸测量的结果，中国标准化研究院制定了《中国未成年人人体尺寸》（GB/T 26158—2010）、《中国未成年人头面部尺寸》（GB/T 26160—2010）、《中国未成年人手部尺寸分型》（GB/T 26159—2010）、《中国未成年人足部尺寸分型》（GB/T26161—2010）四项国家标准，已于2010年颁布实施。

目前我国成年人人体尺寸数据已非常滞后，力量、视觉、听觉等基础参数数据基本空白，已严重影响到我国工效学的研究和应用，以及设计水平的发展和人们生活质量的提高。由中国标准化研究院牵头组织实施的〝中国成年人工效学基础参数调查〞已于2013年11月启动，调查工作将持续5年，采集和测量包括人体形状、人体力学、视觉、听觉、指端触觉等200多项的人体工效学基础数据，旨在为我国工效学研究、产品和环境的人性化设计提供科学的数据支持。

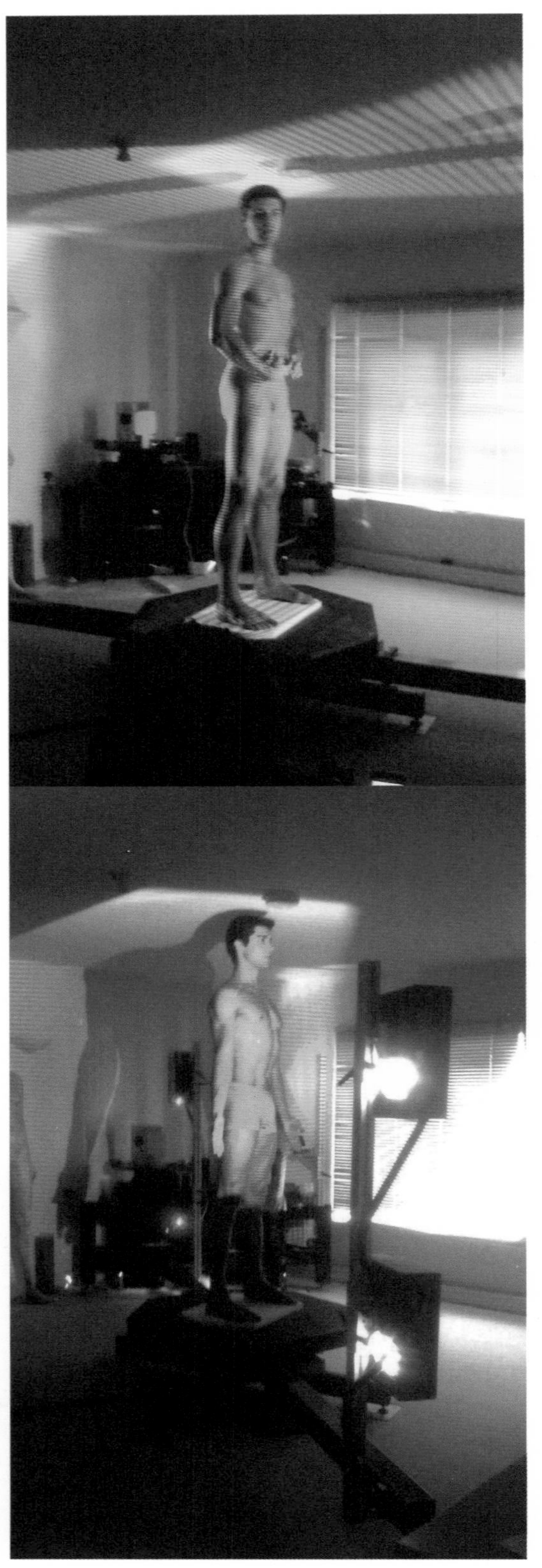

建筑师与室内设计师应用人体测量结果来科学、合理地确定建筑空间的各种尺寸，对于提高环境质量，保证工作、生活舒适、安全、高效，以及节约材料和造价等方面具有很大指导意义。使用中，应注意根据具体的群体或个体针对性地使用测量数据，由于人体尺度是在无衣着或只穿内衣的情况下测得的，使用时还应根据不同的衣着状况进行着装修正，以及根据实际作业姿势、自然放松姿势进行的功能修正，消除空间压抑感、恐惧感等心理需求进行的心理修正等，同时应及时使用最新的测量数据。

一、室内设计应用的人体尺寸

（一）人体构造尺寸

人体构造尺寸是人体在固定的标准状态下（大致为立姿、坐姿、蹲姿、跪姿和卧姿等）测得的各种〝静态〞尺寸数据，如身高、臂长、肘高、肩宽、胸厚等。

（二）人体功能尺寸

人体功能尺寸是人体在进行各种动作时测得的〝动态〞尺寸数

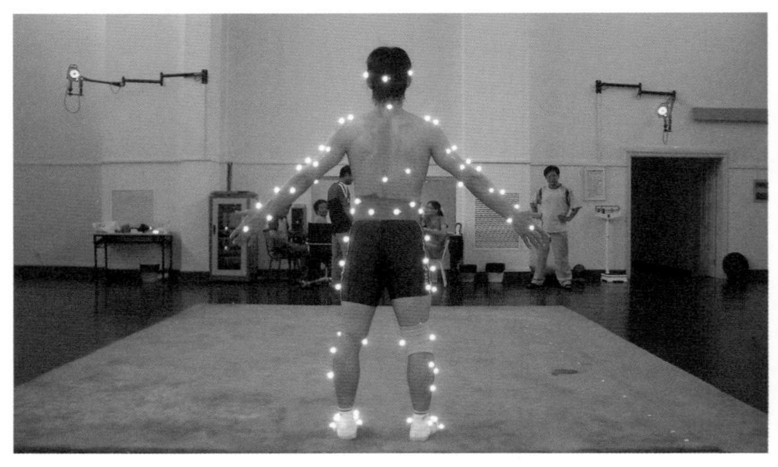

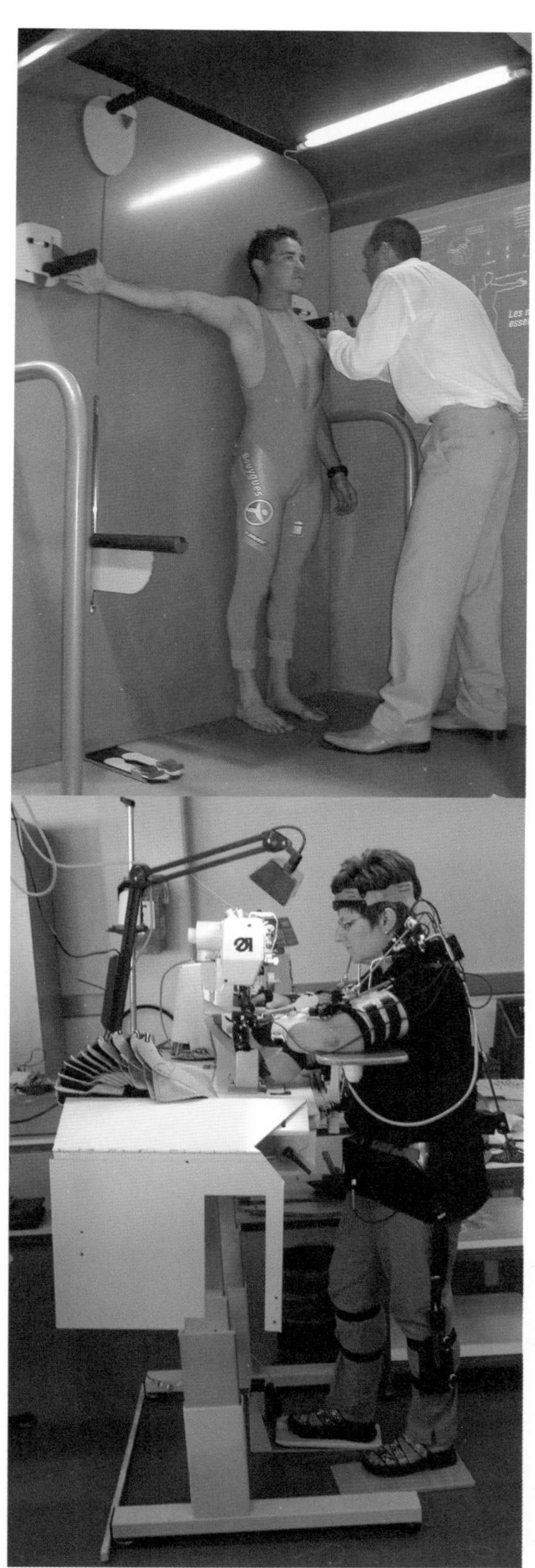

据，是由关节的活动、转动产生角度的变化及与肢体配合产生的距离、范围尺寸。

人体各部位的动作不是独立无关的，例如手可达到的限度并不是以手臂长度为唯一结果，它还部分地受肩的运动和躯体旋转、背部弯曲等因素的影响。功能尺寸比结构尺寸有更广泛的用途，因为人体多数情况下是处于活动、变化状态中，单纯根据结构尺寸去解决一切空间问题将会存在很大的局限。

操作者采用立姿或坐姿，肢体在水平、垂直面的移动轨迹范围可形成“平面、垂直作业域”以及通过一种或两种以上的复合动作完成的三维的“立体作业域”。从解剖学得知，人体关节活动的方向、角度和范围各不一样，根据肢体活动的难易程度，可分为正常值、极限值。正常值适用于使用频率较高的常规作业域；超过生理界限的最大作业域容易导致工作效率低下、招致疲劳、影响健康、甚至引发事故，适合使用频率较低的场所。这些测量结果对于确定空间以及工作台、柜架、拉手、扶手的长度、宽度、高度、进深等各种尺寸具有极大参考价值。

二、人体测量数据的统计处理与应用

人体工程学很容易理解为制定与每个人身体相吻合的尺寸，而实际上人体工程学另外一个更大的作用是找出允许的尺寸范围，即某种尺寸它适用于多少人。现代大工业、批量化的生产方式，使得为某个个体量身定做的可能性几乎为零，由于人体个体间尺寸有很大的差异，而我们设计时却只能用一个尺寸数值来解决问题，为使设计结果适合于一个群体使用，需要得到适合这个群体的测量尺寸，然而，全面测量群体中每个个体的尺寸又是不现实的，通常做法是在测量群体中以抽样方法测量较少量个体的尺寸，经过数据处理后获得较为精确的群体尺寸。

在人体测量中所得到的测量值都是离散的随机变量，因而可根据概率论与数理统计理论对测量数据进行统计分析，从而获得所需群体尺寸的统计规律和特征参数。统计分析处理过程的主要统计量包括平均值、标准差、百分位等，利用这些统计量我们可以描述人体尺寸的变化规律，用“平均值”来决定基本尺寸，用“标准差”作为尺寸的调整量，用“百分位”来选择最大比例的人群适用范围等。

（一）平均值

表示全部被测数值的算术平均值，是代表一个被测群体区别于其他群体的独有特征。但平均值不能作为设计的唯一依据，因为很多情况下按平均值设计的产品或空间尺寸只能适合于50%的人使用。

（二）标准差

表明一系列变化数距平均值的分布状况或离散程度，作为尺寸的调整量，标准差常用于确定某一范围的界限，标准差大，表示各变数分布广，远离平均值；标准差小，表示变数接近于均值。

（三）均方差

描述测量数据在中心位置（均值）上下波动程度差异的值叫均方差，通常称为方差。

（四）抽样误差

又称为标准误差，即全部样本均值的标准差。

（五）百分位

百分位表示具有某一人体尺寸和小于该尺寸的人占统计对象总人数的百分比，根据某一指定的人体尺寸项目，把观测数据分为100份，从最小到最大顺序地进行排列和分段，每一截止点的数值即为一个百分位，与X%秩次所对应的数值称第X百分位数，高百分位的数值要大于低百分位的数值。以身高为例，第5百分位的尺寸表示有5%的人身高等于或小于这个尺寸，换句话说有95%的人身高高于这个尺寸，第95百分位表示有95%的人身高等于或小于这个尺寸，只有5%的人具有更高的身高。

统计学表明，任意一组特定对象的人体尺寸分布均符合正态分布规律，即大部分属于中间值，只有一小部分属于过大或过小的值，它们分布在范围的两端，因此，一般情况下尺寸的制定

只涉及中间的90%、95%或99%的大多数人，而舍去两头，排除少数人，排除的多少取决于排除的结果及经济效果，适应域愈宽，适用人数越多，但其技术成本也愈高。利用这种方式虽然在设计上不能满足所有人的要求，至少可以满足大多数人的需要。

实际使用中，应根据设计的内容和性质来选用合适的数据，最常用的有P5、P50、P95三个百分位数。如够得着的距离，一般会选用第5百分位的尺寸，这表示95%的人是可以够到目标，只有5%的人够不到；而像走廊、洞口等容纳型的尺寸，一般会选用第95百分位的数据，即适用于95%的人的宽度或高度，只有5%的人通行困难；还有些尺寸则应使用平均值较为合适，如台面高度、把手、开关等高度一般会选用50百分位的尺寸，兼顾高个和矮个子的需要，尽管这种平均概念在设计中不太合理。有些情况下（有损健康、造成危险），还应以第1或第99百分位为准，如防护栏杆的间距、紧急出口尺寸。另外，条件允许时，还可以采用可调节措施来扩大适用范围，如可调节座椅、搁板，有些门还装有两个拉手，以同时适应成人和儿童的需要，这种调节使设计能够适应更多人的需要，最大限度地提高满足度。

作业与肌力

肌力是由肌肉收缩而产生的力量，是人体各种动作和维持人体各种姿势的动力源，肌肉施力有两种方式：动态肌肉施力和静态肌肉施力，由于对血液流动的不同影响，静态肌肉施力更容易引起疲劳，持续时间较短，长期负荷过大、不自然姿势的静态肌肉施力还会发生各种病症，不仅容易引起肌肉酸痛，还会损伤关节、软骨和肌腱，如关节慢性病变、椎间盘病症等，动态肌肉施力则不易产生疲劳并且持续时间较长。

虽然肌力大小因人而异，但合理的设计却可以帮助我们更加有效地对其加以发挥、减少疲劳和提高效率。与人体活动有关的空间、家具器物的设计必须考虑人的体形特征、动作特征和体能极限等因素，使其距离、高度有适合人体运动需要的合理尺寸，以减少肌力和体能的损耗，亦即减少疲劳，如家具及门的拉手应设在易于操作的最省力位置。作业面高度对作业效率及肩、颈、背和臂部疲劳影响很大，一般情况下，使小臂保持水平或稍向下倾时的作业面高度为最佳，站立时单手作业一般在肘下50~100mm为准，坐姿时作业面高度宜随座椅高度而变化，总则还是使小臂保持水平或稍向下倾时的作业面高度为准。

为特殊人群的设计

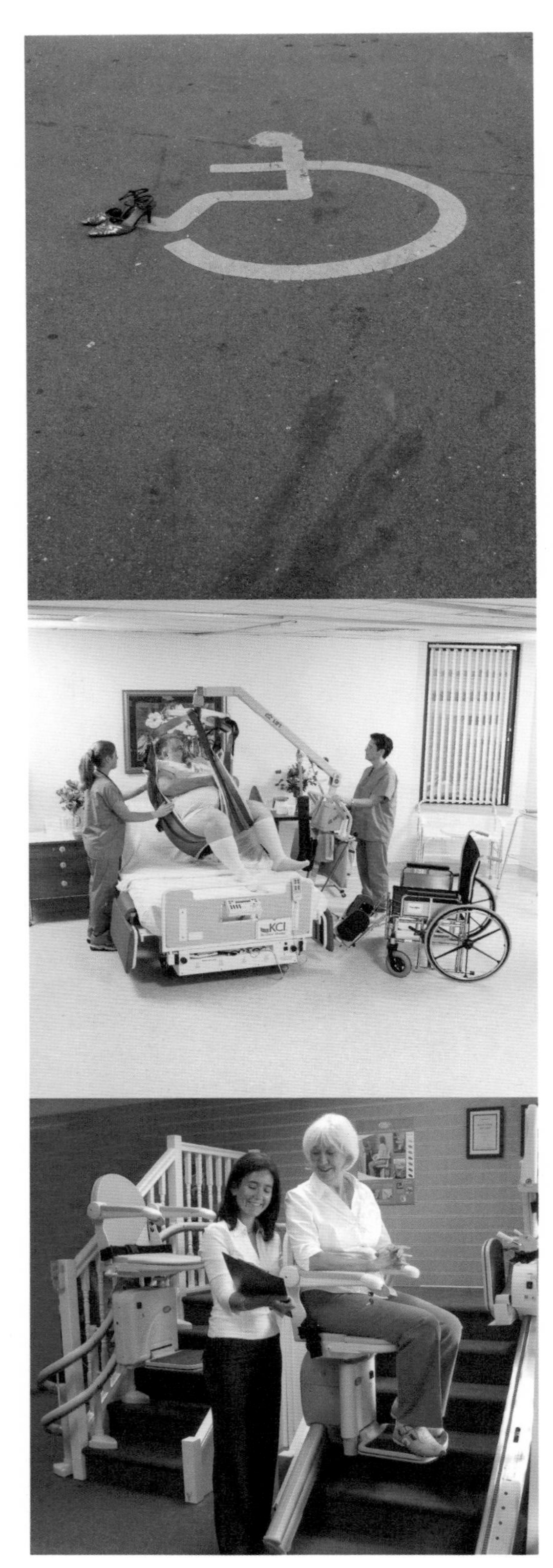

任何人都有权利受到社会的关怀和尊重，以数量众多的健全成年人的身体条件作为设计依据和标准的同时，不应该忽略和忘记人群中占有相当比例的特殊人群，他们包括残疾人、老人以及孕妇、伤病者、儿童，由于生理因素造成的移动能力、平衡能力、感知能力、体力、身体尺度等方面存在的局限或差异，使得生活中最平常的一些举动，对他们来说却可能存在很大难度和障碍，而且即使是所谓的健全人，在一生当中由于患病、怀孕、肢体受到伤害，甚至怀抱婴儿、持有大件行李等原因在生命历程的某一时段也会暂时属于这个群体，这样，若仅仅以占人口大多数的健全成年人为标准进行设计就显得很不全面，尽管这会额外地增加工作的复杂和困难程度，作为设计者必须理解它的重要意义，并应通过设计手段尽量给予他们更多的帮助。

这种运用现代技术建设和改造环境以及设施、设备的设计方法称〝无障碍设计〞，主要为伤残者、生理缺陷者和正常活动能力衰退者提供方便和安全，使他们能够平等地参与社会生活，提高他们在生活中的自立能力，减轻家庭、社会的负担，虽然改善环境需要额外花费一定费用，同时却降低了社会服务费用。从建设部门来看，无障碍设计所涉及的领域主要集中在城市道路、公共建筑、居住建筑等空间环境，如城市道路应满足坐轮椅者、拄拐杖者和视力残疾者通行，建筑物应考虑在空间出入口、坡道、走道与地面、门、楼梯与台阶、扶手、电梯与升降平台、厕所与浴室等处设置残疾人可使用的相应设施和方便残疾人通行等。

13世纪古罗马就已经有了类似于今天福利院的机构，用以收容和安置残疾人，而这一问题真正引起全社会关注并着手解决是从20世纪初开始，20世纪30年代初，瑞典、丹麦等国家就建有专供残疾人使用的设施，70年代，联合国陆续公布了《智力迟钝者权利宣言》、《残疾人权力宣言》等一系列保障残疾人权益的国际文件，1961年，美国标准协会制定的《A 117.1——方便残障者接近和使用的建筑物标准》成为世界上第一个〝无障碍标准〞，目前，已有100多个国家和地区制定了有关残障者的法律和无障碍技术标准和法规，各国政府在进行无障碍环境建设与改造的同时，仍不断探索、延伸其内涵。我国对于无障碍设施的设计研究与建设始于20世纪80年代，我国现行的无障碍国家标准是2012年9月施行的《无障碍设计规范》（GB 50763—2012）。

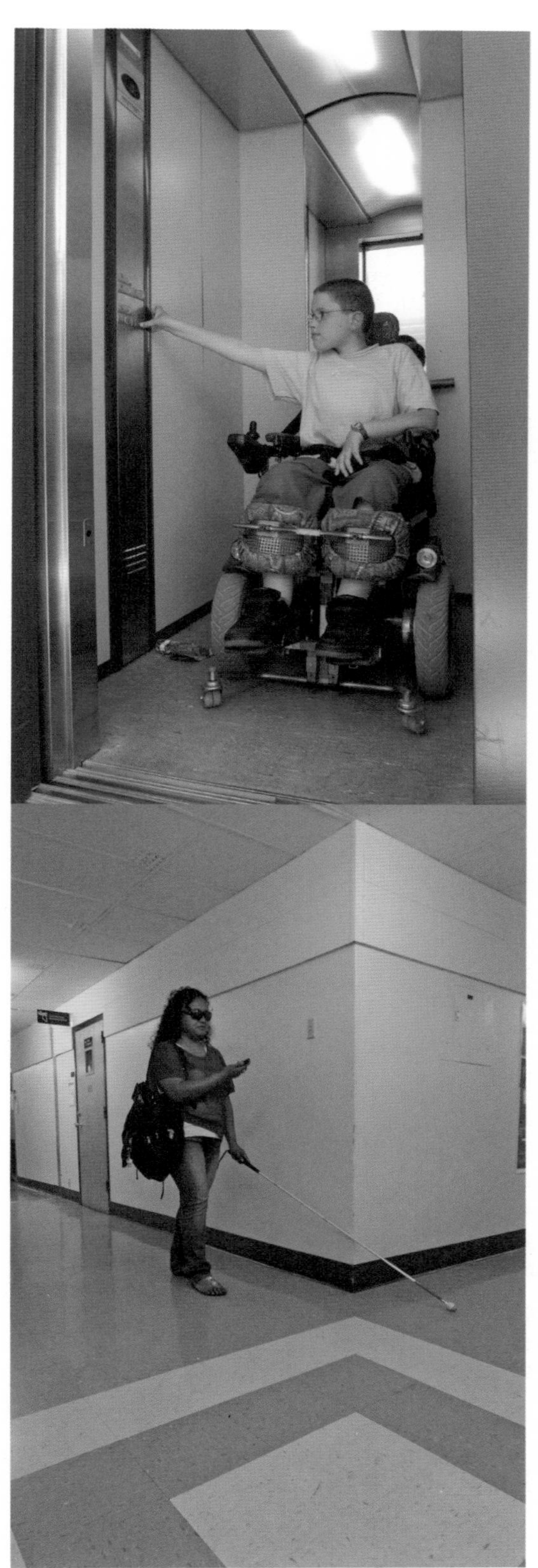

残疾人和老人往往在身体（肢体、视觉、听觉等方面）、智力与精神上存在残障，因此在某些方面存在很多共性问题，最大限度地克服这些障碍就成为环境设计的首要任务。这里主要是以轮椅使用者和视觉残疾者为基准，主要的设计依据针对的是他们最常用的代步工具——轮椅，为减少障碍，地面应平坦、防滑，尽量避免剧烈的高低变化，以坡道代替或配合楼梯来解决空间中存在的高差，为使轮椅易于通过和避免危险，坡度必须是很缓（不大于1/12），电梯、自动扶梯、升降机也适于轮椅使用，这当然需要经过特别的设计处理；为使轮椅易于通过，走廊宽度至少在1200mm以上，并应设置供轮椅停止和回转的空间，门的宽度（至少800mm以上）以及开启方式等因素也应符合这一需要；使用的家具、设施也应特别考虑，尺寸的不适宜，尖锐的棱角和易碎的材料都容易给他们造成不便和伤害，家具的台面和柜、架，以及开关、把手的高度，必须满足轮椅使用者的特殊尺度，保证他们能够伸手可及，家具下面还要有能够容下腿部的空间，以保证他们可以最大限度地接近目标；卫生间应便于轮椅进入，应设置坐式便器，以及扶手、抓杆，这对他们保持平衡、移动身体非常有用，而设置第三卫生间会为协助行动不能自理的异性带来很大方便。对于视觉残障者主要考虑在环境中为他们提供盲道、盲文标志和声音指示设计，地面变化的起止点要设易于识别（适于视觉、触觉）的标识，明亮的光线、对比鲜明的色彩，会帮助他们能够看得更加清楚。

一、老人

当前，由于医疗保健设施的进步及生活条件的改善，人均寿命不断延长，使老人的数量不断增多。老人由于年龄的增长，身体功能逐渐呈现衰退现象，他们会面临视听能力弱化、体能减退、身体平衡能力下降、反应和灵敏度降低以及身体尺度的变化等许多问题。

二、残疾人

残疾人是指在心理、生理、身体结构上，某种组织、功能全部、部分丧失或者不正常，无法以正常方式从事某种活动的人。残疾人包括视力残疾、听力残疾、言语残疾、肢体残疾、智力残疾、精神残疾、多重残疾和其他残疾的人。

三、儿童

在幼儿园、学校，以及儿童娱乐、医疗保健机构，儿童的需要应放于首要地位，可根据其年龄段的共性特征确立相应设计标准。儿童具有较小并不断变化的身体尺寸，身体的协调能力和力量较差，并且活泼好动和具有好奇心，应考虑他们在环境中的安全和舒适问题，合理的光线能够满足他们视觉功能需要并保护他们的眼睛，空间中的门（旋转门、弹簧门）、窗户、楼梯、台阶、各种尖锐边角，以及电源、电器，都会对他们构成潜在的危险，儿童家具要适合他们身体特征，减少不正确的姿势，还应使用无毒材料，以及足够坚实稳固，防止倾倒和碎裂。

无障碍设计的含义随时代发展不断得以扩充，在此基础上，更加广义的"通用设计"（Universal Design）概念被提出，通用设计一词最早由美国北卡罗莱纳州立大学教授罗纳德·麦斯于20世纪80年代提出，他认为通用设计是指"任何一种产品或环境空间的设计尽可能符合所有人使用为原则，不管使用者的年龄、身体状况或能力水平，使任何人皆能方便使用。"而不需要在使用过程中进行再调整或其他补充性设计，并于1997年进一步提出包括"公平使用、灵活使用、简单直观使用、信息可觉察、容错性、低体力消耗、可接近使用的尺度及空间"在内的通用设计七项原则。

通用设计是在传统无障碍设计基础上发展而来，是对无障碍设计的进步与提升，通用设计可以很大程度解决无障碍设计所产生的局限与缺点，如无障碍设施无法得到充分利用，无障碍设计中某些特殊、过度关照对障碍者造成的情感伤害等，其设计对象从残疾人、老人、孕妇、儿童等群体无对象界定地扩大到所有人群，即在设计中应该综合考虑所有人的各种不同认知能力与体能特征，构筑具有多种选择和对应方式的使用界面或使用条件，向社会提供任何人都能使用，且任何人都能以自己的方式来使用的优良设计，从而达到人人都能平等地参与到各项社会活动中的目的。通用设计是无障碍设计发展的方向和追求的目标，当然，同时满足所有人的需求、为所有人设计是不现实的，真正"通用"的设计目的还只是个理想，设计师们努力的目标，应该是通过设计来不断接近"通用化"这一理想状态。

主要参考书目

（1） （美）程大锦著．室内设计图解．乐民成，编译．北京：中国建筑工业出版社，1992．

（2） （美）卢安·尼森，雷·福克纳，萨拉·福克纳，等著．美国室内设计通用教材．陈德民，陈青，王勇，等译．上海：上海人民美术出版社，2004．

（3） （美）菲莉丝·斯隆·艾伦，琳恩·M·琼斯，米丽西姆·F·斯廷普森著．室内设计概论．胡剑虹，等编译．北京：中国林业出版社，2010．

（4） （英)格雷姆·布鲁克，萨莉·斯通编著．什么是室内设计．曹帅，译．北京：中国青年出版社，2011．

（5） 来增祥，陆震纬编著．室内设计原理．北京：中国建筑工业出版社，1996．

（6） （日）小原二郎，加滕力，安藤正雄编．室内空间设计手册．北京：中国建筑工业出版社，2000．

（7） （丹）斯蒂恩·埃勒·拉斯穆生著．体验建筑．汉宝德，译．台湾：台隆书店，1970．

（8） （美）史坦利·亚伯克隆比著．室内设计哲学．赵梦琳，译．天津：天津大学出版社，2009．

（9） 刘育东著．建筑的涵意．天津：天津大学出版社，1999．

（10） 邓庆尧著．环境艺术设计．济南：山东美术出版社，1995．

（11） 尹定邦著．设计学概论．长沙：湖南科学技术出版社，1999．

（12） 彭一刚著．建筑空间组合论．北京：中国建筑工业出版社，1998．

（13） 辛华泉著．空间构成．哈尔滨：黑龙江美术出版社，1992．

（14） （意）布鲁诺·赛维著．建筑空间论——如何品评建筑．张似赞，译．北京：中国建筑工业出版社，2006．

（15） （日）芦原义信著．外部空间设计．尹培桐，译．北京：中国建筑工业出版社，1985．

（16） （美）程大锦著．建筑：形式、空间和秩序．刘丛红，译． 天津：天津大学出版社，2005．

（17） 李朝阳编著．室内空间设计．北京：中国建筑工业出版社，1999．

（18） 侯幼彬著．中国建筑美学．哈尔滨：黑龙江科学技术出版社，1997．

（19） 中国建筑科学研究院编．中国古建筑．北京：中国建筑工业出版社，1983．

（20） 中国美术全集编辑委员会．中国美术全集 建筑艺术编 1 宫殿建筑．北京：中国建筑工业出版社，1987．

（21） 张剑敏，马怡红，陈保胜编．建筑装饰构造．北京：中国建筑工业出版社， 1995．

（22） 李亮之编著．世界工业设计史潮．北京：中国轻工业出版社，2001．

(23) 高军，俞寿宾编译．西方现代家具与室内设计．天津：天津科学技术出版社，1990．
(24) 庄荣，吴叶红编著．家具与陈设．北京：中国建筑工业出版社，1996．
(25) 张福昌主编．室内家具设计．北京：中国轻工业出版社，2001．
(26) 梁启凡编著．家具设计．北京：中国轻工业出版社，2001．
(27) 屠兰芬主编．室内绿化与内庭．北京：中国建筑工业出版社，1996．
(28) 蓝先琳编著．中国古典园林大观．天津：天津大学出版社，2003．
(29) (美) 史坦利·亚伯克隆比著．建筑的艺术观．吴玉成，译．天津：天津大学出版社，2001．
(30) (美) 杜安·普雷布尔，萨拉·普雷布尔著．艺术形式．武坚，王睿，竺楠，马海良，译．太原：山西人民出版社，1992．
(31) 北京照明学会照明设计专业委员会编．照明设计手册．北京：中国电力出版社，2006．
(32) 中国绿色照明工程促进项目办公室，复旦大学光源与照明工程系编．中国绿色照明工程培训教材 照明设计部分．上海：复旦大学出版社，2006．
(33) (英) 德里克·菲利普斯著．现代建筑照明．李德富，等译．北京：中国建筑工业出版社，2004．
(34) (日) 中岛龙兴著．照明灯光设计．马卫星，编译，北京：北京理工大学出版社，2003．
(35) 何方文，朱斌编著．建筑装饰照明设计．广州：广东科技出版社，2001．
(36) 杨公侠编著．视觉与视觉环境．上海：同济大学出版社，2002．
(37) 刘盛璜编著．人体工程学与室内设计．北京：中国建筑工业出版社，1997．
(38) (丹) 扬·盖尔著．交往与空间．何人可，译．北京：中国建筑工业出版社，2002．
(39) 徐磊青，杨公侠编著．环境心理学．上海：同济大学出版社，2002．
(40) 林玉莲，胡正凡编著．环境心理学．北京：中国建筑工业出版社，2006．
(41) 常怀生编译．建筑环境心理学．北京：中国建筑工业出版社，1990．
(42) (日) 小原二朗著．什么是人体工程学．罗筠筠，樊美筠，译．北京：三联书店，1990．
(43) (日) 荒木兵一郎，藤本尚久，田中直人著．国外建筑设计详图图集3 无障碍设计．张俊华，白林，译．北京：中国建筑工业出版社，2000．